校企合作计算机教材

互联网 + 教育改革新理念教材

UI 视觉设计案例教程

李新宇 / 主审

徐亚凤　文求实　黄珏涵 / 主编

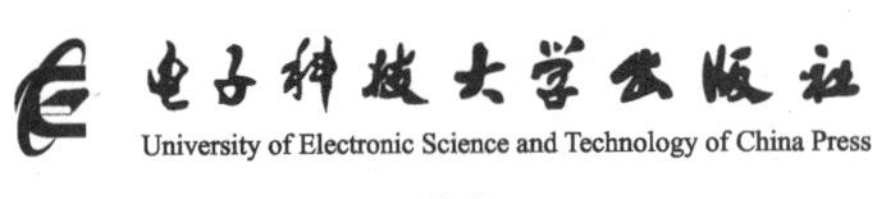
电子科技大学出版社
University of Electronic Science and Technology of China Press
· 成都 ·

图书在版编目（CIP）数据

UI视觉设计案例教程 / 徐亚凤，文求实，黄珏涵主编. — 成都 : 电子科技大学出版社，2020.12
（2023.6重印）
ISBN 978-7-5647-8664-9

Ⅰ. ①U… Ⅱ. ①徐… ②文… ③黄… Ⅲ. ①人机界面－程序设计－教材 Ⅳ. ①TP311.1

中国版本图书馆CIP数据核字（2020）第258513号

内容提要

本书采用传统章节式写法，从UI视觉设计初学者的角度出发，以通俗易懂的语言、丰富多彩的案例，深入浅出地介绍了UI视觉设计的相关知识。全书共分为基础知识、牛刀小试和实战应用三大部分，其中基础知识部分包括UI设计快速入门，牛刀小试部分包括常见UI元素设计，实战应用部分包括App界面设计、网页界面设计、软件界面设计和游戏界面设计。

本书内容全面、案例典型、实用性强，且配套资源丰富，可作为职业院校及培训机构的专用教材，也可供广大UI视觉设计爱好者自学使用。

UI视觉设计案例教程
UI SHIJUE SHEJI ANLI JIAOCHENG
徐亚凤　文求实　黄珏涵　主编

策划编辑　陈松明　万晓桐
责任编辑　万晓桐

出版发行　电子科技大学出版社
　　　　　成都市一环路东一段159号电子信息产业大厦九楼　邮编 610051
主　　页　www.uestcp.com.cn
服务电话　028-83203399
邮购电话　028-83201495

印　　刷　北京同文印刷有限责任公司
成品尺寸　185 mm×260 mm
印　　张　14.5
字　　数　276千字
版　　次　2020年12月第1版
印　　次　2023年6月第3次印刷
书　　号　ISBN 978-7-5647-8664-9
定　　价　68.80元

PREFACE
前言

从广义上来说，UI 设计由用户研究、交互设计和界面设计三部分组成。其中界面设计又称视觉设计，是目前设计领域最受关注的方向之一，很多设计爱好者和专业设计师都将其作为首选的就业方向。我们平时所说的 UI 设计，一般也是指界面设计，本书就是围绕这个方向来讲解的。

本书特色

一、三位一体，协同育人

党的二十大报告指出：“育人的根本在于立德。”本书有机融入党的二十大精神，积极贯彻“价值塑造、能力培养、知识传授”三位一体的育人理念，用“德育讲堂”模块，将能够体现家国情怀、文化素养、法治意识、道德修养、职业理想和职业道德等的内容精心融入教材，引导学生将个人价值实现与国家民族发展紧密相连，力求培养有担当、高素质、高水平的专业型人才。

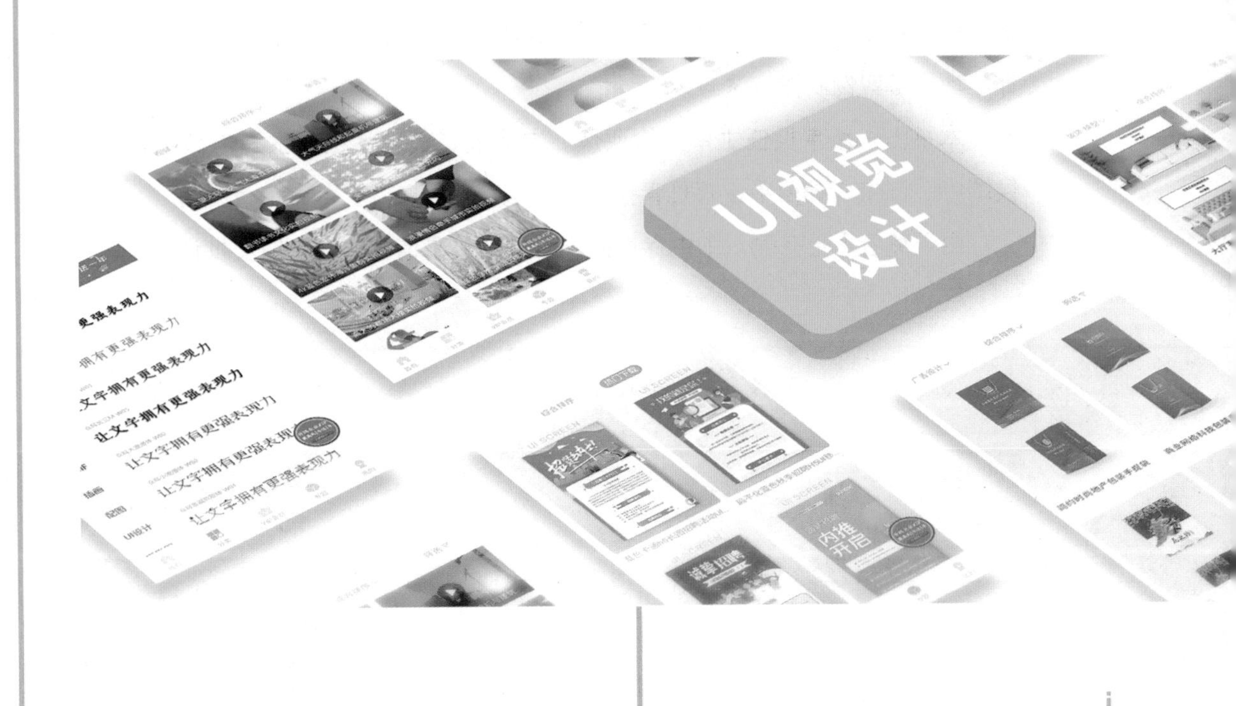

二、校企合作，工学结合

本书邀请相关企业专家参与和指导编写，结合企业对UI视觉设计相关人才的实际要求，通过案例实战及本章实训将重心落在职业需要和岗位的实际应用上，充分发挥学校和企业各自在人才培养方面的优势，实现学生职业能力与企业岗位要求之间的无缝对接。

三、全新形态，全新理念

本书遵循“理论够用，重在实践”的原则，首先简单介绍了UI视觉设计的相关理论知识，让读者快速了解UI视觉设计的基本概念和相关设计规范；然后按照知识点的难易程度，安排了大量不同难度、不同方向的案例，让读者在实践中学习，更快达到学以致用的目的。

四、数字资源，丰富多彩

本书将“互联网+”思维融入教材，读者借助手机或其他移动设备扫描二维码即可观看微课视频。此外，本书不仅配有优质课件和综合教育平台等配套教学资源，每个案例还配有最终效果和配套素材文件。读者可以登录文旌综合教育平台“文旌课堂”（www.wenjingketang.com）查看或下载这些资源。如果读者在学习过程中有什么疑问，也可登录该网站寻求帮助。

五、案例精美，结构合理

本书案例精美、专业，且富有创意。每个案例实战首先通过“作品展示”展示效果图，然后通过“设计思路”分析需求并确定设计思路，最后通过“案例步骤”详尽地讲解案例制作方法与技巧。

本书由李新宇担任主审，徐亚凤、文求实、黄珏涵担任主编，徐术力、丁浩、侯靖宇、张宝、孙丽平、郑丹青担任副主编。

由于编者水平有限，书中存在的不妥之处，恳请各位读者朋友批评指正。

CONTENTS

目录

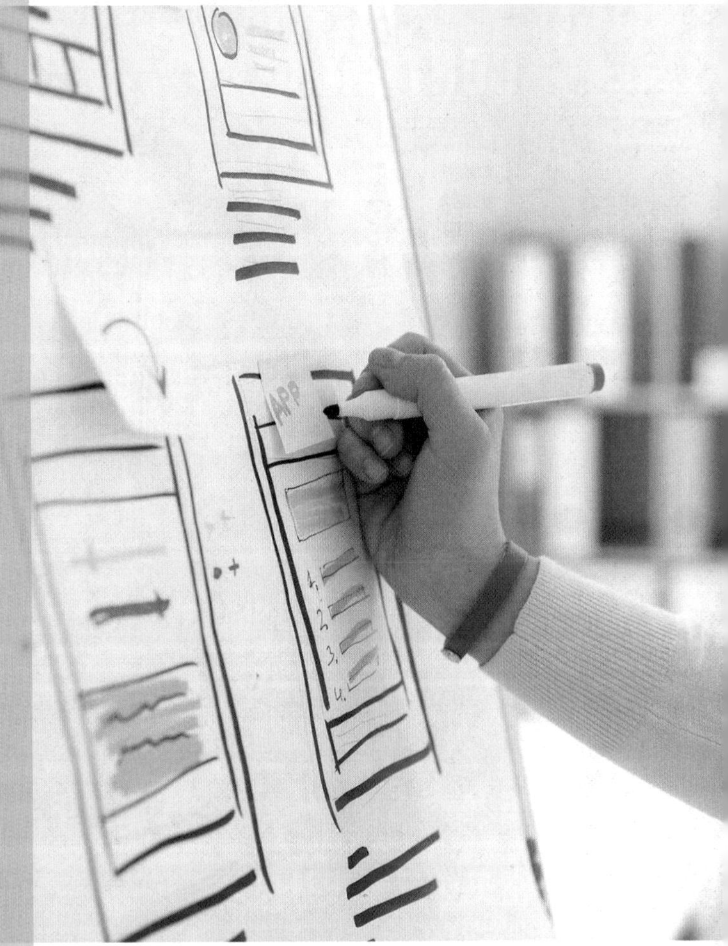

CONTENTS

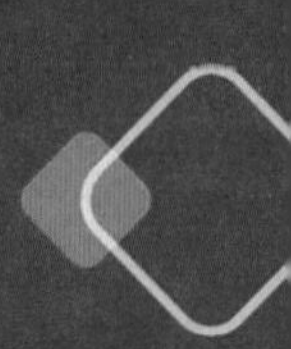

目录

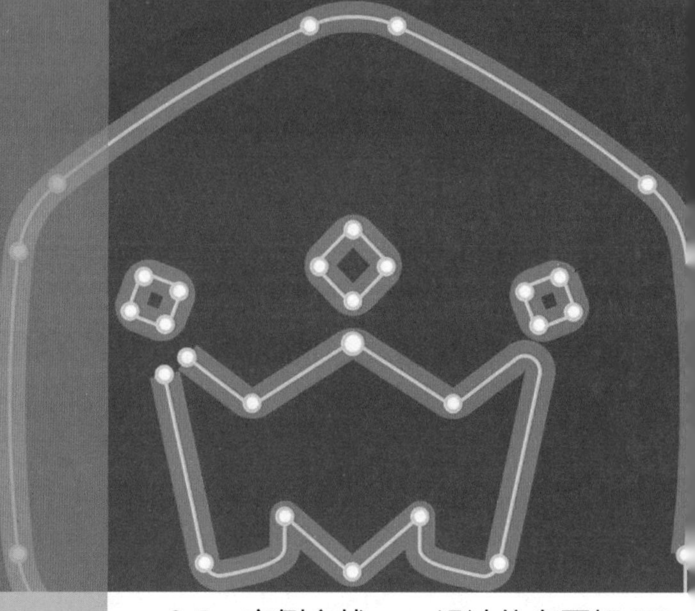

CONTENTS

目录

CONTENTS

目录

CONTENTS

目录

9:41 AM
成都
24°C
3.6 km/h
27
120
185
263
消息中心
未来7天
5/21
5/22
20°C~24°C
23°C
收藏
通知
图库
音乐
文件
点赞
用户中心
小视频
设置

CONTENTS

目录

基础知识

01

第1章 UI设计快速入门

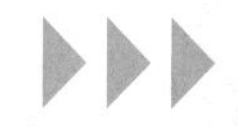

章前导读

随着UI设计行业在全球的兴起和迅猛发展，国内外众多大型IT企业（如百度、腾讯、微软、苹果等）均已成立专业的UI设计部门，这使得UI设计人才的需求量逐年增加，UI设计行业的前景也一片光明。本章首先介绍UI设计的基础知识和工作流程，然后介绍UI设计的风格、色彩搭配和文字运用，最后介绍UI设计的行业发展和学习UI设计的方法，以帮助读者快速了解UI设计，为今后的设计之路打下坚实的基础。

素质目标

- 学习相关的设计规范和原则，了解行业最新政策。
- 培养自身的创新意识，积极适应社会发展。
- 了解行业发展趋势，树立职业规划意识，提升自身的职业规划能力。

学习目标

- 了解UI设计的分类和常用软件。
- 了解UI设计的工作流程。
- 了解UI设计的风格。
- 掌握UI设计中色彩和文字的运用技巧。
- 了解UI设计的行业发展。
- 掌握UI设计的学习方法。

1.1 UI设计概述

在学习UI视觉设计之前，首先来认识一下UI设计。

1.1.1 什么是UI设计

UI即user interface的简称，泛指用户界面，是系统和用户交互的媒介。优秀的UI设计不仅美观，还能在实际应用中体现严密的逻辑性，让用户操作起来得心应手。从广义上来说，UI设计包括以下三方面内容。

1．用户研究

用户研究包括两方面内容：一是研究用户的喜好和使用习惯，使界面更易于用户使用、学习和记忆，以提高产品的可用性；二是通过发掘用户的潜在需求，为技术创新提供新的思路和方法。通过用户研究得到的用户需求和反馈是检验界面效果与交互设计是否合理的重要标准。一款软件从开始研发到落地推出，用户研究都会贯穿其中。

2．交互设计

交互设计主要研究用户在和产品的交互过程中的心理模式和行为模式。在此研究的基础上，交互设计师要设计出合理的交互方式，以满足用户对产品的需求。为了将研究成果实施落地，交互设计师需要设计产品的结构关系图、操作流程图、软件框架和操作规范等。

3．界面设计

界面设计又称视觉界面设计，主要指界面外观的设计。视觉设计师大多接受过专业的美术训练，有一定的美术基础，目前国内大部分UI设计从业者都是从事界面设计方面的工作，其工作内容以App、网页、软件、游戏等操作界面的设计为主。本书也主要从这个角度介绍UI设计。

1.1.2 UI设计的分类

根据载体的不同，可以把UI设计分为移动UI设计、PC端UI设计和其他UI设计三大类。

✣ 移动UI设计：是针对移动设备（手机、平板电脑、智能手表等）的界面设计，如图1-1所示。移动设备的系统和型号繁多，设计时要遵守一定的设计规范，优先考虑界面和图标的适配问题。

图 1-1　App 界面和智能手表界面

✣ PC端UI设计：是针对电脑的界面设计。PC端UI设计主要包括网页设计和应用软件的界面设计，如图1-2所示。相对于移动UI设计，PC端屏幕尺寸大，设计规范较少，因此界面的视觉效果更突出。

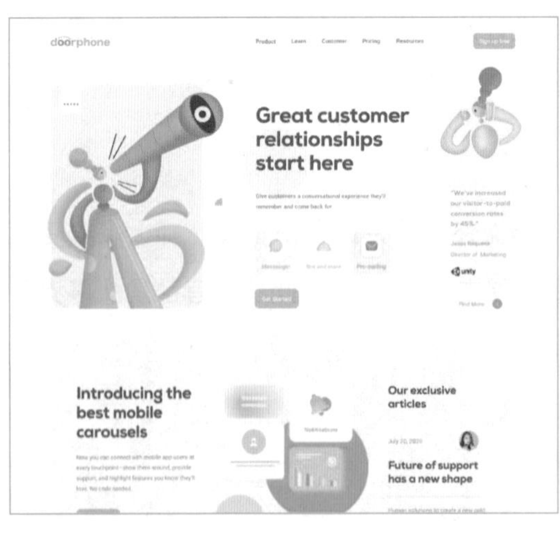

图 1-2　网页和播放器软件界面

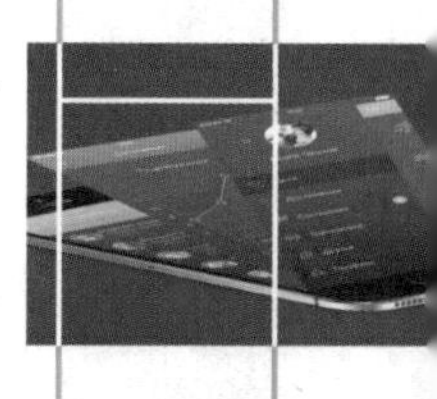

✣ 其他UI设计：由于受界面载体的形状、尺寸和技术等因素限制，这类UI设计发展较慢，其载体通常是一些小众或目前正处于发展阶段的智能设备，如车载设备、VR（虚拟现实技术）设备、AR（增强现实技术）设备、智能电视等。如图1-3所示为车载设备的界面。

图1-3　车载设备的界面

1.1.3　UI 设计的常用软件

“工欲善其事，必先利其器”。要做好UI设计，常用的工具软件是必须掌握的，下面介绍几个UI设计常用软件，如图1-4所示。

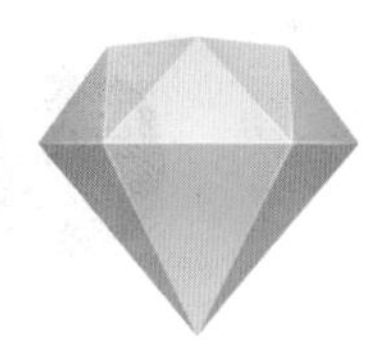

图1-4　UI设计常用软件

✣ Photoshop：是Adobe公司推出的图像处理软件，其应用十分广泛，不但可以用来设计界面，还可以用来绘画、处理数码照片，以及设计平面广告等。UI中绝大部分视觉元素都是用Photoshop实现的，本书也正是以该软件为平台介绍UI视觉设计的相关知识。

✣ Illustrator：是Adobe公司推出的专业矢量绘图软件，广泛应用于印刷出版、专业插画、多媒体图像处理和网页制作，适合设计各种复杂的界面，在UI设计中常用于制作矢量图标。

✣ Axure RP：是Axure公司推出的快速原型设计软件，主要用于设计和制作产品的线框图、流程图、原型图等。

- After Effects：是Adobe公司推出的一款动态图形和视频处理软件，常用于视频特技的设计和制作。UI设计师可使用该软件制作界面中的动效（如按钮滑动、界面切换动画等），让整个界面更加生动。
- Sketch：是一款矢量绘图软件，其优点在于上手简单，运行流畅，拥有实用的共享样式功能（编辑某一个共享元素，所有相同的共享元素也会随之改变），但缺点在于只能在MacOS系统上使用，不支持psd、ai格式文件。

1.2 UI设计的工作流程

一个项目从启动到上线，一般需要经历策划设计、开发测试和运营维护等环节，它们由产品部门、设计部门、开发部门、测试部门、市场部门和运营部门协作完成。UI设计介于策划设计和开发测试之间，主要负责视觉设计和一些简单的交互设计，如图1-5所示。

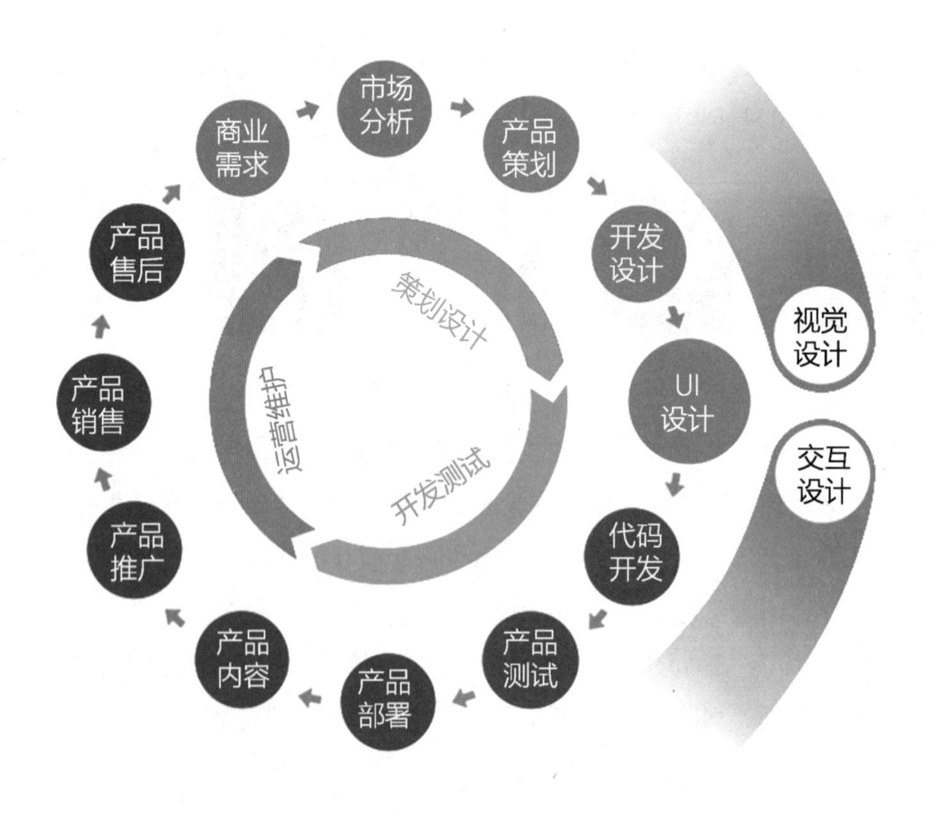

图1-5　产品开发的流程

知识链接

UI设计师需要简单了解项目开发中各部门的职责，并熟悉自己任务环节的上游和下游人员，以便顺利开展设计工作。项目开发中各部门的职责如下。

产品部门：前期主要负责产品调研、方案策划、原型图设计等，后续可能和运营部门对接，规划迭代产品。

设计部门：主要负责产品的视觉设计、交互设计和前端布局设计等。

开发部门：主要负责产品架构设计、数据库设计、前后台编码设计，以及后期的运营、维护和网络安全等。

测试部门：主要负责测试程序中的bug（漏洞），编写测试计划、测试用例及测试报告等文档。

市场部门：主要负责产品的企划策略、促销活动的策划及组织、品牌规划和品牌的形象建设，以及市场广告推广活动和公关活动等。

运营部门：主要负责广告的优化推广、平台活动策划（包括线上和线下）、广告投放、客户关系管理和数据分析等。

在简单了解了项目开发的流程和各部门职责后，下面从UI设计师的角度，简单介绍一下其工作流程。

步骤1 需求梳理和分析。项目启动后，产品经理、UI设计师、技术工程师等会参与产品需求分析会。会议由产品经理主导，与会人员会围绕产品的交互流程和主要功能进行大量讨论，并根据用户需求确定产品功能，最终得出产品功能脑图，如图1-6所示。

会议结束后，UI设计师需要清楚地了解用户定位、产品定位、竞品等信息，分析用户定位、产品定位、技术定位、目标客户群和竞争对手等，为后期的素材收集和界面风格把控做准备，以降低设计稿的返稿率，提高工作效率。

步骤2 寻找灵感，收集素材。在沟通和确认完项目需求后，UI设计师需要寻找灵感，收集素材，为创作做准备。这一阶段UI设计师需要确定一个大致的设计方向和思路，在自己的素材库或其他信息源找灵感，构思项目风格、色调等。

步骤3 制作关键界面线框图。本环节需要确定关键界面中的UI元素及全局的布局排版风格。UI设计师可选择几个关键界面做细化的线框图，如图1-7所示。注意：线框图的尺寸规格（包括每一个UI元素的大小和位置）应该与实际界面一致，这样可以在设计初期避免出现考虑不周或执行困难等问题。

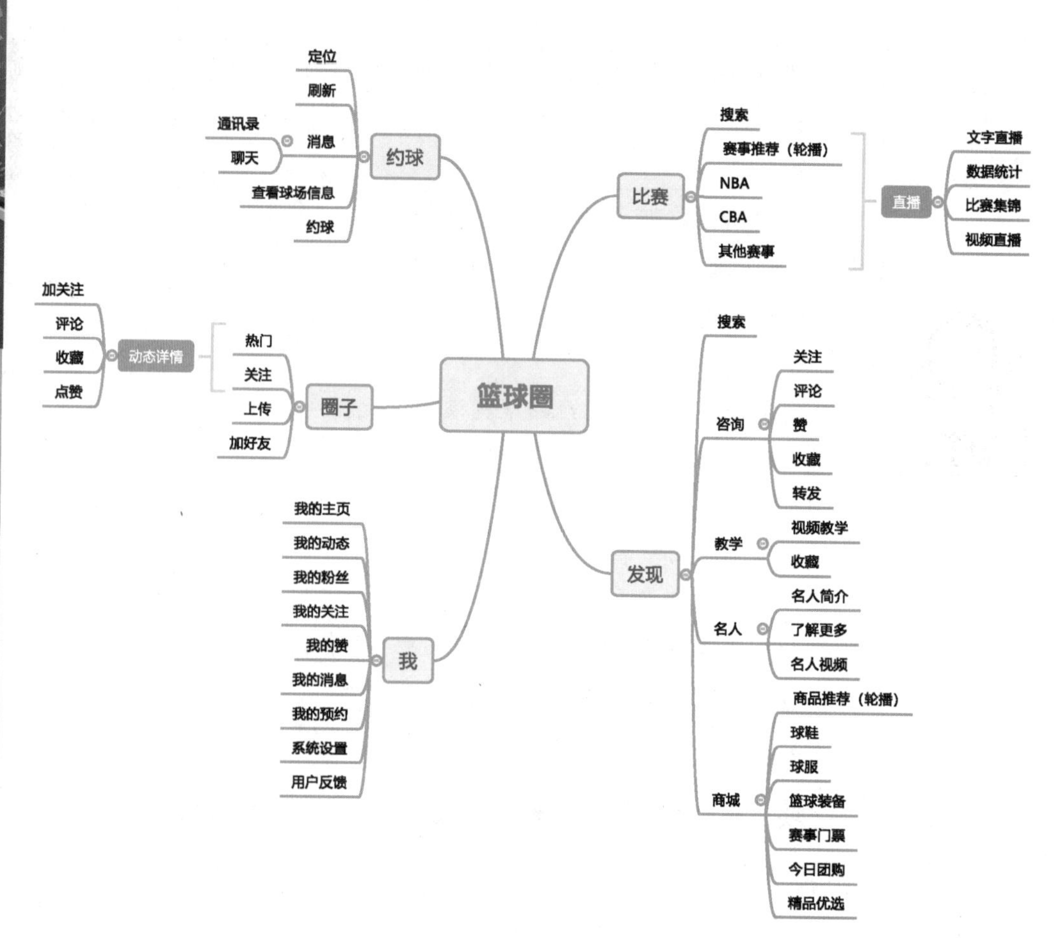

图 1-6　产品功能脑图

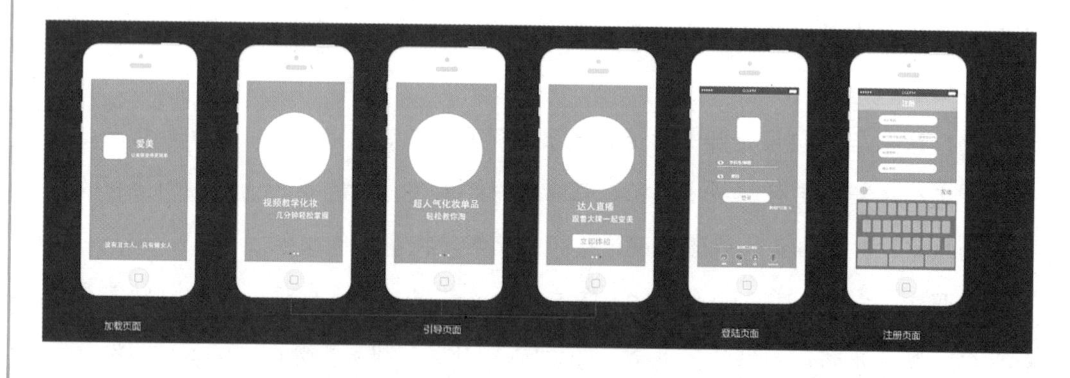

图 1-7　关键界面线框图

步骤 4　关键界面视觉设计。本环节UI设计师需要制作关键界面的效果图，并在时间允许的情况下尽量尝试不同风格、颜色的搭配，最终确定产品的视觉设计风格。

步骤 5　制作全部界面线框图。本环节UI设计师要完成全部界面的线框图，如图 1-8 所示。注意：线框图通过后，设计部门一般会制作一个产品结构图（由线框图组成，包括产品各个界面及交互结果的展示），如果有足够大的场地，也可以将图打印出来贴到墙上，供设计团队随时参考。

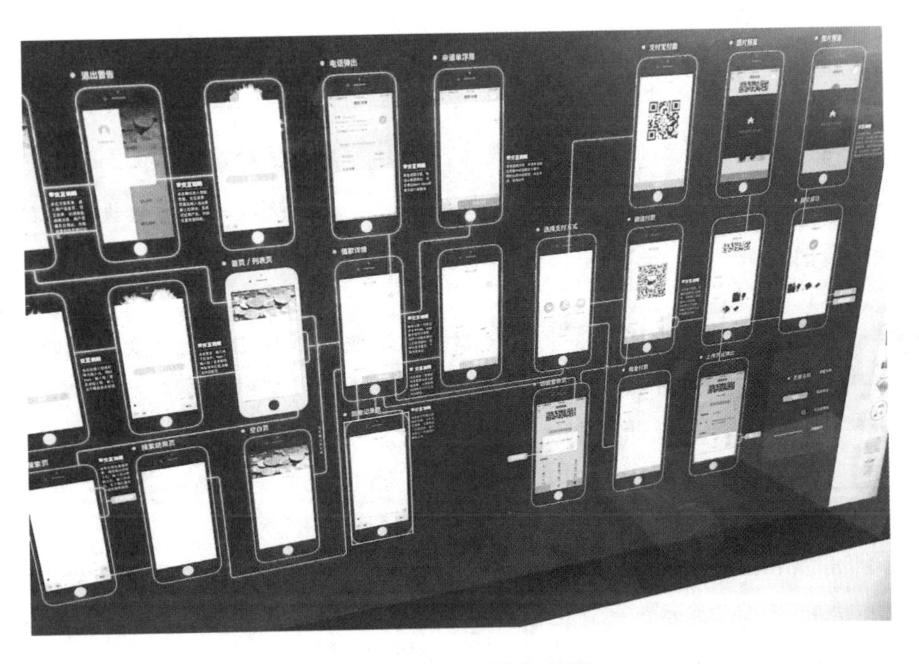

图 1-8　全部界面线框图

步骤 6　全部界面视觉设计。UI设计师需要根据已经确定的线框图、设计风格等制作全部界面。该阶段考验UI设计师对各种软件操作的熟练程度及创新能力、交互思维能力、沟通协调能力等。

为了减少沟通成本，UI设计师可在将设计稿交给产品经理前自行检查，检查内容可参考表1-1。

表 1-1　视觉设计自查表

自查项目	自查内容	自查项目	自查内容
信息层级	字号大小是否符合优先级	信息表意	有无多余的干扰元素
	元素间距是否符合各层级的对比关系		图形文字表达是否符合大众认知，要确保无误导和歧义
文字	大小是否符合规范	图标	是否复用可通用的图标
	字体是否符合规范		图标外观是否符合产品风格
	文字颜色是否易辨认		图标是否具备一致性
图片	比例和尺寸是否得当	其他	内容的间距是否符合规范
	图片效果是否美观		检查界面一致性
	确保配图后文本易阅读		素材是否涉及版权问题
	切图命名是否符合规范		

步骤7　标注切图，对接前端。设计稿确定后，设计师需要和前端工程师对接，确定标注方式、切图尺寸、切图命名规则等，然后根据对接结果对设计稿进行切图。待前端工程师将界面内容一一实现后，设计师需要核对输出界面与自己的设计稿是否一致，以及是否有需要调整和修改的地方。这一阶段非常考验设计师的执行能力和沟通能力。

项目是由团队各部门分工协作完成的，对切图进行规范化命名有助于团队成员之间的协作，节省程序开发的时间成本，减少不必要的沟通；对于设计师来说，规范化命名可以方便文件整理和后期文件图层的修改，同时也是一种专业性的体现。

步骤8　项目跟进与总结。项目实际投放后，可能还有问题需要修改、完善，设计师需要经常关注和跟进项目，同时也要做好对项目的总结工作。例如，可以以文档的形式把自己的设计规范记录下来，以便前端工程师根据规范统一调整界面，后续有其他设计师接手或合作时，也可以作为参考标准。

1.3　UI设计的风格

UI设计的风格主要包括拟物化和扁平化两大类，两者一繁一简，对比明显，如图1-9所示。

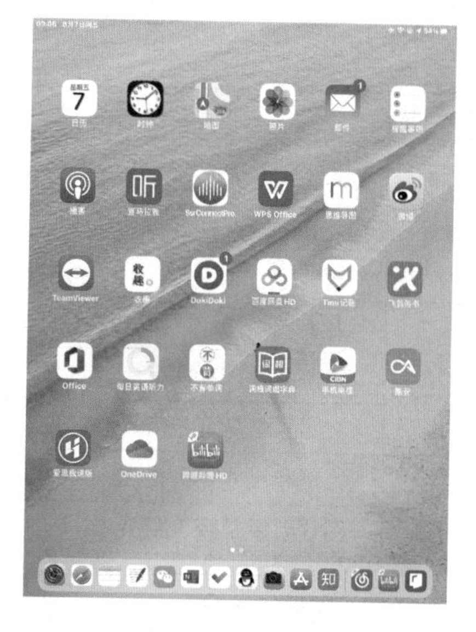

图1-9　拟物化风格和扁平化风格

1.3.1 拟物化风格

拟物化风格主要通过高光、纹理、阴影等效果模拟现实物品的造型和质感，将实物在界面中再现，如图1-10所示。拟物化风格的优点是质感强烈，识别度高，用户的学习成本低；缺点是过于强调细节，导致设计耗时长，功能性偏弱，占用内存较大会增加加载时间等。

图1-10　拟物化风格图标

随着人们审美的变化，拟物化风格也随之发生改变，逐渐划分出了新拟物化风格、2.5D风格和轻质感风格等，它们保留了部分拟物化风格的特点，但都简化了UI界面的细节。

- 新拟物化风格：又称新拟态风格，是2020年UI设计的主要表现风格之一，其特点是利用阴影的模糊、角度和强度来突显对象，模仿现实中按钮、卡片等元素的突起或凹陷效果，使对象不仅具有柔和、简洁的外观，还具有强烈的现代感和科技感，如图1-11所示。

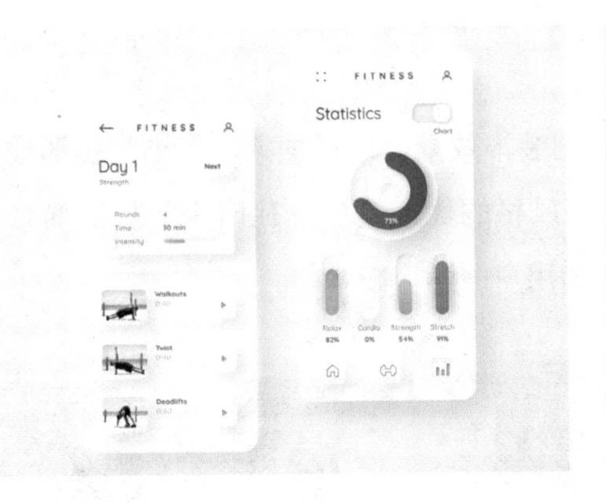

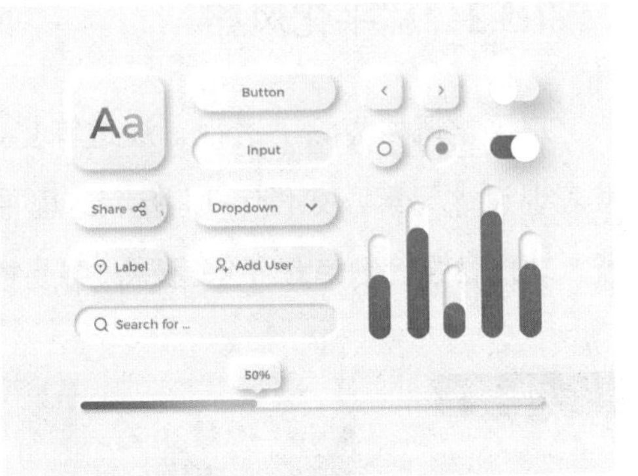

图1-11　新拟物化风格界面

- 2.5D风格：也称伪3D风格，是介于平面（2D）和立体（3D）之间的表现风格，该风格的物体一般有三个面（一个顶面和两个侧面），所有的平行线在绘制时不考虑近大远小的透视变化，保持平行即可。2.5D风格的外观效果保留了拟物化风格的立体感和一定的质感，弱化了配色和元素细节，能给人简洁、干净的感觉，一般用于插画或图标中，如图1-12所示。

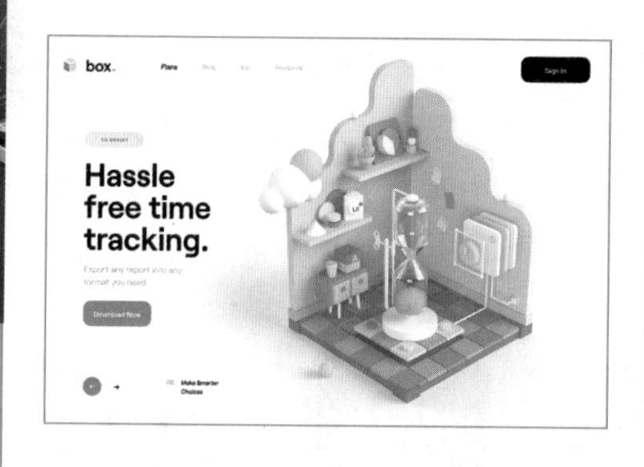

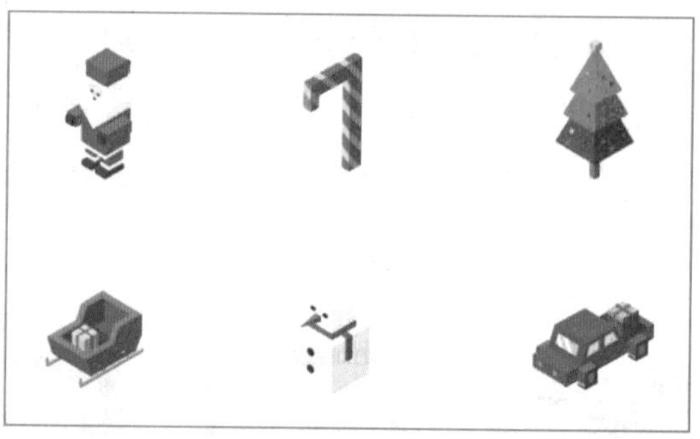

图 1-12　2.5D 风格的网页和图标

✣ 轻质感风格：该风格简化了拟物化风格的配色、质感，具有层次简单，用色素雅干净的特点，多搭配轻投影、轻渐变的方法设计，常用于App的图标设计中，如图1-13所示。

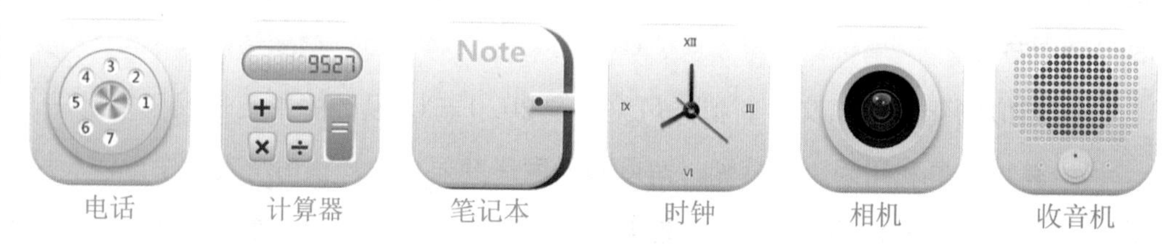

图 1-13　轻质感风格图标

1.3.2　扁平化风格

扁平化风格去除了透视、纹理等复杂的装饰效果，运用抽象、简洁的图形或符号表现设计元素，如图1-14所示。扁平化风格的优点是设计耗时少，界面简洁清晰，功能性强；缺点是不够直观，容易增加用户的学习成本。

图 1-14　扁平化风格图标

扁平化风格也有几种演变形式，主要包括渐变风格、几何元素风格、弥散投影风格和插画风格等。

✣ 渐变风格：是目前的主流设计风格之一，用于图标时多为单色渐变，颜色过渡清新自然；而用于背景、插画时多为多色渐变，颜色对比强烈，能牢牢抓住用户的眼球，如图1-15所示。

图 1-15　渐变风格图标和插画

✣ 几何元素风格：在UI设计中，几何元素既可以作为图片底板使用，也可以作为装饰细节，使界面效果变得活泼有趣，如图1-16所示。

图 1-16　几何元素风格网页

✣ 弥散投影风格：能给界面元素加上单色投影，让界面具有立体感。弥散投影效果柔和，其中的元素仿佛悬浮在界面之上，如图1-17所示。

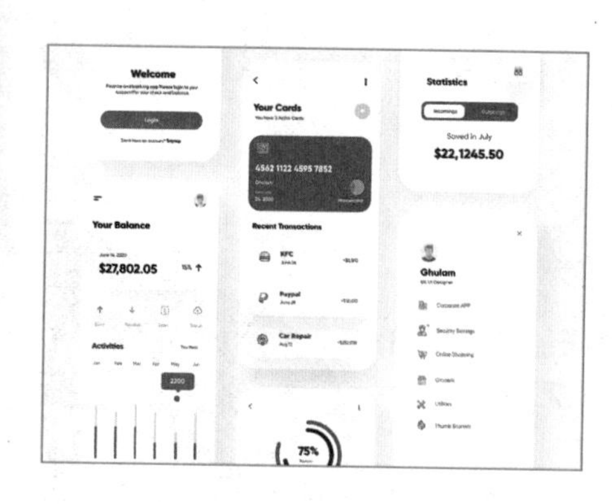

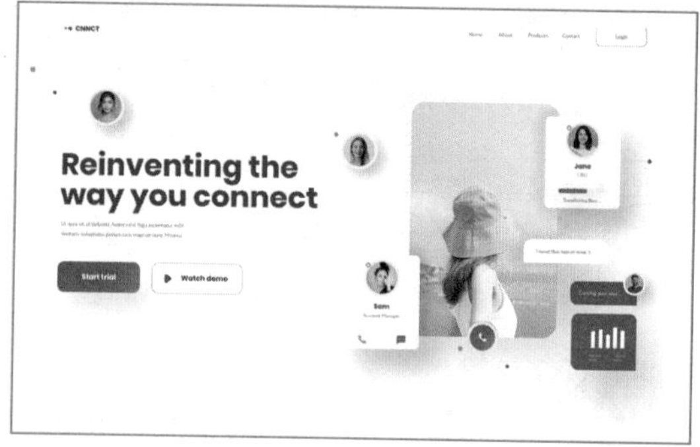

图 1-17　弥散投影风格界面

✣ 插画风格：界面内容主要以插画为主，界面色彩明丽，极具设计感，如图1-18所示。

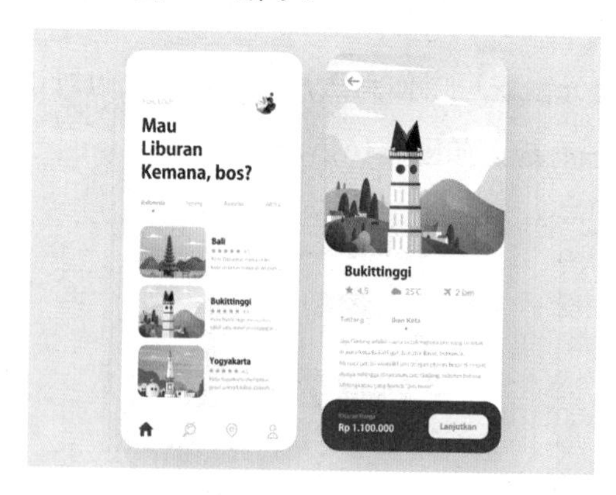

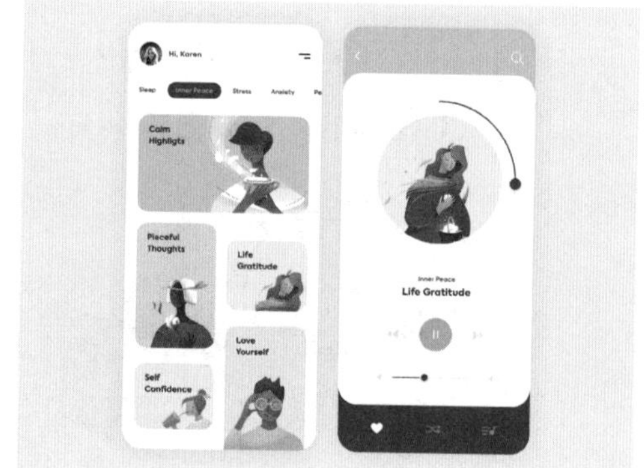

图 1-18　插画风格界面

1.4　UI设计的色彩搭配

色彩搭配需要对色彩有清晰的认识和敏锐的判断，因为只有建立对色彩的理性认识，才能在UI设计中将色彩运用到位。

1.4.1　色彩级别

UI由各种色彩搭配而成，色彩在UI中所占比例决定了色彩的级别，一般UI的色彩可分为主色、辅助色和点睛色三个级别。它们的作用不同，应用位置也各有讲究，以移动UI为例，其色彩级别如图1-19所示。

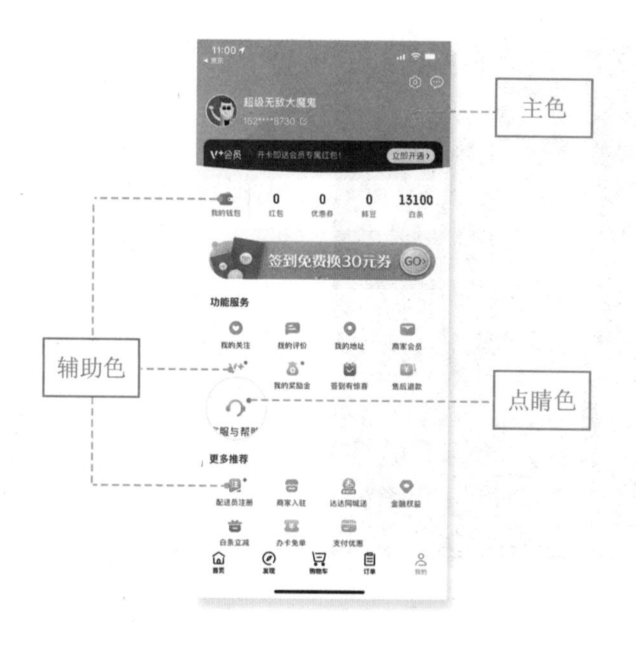

图 1-19　色彩级别

- 主色：决定界面的色彩基调，能直接影响视觉传达效果和用户情绪，通常占界面视觉比例的75%左右（白色背景除外），一般应用在Logo、视觉面积较大的导航栏或主要版块上。
- 辅助色：可以是一种或多种色彩，用于辅助主色，使界面更加完整。通常占界面视觉比例的20%左右，一般应用在各种控件、图标或插图上。
- 点睛色：是界面中最醒目的色彩，通常占界面视觉比例的5%左右，一般应用在提示性的小图标或需要突出的位置。

1.4.2　色彩的象征意义

每种色彩都有其独特的气质，色彩使用得当能激发用户的情感共鸣。在配色时，应根据产品性质，恰当地使用色彩。

- 黑色：黑色象征深沉、庄重、严肃、高雅、权威、力量，属于百搭颜色，与其他颜色结合使用，能表现出丰富多变的效果，如图1-20所示。需要注意的是，在西方，黑色有邪恶和死亡的寓意，因此涉及医疗、健康的产品界面中要尽量避免大面积使用黑色。
- 白色：白色象征纯洁、神圣、干净、高雅，大面积白色会给人疏离、冷漠的感觉。一些文艺范、高雅范的产品中，常使用白色作为界面主色，从而突显产品格调，如图1-21所示。

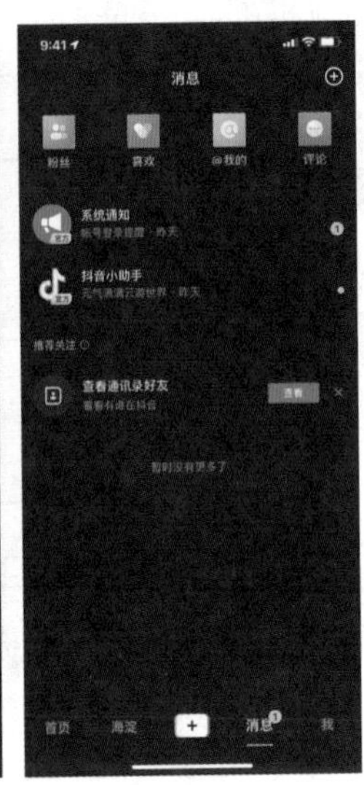

图 1-20 抖音 App 界面

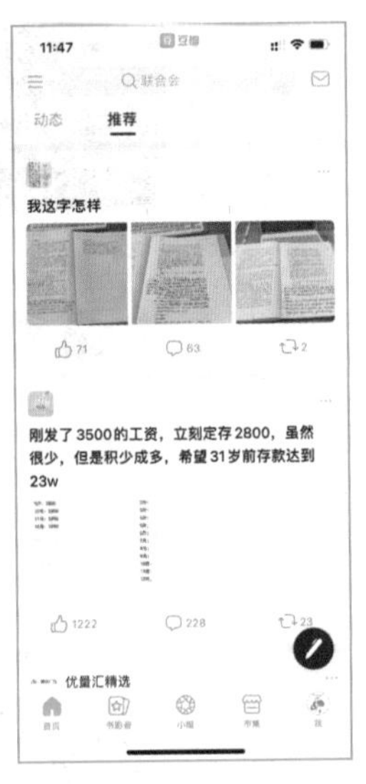

图 1-21 豆瓣 App 界面

灰色：灰色象征平凡、诚恳、考究、成熟、悲伤。灰色有多个层次，不同层次的灰度给人的感觉也不尽相同，其中较浅的灰色具有沉静、平和之感，常用于金融产品或科技产品的界面中（如图 1-22 所示）；较深的金属灰、炭灰、暗灰则能给人智能和科技的感觉，常用于影音娱乐类产品的界面中。

红色：红色象征喜悦、热情、自信、浪漫，有时也会给人危险、愤怒、血腥的感觉，在一些需要烘托热烈气氛的界面中可以使用红色作为主色，如图 1-23 所示。此外，红色也常作为点睛色出现在提示危险、警告的按钮或图标中。

图 1-22 红旗汽车网站界面

图 1-23 mystico 化妆品网站界面

橙色：橙色是接近阳光的色彩，象征着温暖、亲切、能量、热情、财富。当产品符合这些特性时，橙色就可以作为首选用色，如图 1-24 所示。

黄色：黄色与橙色、红色同为暖色，给人的感觉与橙色类似，但黄色明度更高，更醒目。黄色象征光辉、明亮、尊贵、权力、活力，能传递给用户温暖和乐观的感觉，如图1-25所示。值得注意的是，黄色是一种比较难处理的色彩，当明度较低时，界面会显得很脏。

图 1-24　淘宝 App 界面

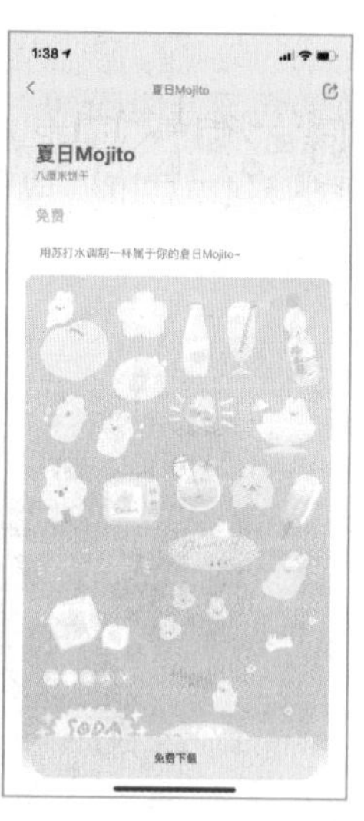

图 1-25　黄油相机 App 界面

✣ 绿色：绿色象征健康、自然、清新、希望、安全，是所有色彩中最能让人放松的颜色，它对人的精神有镇静和恢复的作用，应用于界面时会给人安全、可信赖、充满生机的感觉，如图1-26所示。此外，绿色也有通过、确定的意思，因此常用绿色作为确定按钮的色彩。

✣ 蓝色：蓝色是UI设计中应用得最多的色彩之一，它能让人联想到天空、海洋、宇宙等，给人静谧、深邃、理智、信赖、科技等感觉。在UI设计中，常用于社交、影音娱乐、生活服务等产品的界面中，如图1-27所示。

图 1-26　360 安全卫士界面

图 1-27　酷狗音乐界面

1.4.3 配色技巧

在UI设计中，除了要了解色彩的级别和象征意义外，还需掌握以下配色技巧。

1. 同类色搭配

色环上相距0°的色彩为同类色，如蓝色与浅蓝色，红色与粉红色等。同类色的对比柔和、含蓄，采用同类色搭配的界面视觉效果统一、清新，如图1-28所示。

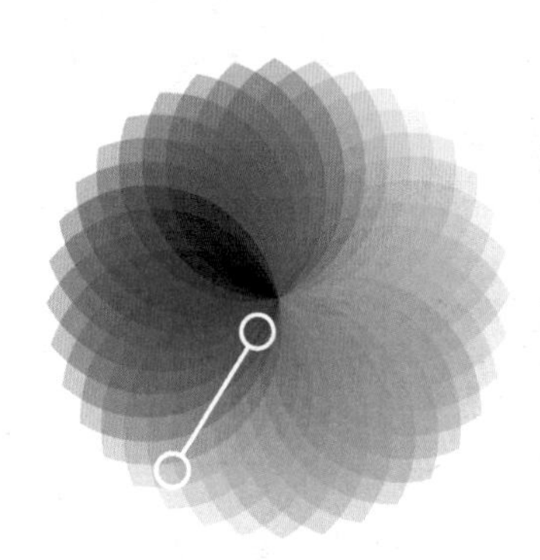

图1-28 同类色搭配

2. 互补色搭配

色环中相对的两种颜色互为补色，如红色和绿色、蓝色和橙色等。互补色对比强烈，能传达能量、活力、兴奋等意思，采用互补色搭配的界面能产生强烈的对比效果，极具视觉冲击力，如图1-29所示。

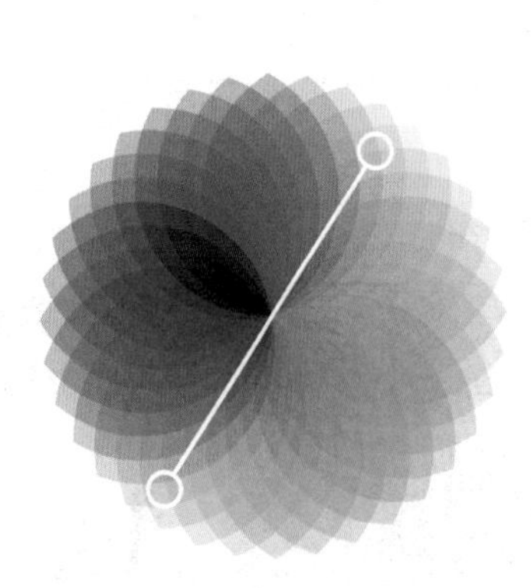

图1-29 互补色搭配

3. 邻近色搭配

色环上处在60°之间的两种颜色为邻近色，如蓝色和红色，红色和黄色，绿色和蓝色等。采用邻近色搭配的界面视觉效果柔和、文静、和谐，但处理不当会产生单调、模糊的感觉，此时可通过调节色彩的明度和纯度来增强视觉效果，如图1-30所示。

图1-30　邻近色搭配

4. 同色调搭配

同色调搭配是指明度和纯度相同，色相不同的色彩搭配方式。采用同色调搭配的界面，各颜色组合在一起不但不会显得混乱，反而会给人非常和谐、活泼的感觉，如图1-31所示。

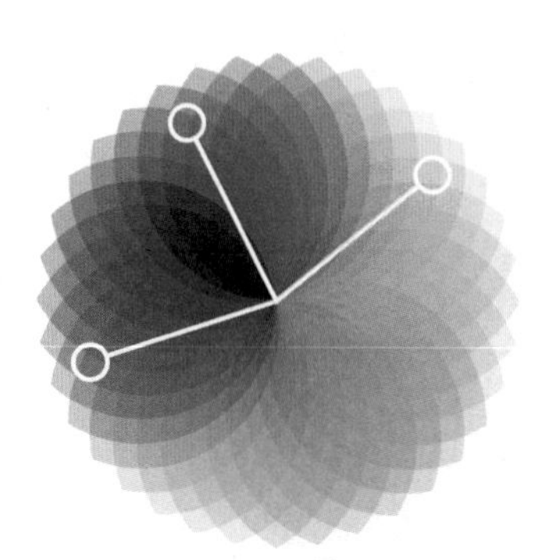

图1-31　同色调搭配

5. 参考竞品配色方案

竞品是竞争对手的产品，在产品设计初期，产品经理和设计师要对市面上的竞品进行调查和分析。竞品配色是分析的重要内容，设计师可在该环节初步确定界面的配色方向。例如，要做一个快餐类的App，在设计之初就要对竞品进行分析，参考竞品的色彩搭配，如图1-32所示。

图 1-32　必胜客、肯德基和麦当劳 App 界面

6. 参考 iOS 人机界面指南配色方案

在iOS人机界面指南中，苹果公司给出了八种颜色，这八种颜色是通过反复试验挑选出来的，它们无论是在亮背景还是在暗背景中，无论是单独使用还是搭配使用，效果都非常突出，如图1-33所示。

图 1-33　iOS 人机界面指南中的推荐颜色

1.4.4　配色的注意事项

在UI设计中，对于纯色和灰色的使用，应注意以下问题。

- 关于纯色：长时间观看大面积的纯色会使用户视觉疲劳，因此社交、阅读类的产品界面，除了特殊要求外，应避免大面积使用纯色。例如，手机中的微信界面，各元素都没有使用纯色，如图1-34所示。

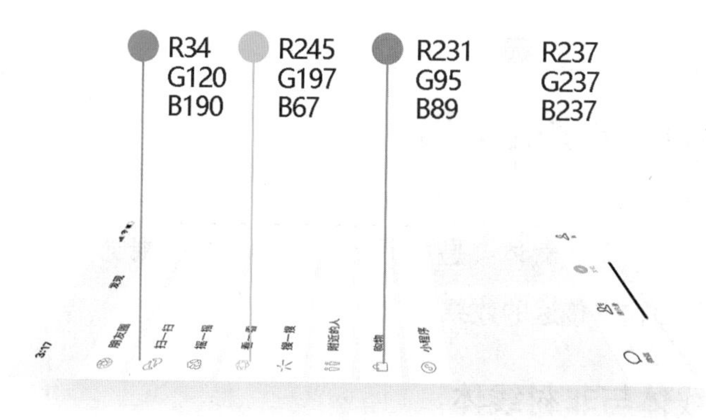

图 1-34　关于纯色的使用示意图

纯色是指饱和度为100%的颜色，在RGB色彩模式下，纯色的RGB值见表1-2所列。

表 1-2　纯色的 RGB 值

色　相	红色值（R）	绿色值（G）	蓝色值（B）
红色	255	0	0
绿色	0	255	0
蓝色	0	0	255
黄色	255	255	0
青色	0	255	255
品红色	255	0	255
白色	255	255	255
黑色	0	0	0

✣ 关于灰色：界面中的灰色通常是作为背景来突显主体文字的，应用时应尽量避免 40%～70% 的灰色。由图 1-35 可明显看出，60% 灰色背景上的文字识别度较低。

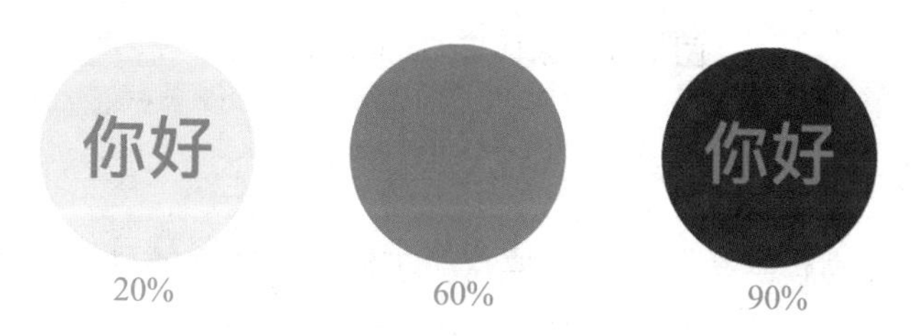

图 1-35　关于灰色的使用示意图

1.5 UI设计中文字的运用

文字是传递信息的重要载体，是UI设计中必不可少的视觉元素，文字运用是否恰当，直接影响界面信息传达的效果。

1.5.1 衬线体与非衬线体

随着时代的发展，无论是艺术设计还是文档处理，可选择的字体都越来越多。总的来说，字体可分为衬线体和非衬线体两大类。

1. 衬线体

衬线体在笔画的始末位置有额外的装饰，强调笔画的走势及前后联系，且粗细会因笔画的不同而有所区别，这使得前后文有更好的连续性，更适合作为正文字体。

宋体与Garamond字体是最具代表性的中文和西文衬线体。宋体具有字形方正、横细竖粗、撇如刀、捺如扫、点如瓜子等特点，是通用的印刷体；而Garamond字体兼具美观性和易读性，且适合长时间阅读，被誉为“衬线之王”，因此西方文学著作常用Garamond字体作为正文字体。宋体和Garamond字体的效果如图1-36所示。

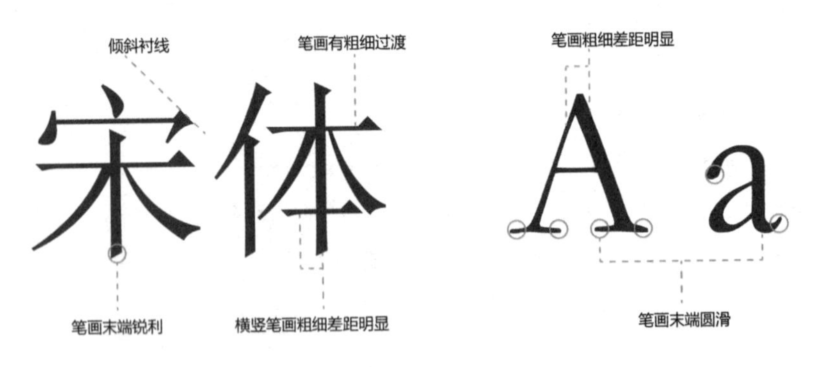

图 1-36　宋体与 Garamond 字体

2. 非衬线体

非衬线体的笔画粗细基本一致，适合用于标题类需要醒目但又不被长时间阅读的文字，其特点是方正、朴素、简洁、明确、黑白均匀。

黑体与Arial字体是典型的中文和西文非衬线字体。黑体也称“等线体”，包括雅黑、美黑、仿黑等，具有横竖粗细一致、方头方尾的特点，能给人浑厚有力、朴素大方的感觉；而Arial字体字形干净、清晰、易辨认，是很多数字印刷机和操作系统中的默认字体。黑体与Arial字体的效果如图1-37所示。

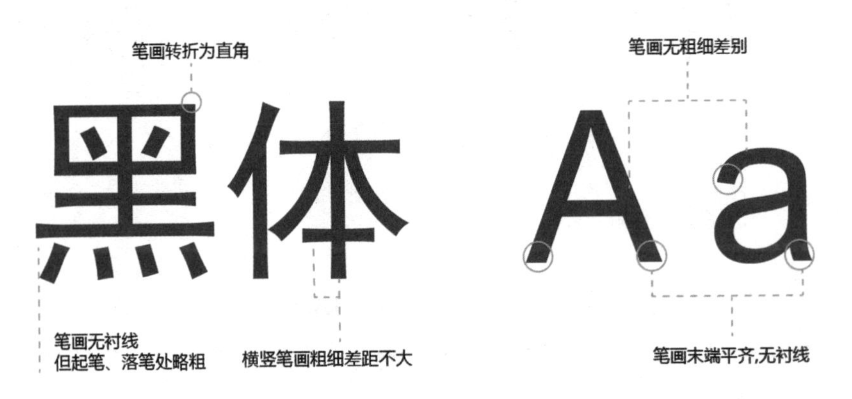

图1-37　黑体与Arial字体

1.5.2　笔画的粗细

笔画较粗的字体能够传递力量感，更易识别，而笔画较细的字体会更有文艺气息，更加美观。图1-38中Banner的标题字体以笔画较细的宋体为基础，经艺术化处理后，突显产品的文艺气息和品质感，呼应“职场”和“新品格”的主题。

图1-39中Banner的主题是“运动”和“力量”，设计师根据主题选用了笔画较粗的Arial Black字体，通过变换颜色，并采用图文层叠的方式将文字与主体进行关联，充分体现了主题。

图1-38　细笔画文案的Banner

图1-39　粗笔画文案的Banner

与色彩一样，字体也都是具有性格的，设计师应根据产品特点选择合适的字体。请在如图1-40所示的文字中选择两种适合用在幼儿网站的字体并简述原因。

文艺 促销 昂贵 幼稚

激情 个性 立体 可爱

图 1-40　字体性格

1.5.3　文字的色彩

文字的色彩能起到视觉导向的作用，甚至能使浏览者区分信息的主次。在所有色彩中，黑色和白色是使用得最广泛的文字色彩，经常用在正文文字部分，而广告中的标题、关键词的色彩可根据实际情况从Logo或产品中提取，如图1-41所示。

图 1-41　从 Logo 和产品中提取色彩

1.6　UI 设计的行业发展

UI设计是一个集设计、心理、逻辑于一体的综合性岗位。近年来，随着“互联网+”时代的到来，市场对UI设计师的需求也呈井喷式增长。相对平面设计师来说，UI设计师有着更好的就业前景和更高的薪资待遇。

1.6.1　UI 设计的行业现状

UI设计在当下的“互联网+”时代得到了高速发展，尤其在电子商务、移动互联网快速发展的推动下，整个IT行业对UI设计人才的需求增大。本节从地域分布、行业分布、岗位细分、能力需求和薪资待遇等方面来分析UI设计的行业现状。

1．地域分布

由于政策引进、网络发展和人才聚集等原因，一些互联网巨头都集中在我国一线城市，如北京、上海、广州和深圳等，这导致我国UI设计师的需求也主要集中在这几个地区，如图1-42所示。

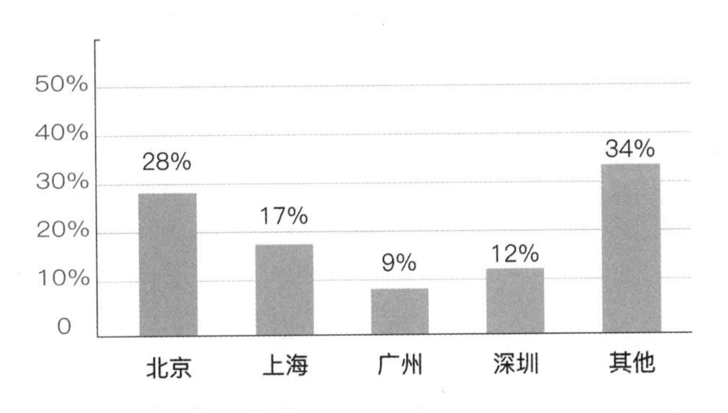

图 1-42　UI 设计的地域分布

2．行业分布

UI设计主要分布在移动互联网行业，另外在电子商务、金融、教育和企业服务等行业也有少量分布，如图1-43所示。

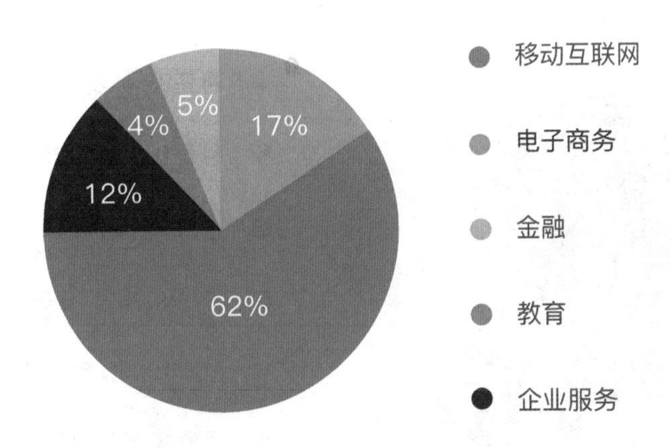

图 1-43　UI 设计的行业分布

3．岗位细分

随着UI设计行业的发展，UI设计的相关岗位开始细化，如今与UI设计相关的职位有产品经理、用户体验设计师、交互设计师、UI设计师、运营设计师和动效设计师等。从业者可根据自己的喜好、长处选择相应的职位。

- 产品经理：Product Manager，简称“PM”，是专门负责产品大方向管理的职位。
- 用户体验设计师：User Experience Design，简称“UE”或“UX”，主要关注用户的行为习惯和心理感受，就是琢磨用户会怎么用软件或硬件才觉得得心应手，它是需要与产品、设计、运营、开发等团队密切沟通的职位。

- 交互设计师：是专门负责设计产品与用户之间交互的职位。
- UI设计师：也叫UI视觉设计师，是专门负责界面设计的职位。
- 运营设计师：是针对产品推广和服务进行设计策划的职位。
- 动效设计师：是负责设计和制作界面间动效和动画，保证视觉呈现效果的职位。

4. 能力需求

UI设计是产品开发流程中的重要环节，UI设计师不仅要具备专业的软件应用能力和丰富的专业理论知识，还要具备与上下游沟通及与团队成员协作的能力。

5. 薪资待遇

UI设计的薪资待遇受地域、行业影响较大，但大部分月薪可保持在8000～10 000元，经验丰富者可达15 000～25 000元，少数就职于大型企业的UI设计师月薪可达25 000元以上，如图1-44所示。

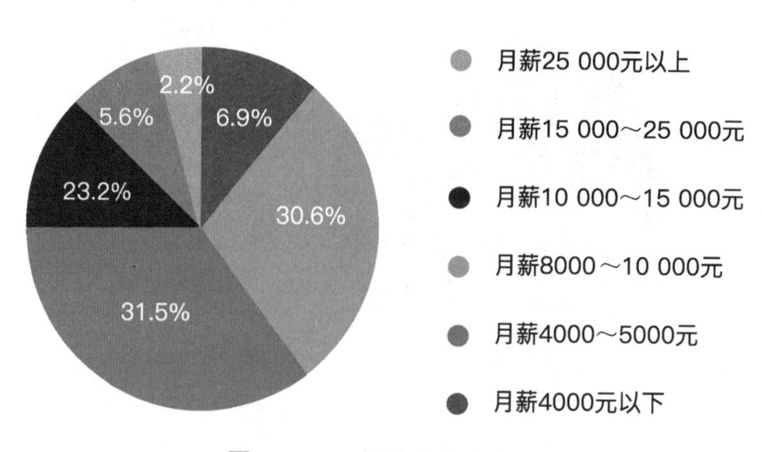

图1-44　UI设计的薪资待遇

1.6.2　UI设计的发展趋势

UI设计随着互联网的发展而兴起，早期UI设计专注于工具的技法表现，界面效果以拟物化风格为主；后来逐渐重视用户体验，界面效果延续拟物化风格；再后来随着屏幕尺寸的增大，用户的操作面积也随之增大，用户体验受到进一步重视，同时，扁平化风格逐渐兴起；如今随着行业的发展，企业除了需要UI设计师制作界面外，还需要其掌握更多与项目相关的技能，这使得全链路UI设计师成为炙手可热的人才。

全链路UI设计师除了要具备用户界面、图标设计等核心能力外，还要兼具用户体验设计、创意视觉设计、品牌思维、运营设计等多维度的综合能力。

在参与项目设计的过程中，全链路UI设计师需要完全或部分参与到项目的需求分析、交互原型设计、界面设计、研发、测试、上线发布、运营推广等各环节中，并从设计师的视角出发，在战略层面、用户体验层面、商业运营层面提出建设性的意见，或直接给出符合商业需求的执行方案，以实现商业价值及用户价值的最大化。

1.7 如何学习UI设计

学习UI设计要注意开阔眼界，增长见识，积累理论知识，并通过临摹优秀作品不断练习，提高自己的创作能力。

1.7.1 开阔眼界，增长见识

UI设计师要积极主动地浏览国内外的优秀设计作品，提高自身审美，培养自己发现美、鉴赏美、感受美的能力。下面推荐一些UI设计师常用的网站和设计系统。

1. 设计交流网站

- 站酷网：站酷网（http://www.zcool.com.cn）是国内最大的综合型设计交流社区之一，它集中了国内优秀的设计作品和文章，非常适合设计师开阔眼界，拓展知识面，如图1-45所示。

图1-45 站酷网站首页

- 追波网：Dribbble（https://dribbble.com）是全球最大的综合性设计网站之一，其包含了各类设计作品，是国内外设计大咖交流的天堂，如图1-46所示。

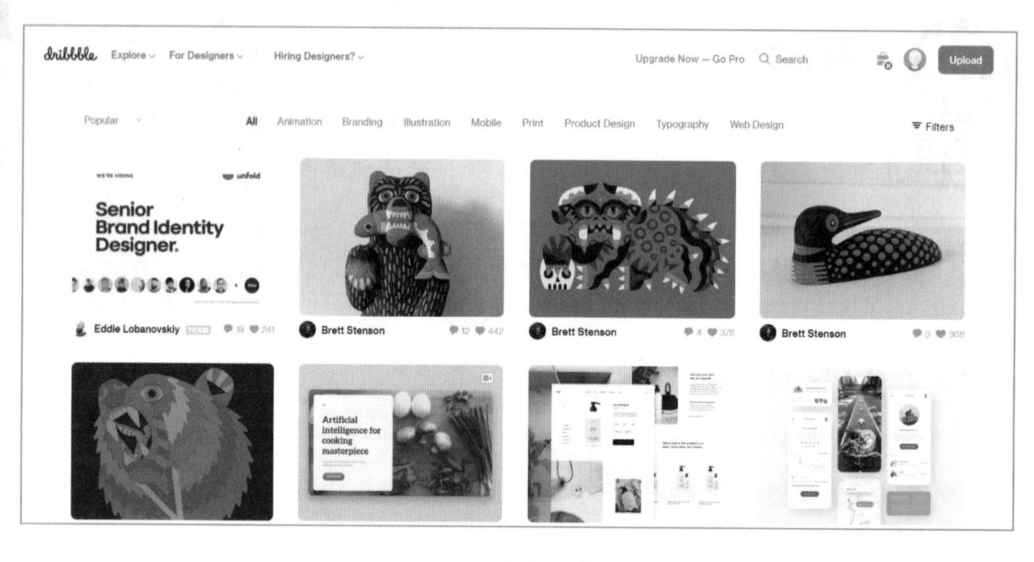

图1-46　追波网站首页

- UI中国：UI中国（http://www.ui.cn）是国内最大的UI交流社区之一，前身是iconfans，拥有海量UI学习资料，具有很强的专业性。
- 花瓣网：花瓣网（http://www.huaban.com）提供了大量优质的图片素材，而且还提供了采集和搜索功能，用户可以对自己喜欢的图片进行收藏、标记和分类，逐步形成了一套专属的素材、灵感库。

2. 图标网站

- 阿里巴巴矢量图标库：阿里巴巴矢量图标库（http://www.iconfont.cn）提供了阿里旗下多款产品的图标下载服务，具有很强的学习指导意义。
- Flat icon：Flat icon（https://www.flaticon.com）是一个非常庞大的图标资源集合网站，可以满足用户多方面的需求。

3. 配色网站

- Kuler：Kuler（https://color.adobe.com）是由Adobe公司建设和维护的比较权威的色彩搭配网站之一，拥有来自全世界设计师提供的配色方案，数量之多、质量之高是其他网站难以企及的，如图1-47所示。
- Web Gradients：Web Gradients（https://webgradients.com）提供了大量漂亮的渐变配色方案，以及配色方案的下载和CSS代码复制功能。

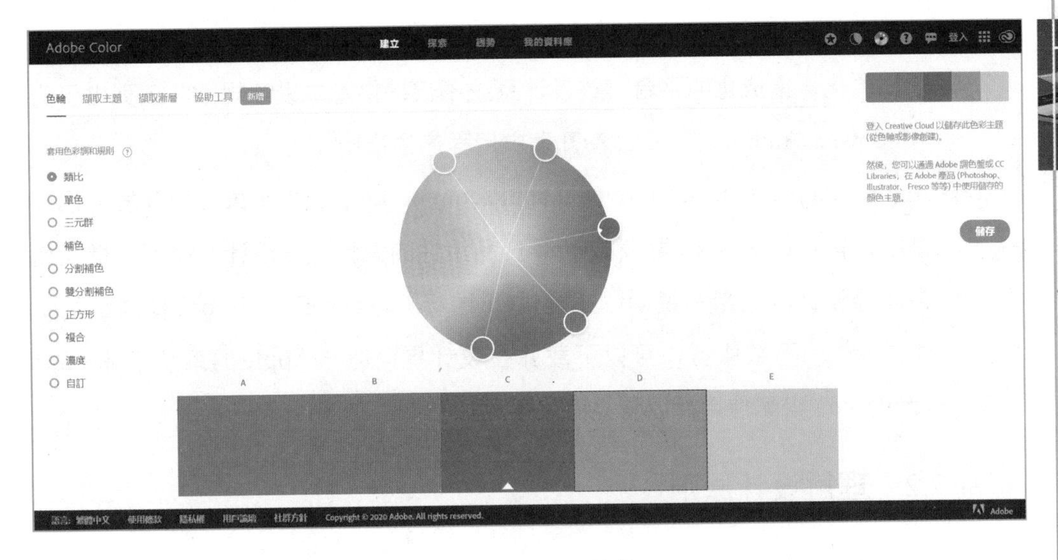

图 1-47　Kuler 网站首页

4．设计系统

没有标准规范，决策将变得武断且难以评判，也会导致设计无法规模化，进而让用户体验变得支离破碎。为了避免这些问题，有些公司开始制作设计系统，以规范产品颜色、文字、图片、图案，以及其他有助于传达品牌理念的视觉元素。设计师可以从设计系统中获取灵感和学习材料，套用其中的规范则有助于将产品设计得更统一，更利于规模化。

设计规模化是采用相同标准（即设计系统），从一个产品快速扩展出多个风格一致的产品。

下面是几家知名企业的设计系统，在开展项目时，UI设计师可以参考。

- Material Design：Material Design（https://material.io）是由谷歌公司推出的设计系统，旨在为手机、平板电脑等提供更一致、更广泛的视觉体验。该设计系统提供了色板选择器、文字样式、图标应用等规则，以及如何创造黑暗模式的方法等。

此处的黑暗模式也称深色模式，在该模式下，UI中的文字、背景和系统图标等颜色会被深色化处理，使它们在弱光环境下具有更高的可读性，同时降低屏幕强光对眼睛造成的不适。

- Fluent Design：Fluent Design（https://www.microsoft.com/design/fluent/#）是由

微软公司开发的设计系统，旨在通过跨平台的共享、开放式设计系统创造一个简单化、集成化的平台。该设计系统不但提供基本设计规范，还列出了为Windows、Android、iOS设备开发应用程序的指南。

- Apple：Apple（https://developer.apple.com/design）是由苹果公司开发的设计系统，旨在促进应用程序和Apple产品组件的设计。该设计系统不但提供用户体验设计的指南和说明，还提供SF图标（与San Francisco字体搭配的一套图标）的下载服务，可以下载并在设计界面时与Apple的系统字体（San Francisco）搭配使用，以使界面效果更加和谐、美观。

1.7.2 理解设计原则

本节介绍几个常用的UI设计原则，遵循这些原则能设计出更加专业的作品。

1．黄金比例

把一条线段分割为两部分，当较短部分与较长部分的长度之比等于较长部分与整体长度之比，且比值保留小数点后前三位数字的近似值等于0.618时，设计的造型会十分美丽，因此该比例称为“黄金比例”或“黄金分割”，而长短部分之间的分割点称为“黄金分割点”，如图1-48所示。

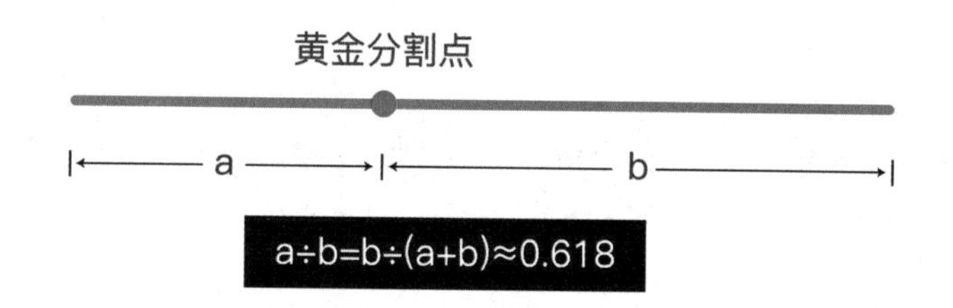

图1-48　黄金比例

利用黄金比例设计出的作品更美、更规范，如图1-49所示。

图1-49　黄金比例在UI设计中的应用

2．斐波那契数列

斐波那契数列，又称黄金分割数列，指这样一个数列：1、1、2、3、5、8、13、21、34…它的特点是除前两个数（数值1）外，每个数都是它前面两个数之和。

斐波那契数列与黄金比例存在一定联系。研究发现，相邻两个斐波那契数的比值是随序号的增加而逐渐趋于黄金比例的，即$f(n-1)/f(n)\approx 0.618$。将以斐波那契数为边长的正方形拼成一个无穷无尽的长方形，然后沿每个正方形的对角画一个90°的弧线，连起来的螺旋线就是斐波那契螺旋线，如图1-50所示。

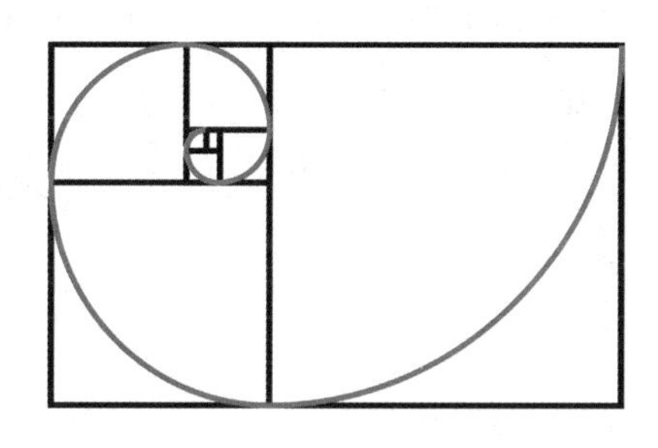

图1-50　斐波那契螺旋线

斐波那契螺旋线常用于App界面设计，如图1-51所示。

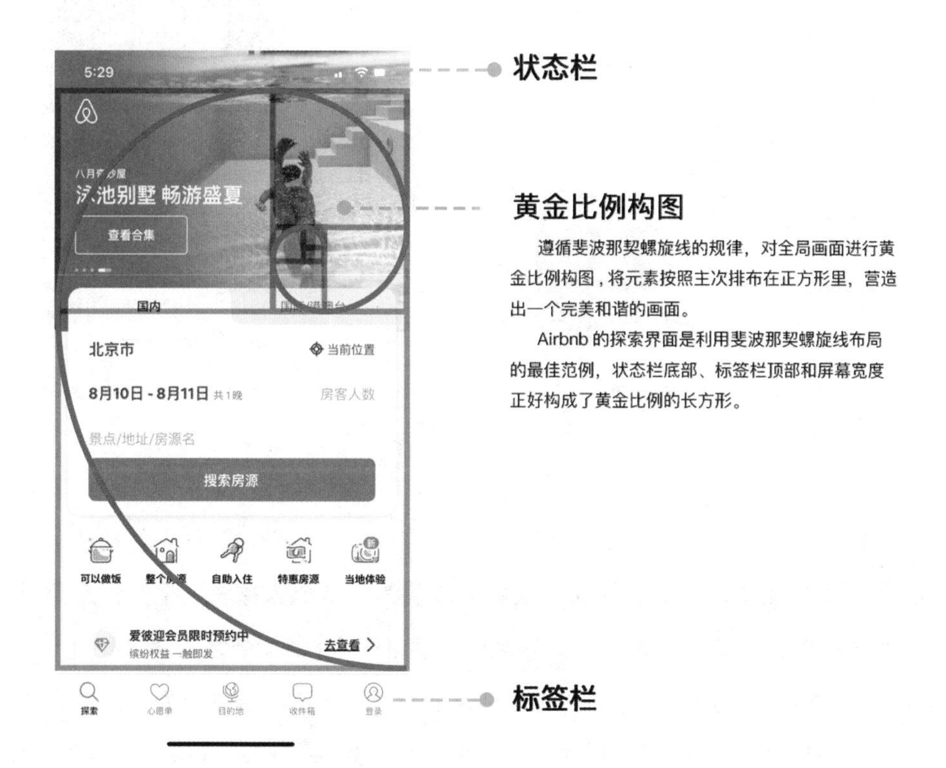

图1-51　斐波那契螺旋线在App界面的应用

3. 古腾堡法则

古腾堡法则又称对角线平衡法则，由西方活字印刷术的发明人约翰·古腾堡提出。他指出，人们在浏览页面的时候，视线都趋向于从左上角到右下角。左上角是视觉的第一落点区，而右下角是视觉的最终落点区，相对的，左下角和右上角则是视觉盲点区，如图1-52所示。

根据该法则，在进行信息排布时，应在左上角放置最重要的信息，右上角和左下角添加辅助元素，右下角作为视觉落点可以展示重要操作。例如，在商品详情页的交互设计上，可在界面的左上角展示商品图片、名称和价格，右上角和左下角展示对购买因素不起决定作用的内容，如购物车、更多、店铺、客服、收藏等，右下角展示最终促使用户达成交易的“加入购物车”和“领券购买”按钮，如图1-53所示。

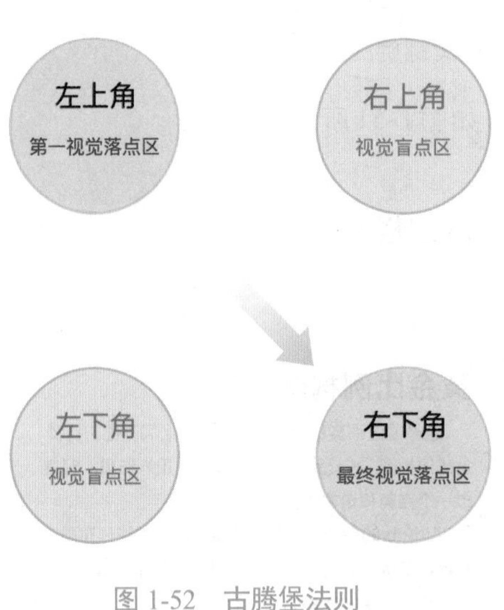

图1-52　古腾堡法则

图1-53　商品详情页

4. 7±2 法则

7±2法则也称“米勒定律”，是美国心理学家乔治·米勒对短时记忆能力进行定量研究后发现的规律，即人的短时记忆能力广度为7±2个信息块，记忆信息超过了该范围就容易出错。这说明人的大脑短时记忆容量在5个到9个之间。

为了便于用户浏览界面，在UI设计中经常使用7±2法则安排界面中的内容。例如，在PC端中，网页的一级导航通常不超过9个，如果导航和选项卡的内容过多，可以通过聚合按钮来整合其他次要入口或子入口，如图1-54所示。

图 1-54　优优教程网导航

1.7.3　临摹、借鉴和创造

很多事物的学习都是从模仿开始的，UI设计也不例外。UI设计学习的过程可分为临摹、借鉴和创造三个阶段。

UI设计师切忌眼高手低，初级阶段可从简单的背景、控件或图标开始临摹，然后循序渐进，逐步增加难度。需要注意的是，临摹不是临得像就可以了，而是要求90%以上的相同，精确到像素。临摹不是抄袭，它不仅能提升自己的专业技能，更能提高自己的设计感觉，在临摹中要揣摩原作每一个元素的用意，琢磨版块摆放的规律，试着体会原作设计背后的思路。这一过程可大大提升设计师的软件操作技能，强化设计思维。

中级阶段可试着在临摹的基础上改变原作的外观，融入自己的想法，这样能将原作中的技法运用到自己的作品中，达到学以致用的目的。

经过大量的实践操作后，设计师会形成自己的设计风格和思想，此时可以进入终极阶段，以自然界的事物为原型，通过软件将其表现出来，完成从临摹到创造的飞跃。

本章总结

本章主要介绍了UI设计的基础知识和设计技巧，读者在学完本章内容后，应重点掌握以下知识。

- UI即user interface的简称，泛指用户的操作界面，它是系统和用户之间交互的媒介。
- UI设计可以分为移动UI设计、PC端UI设计和其他UI设计。
- UI设计的工作流程包括需求梳理和分析、寻找灵感、收集素材、制作关键界面线框图、关键界面视觉设计、制作全部界面线框图、全部界面视觉设计、标注切图、对接前端、项目跟进与总结等。

- UI设计的风格主要包括拟物化风格和扁平化风格。
- 一般界面的色彩可分为主色、辅助色和点睛色三个级别。
- 色彩搭配的技巧有同类色搭配、互补色搭配、邻近色搭配、同色调搭配、参考竞品配色方案及参考iOS人机界面指南配色方案等。
- 字体可分为衬线体和非衬线体两类。

本章实训——了解 UI 设计师的职位要求

在具体学习UI设计之前，首先简单了解其职位要求，有助于确定今后的学习目标和方向。

步骤1　在猎聘、智联招聘、前程无忧、58同城等招聘网站中输入“UI设计”搜索相关职位，并根据公司、行业、城市、薪资等条件精确筛选职位，如图1-55所示。

图 1-55　搜索 UI 设计职位

步骤2　查看筛选后的职位列表，可以快速找到自己感兴趣的招聘信息，如图1-56所示。

已选条件：朝阳区 × 10万～15万×

UI设计师（北京）

8k～15k·12薪 | 北京-望京 | 统招本科 | 1～3年

4小时前 | 投递后：72小时反馈

威讯柏睿数据科技(北京)有限公司

C轮

大数据 绩效奖金

UI 设计师

10k～20k·13薪 | 北京-望京 | 本科及以上 | 1～3年

4小时前 | 投递后：72小时反馈

医药魔方

战略融资

带薪年假 定期体检 弹性工作

UI设计师

10k～20k·12薪 | 北京-朝阳区 | 本科及以上 | 3～5年

5小时前 | 投递后：10个工作日内反馈

广州合摩计算机科技有限公司

B轮

定期体检 弹性工作 扁平管理

图 1-56　筛选招聘信息

步骤3　选择感兴趣的职位可查看其岗位具体要求，如图 1-57 所示。

职位描述：

工作职责：

1. 能独立设计LOGO、字体、ICON
2. 基于对公司产品理解，完成视觉概念设计
3. 参与设计体验、流程以及规范制定，编写设计思路和视觉设计规范等文档
4. 能独立设计品牌宣传海报、产品文档排版等的平面设计以及负责活动、专题、营销广告的创意设计、产品展示PPT等

岗位要求：

1. 本科及以上学历、美术、艺术设计、视觉传达相关专业，熟练使用PS、sketch、AI、AE、Flash等常见设计工具
2. 熟练掌握Photoshop、Illustrator等设计软件，有GUI设计的相关经验
3. 有良好的平面排版功底，活跃于各种设计社区，图片社区或技术社区，擅于调研和分析
4. 善于创新，对视觉设计和色彩有敏锐的观察力和分析能力

图 1-57　岗位具体要求

UI设计并不只是简单地设计好看的界面，结合实际、用户体验才是重中之重。下面通过3个小故事简单介绍用户体验的重要性。

（1）仅有漂亮的界面是不够的，可用性是关键。

某亚洲航空公司花300万美元为员工构建了一个现代化的工作站，虽十分美观、具有现代感，但其糟糕的设计使界面不够简洁和高效，并且由于该设计是整个系统导航的基础，即便员工不愿意使用，也很难从头改变。此事件告诉我们，设计师必须懂得根据用途来设计界面，经常使用的界面在视觉上必须是清晰的，在操作上必须是高效的。

（2）即使再成功的公司，也不能忽视用户研究。

一家手机公司在主要市场发展一直很好，后来换了一个负责用户研究的新主管，他要求做印度地区的研究，并要求只针对3个人进行调研。在一个有着10亿人口的国家，只调查几个人，调查结果的可信度可想而知。后来，由于缺乏用户研究，该公司市场份额下滑，并开始裁员。该事件告诉我们，再成功的公司，也不能忽视用户研究，做UI视觉设计也是如此，不能想当然地进行设计，需要充分了解用户需求。

（3）进军潜在市场，必须了解当地文化背景。

一个大的商业公司在中国推出电子商务应用时，只是将做好的本土应用翻译成了中文，并没有结合中国本土的消费习惯修改应用及其界面，结果就是，直到今天该公司在中国市场都没有获得任何发展。此事件告诉我们，UI设计要考虑不同地区的文化习惯。

牛刀小试

02

第 2 章 常见 UI 元素设计

章前导读

背景、控件和图标等是 UI 的基本组成元素，它们的风格和美观程度能直接影响最终的界面效果。本章主要介绍常见 UI 元素的基础知识，并通过几个贴合实际应用的案例讲解，介绍常见 UI 元素的一般设计方法。

素质目标

- 不断完善、优化作品，学习精益求精的工匠精神。
- 坚持理论与实践相结合的原则，提升自己的动手能力，达到学以致用的目的。

学习目标

- 了解UI设计中背景的类型。
- 了解UI设计中常见的控件。
- 了解UI设计中图标的类型、设计流程和要点。
- 掌握设计功能图标和桌面型图标的常用方法。

2.1 背景

背景是UI中最基础的视觉元素之一，其作用是丰富界面、衬托界面主要元素。在实际应用中，背景可以与设备的系统主题配套，也可单独设置，常见的背景类型有图像型和综合图像型等。

所谓图像型背景，便是直接将照片或插画作为背景，并且可以根据需要调整图像在界面中的显示区域，如图2-1所示。

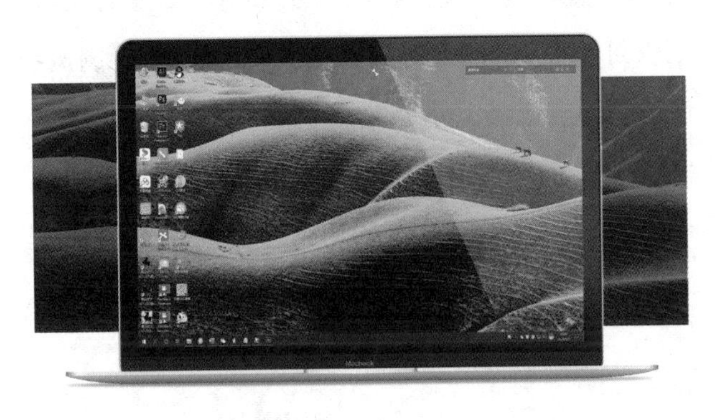

图2-1 图像型背景

综合图像型背景极具个性化，一般是照片+文字，或插画+文字的形式，如图2-2所示。由于这种背景中用到了文字，因此其效果除了受插画风格、照片风格影响外，还受字体样式和排版风格的影响。

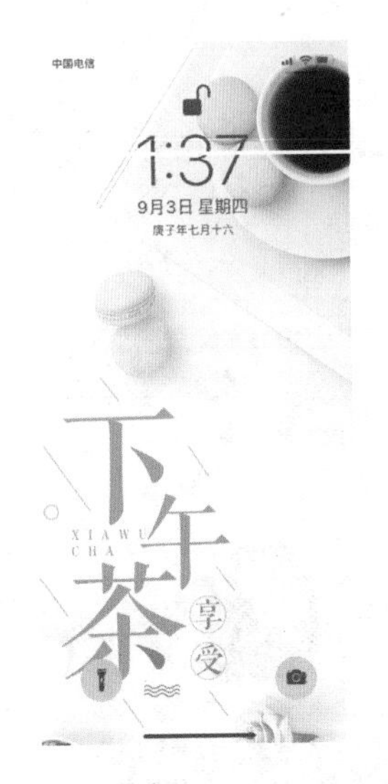

图2-2 综合图像型背景

2.2 控件

按钮、下拉选框、表单、滑动条和筛选器等，是UI的基本组成元素，又称为控件。

2.2.1 按钮

按钮是UI中不容忽视的视觉元素，其面积虽小，却是交互和界面细节的体现。设计考究的按钮不仅可以提高用户的浏览体验，还可以引导浏览者点击，进而展示更多信息。在设计按钮时应遵循以下原则。

- 引人注意：按钮的颜色应区别于周围环境色（如图2-3所示），某些关键的按钮可设计鼠标经过、点击和按下的动画效果，从而为浏览者带来最佳的浏览体验。

图 2-3　引人注意的按钮

- 准确反映功能：按钮的面积一般不大，因此其中的文字需要言简意赅、直截了当，如图2-4所示。

图 2-4　准确反映功能的按钮

✣ 符合产品风格：按钮的外观应符合产品风格，如游戏网页中的按钮应注重质感的刻画，可以将金属、岩石、玻璃、木头等素材附在按钮上，以表现游戏的风格，如图2-5所示。

图 2-5　符合页面风格的按钮

✣ 级别分明：页面中通常包含多个按钮，设计师要根据需求区分按钮级别，关键按钮强化处理，对次要按钮弱化处理，让按钮呈现视觉的优先级别，从而使页面逻辑清晰，主次分明。

2.2.2　下拉选框

下拉选框主要用于展示并列级别的信息。作为一个展示信息的控件，下拉选框的外观应与产品风格保持统一，且尽量简洁，以免影响命令的正常显示，如图2-6所示。

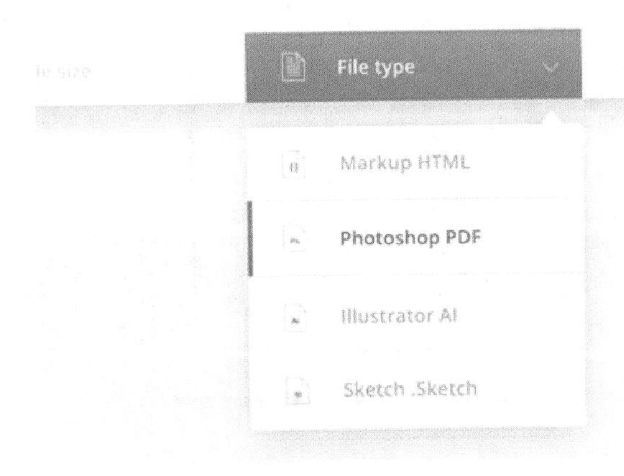

图 2-6　下拉选框

2.2.3　表单

表单常用于接收用户信息的页面中，如登录页和注册页等。表单中通常包括按钮、单选框、文本框和下拉列表等基本控件，内容以文字为主，设计时应重点区分表单内信息的级别，强化重要信息，弱化次要信息，并将同类信息等距排列，以便用户浏览，如图2-7所示。

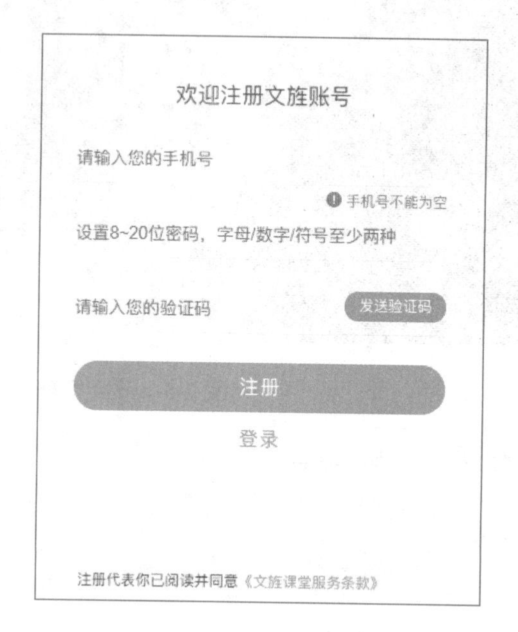

图2-7　表单

2.2.4　滑动条

滑动条由滑轨和滑块组成，是界面中用来调整参数的控件，可用于调整音量、视频进度、界面显示区域等，如图2-8所示。

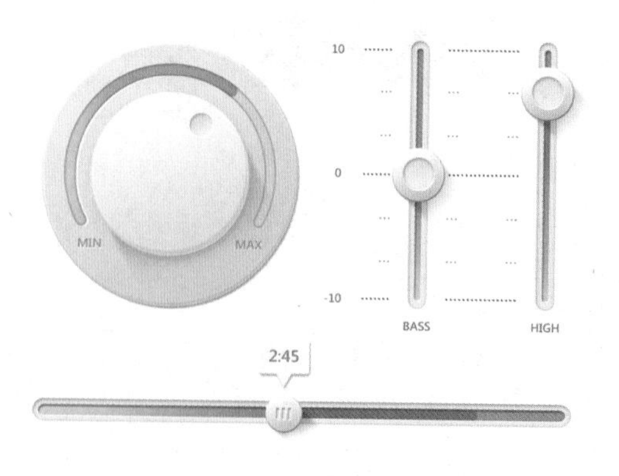

图2-8　滑动条

2.2.5　筛选器

筛选器是界面中用来调整和筛选数据的控件。数据的类型不同，控件的表现形式也有所区别。例如，时间选择器和地区选择器通常采用上下滚动的方式调整信息，如图2-9（a）所示；条件筛选器则让用户从给出的分类条件中选择若干限制条件，从而逐步缩小搜索范围，用户选择的选项越多，搜索结果就越精确，如图2-9（b）所示。

（a）　　　　（b）

图 2-9　筛选器

2.3　案例实战——设计矩形按钮

作品展示

本案例通过制作“三国战”网页游戏界面中的“进入游戏”矩形按钮，介绍了按钮的一般制作方法，如图2-10所示。由图可以看出，该按钮颜色鲜明、抢眼，再加上古香古色的素材，使其整体十分贴合游戏风格，能有效达到吸引浏览者点击的目的。

图 2-10　矩形按钮

设计思路

设计矩形按钮

本案例中，按钮的设计主要从形状、风格、颜色三个角度考虑。其中形状方面，棱角分明的矩形十分贴合冷兵器时代的兵器形态，因此按钮的形状选择矩形；风格方面，为与网页风格匹配，按钮采用古风装饰素材；颜色方面，为使按钮整体更加突出，方便浏览者识别，采用红色和金黄色作为按钮主体颜色。

案例步骤

步骤1　启动Photoshop（本书使用的软件版本为Photoshop 2020），单击“新建”按钮，在“新建文档”对话框中设置文档名为“矩形按钮”，尺寸为400像素×300像素，分辨率为72像素/英寸，颜色模式为RGB颜色，单击“创建”按钮，如图2-11所示。

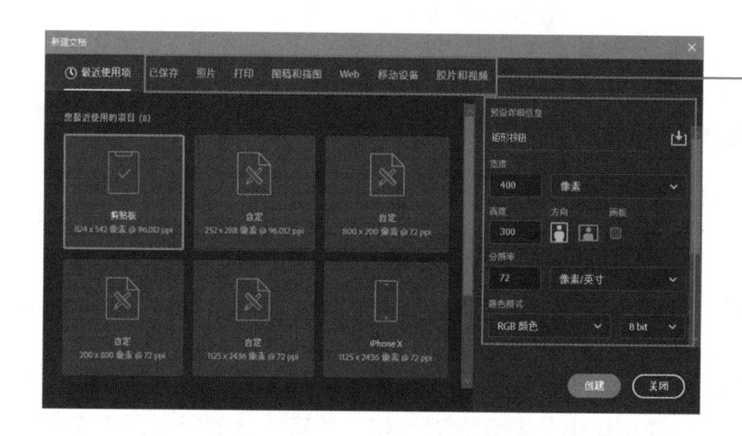

Photoshop 2020提供了许多画板预设，用户可根据需要选择合适的预设

图2-11　新建文档

步骤2　首先使用“矩形工具”绘制一个大小为290像素×95像素，填充颜色为任意颜色，无描边的矩形，然后按“Ctrl+O”组合键，打开本书配套素材“素材与实例\Ch2\2.3”文件夹中的“岩石.png”文件，将素材移至“矩形按钮”文档中并覆盖在矩形上，如图2-12所示。

步骤3　在“图层”面板中更改素材层名称为“岩石”，然后按住“Alt”键，在“岩石”图层和“矩形1”图层之间单击，将“岩石”图层剪贴至“矩形1”图层中，如图2-13所示。

图 2-12　导入素材

图 2-13　制作按钮底色

本书所有案例和实训的源文件与素材，均可通过对应章节的文件夹找到。此外，导入素材后均需要将其对应图层名称更改为素材原始名称，后面不再详述。

步骤 4　使用"矩形工具"绘制一个大小为 280 像素×86 像素，填充颜色为 #d53e3d，无描边的矩形，调整位置使其与"矩形 1"图像居中对齐，然后单击"图层"面板下方的"添加图层样式"按钮，在其下拉列表中选择"描边"选项，接着在"图层样式"对话框中设置参数，最后单击"确定"按钮，如图 2-14 所示。

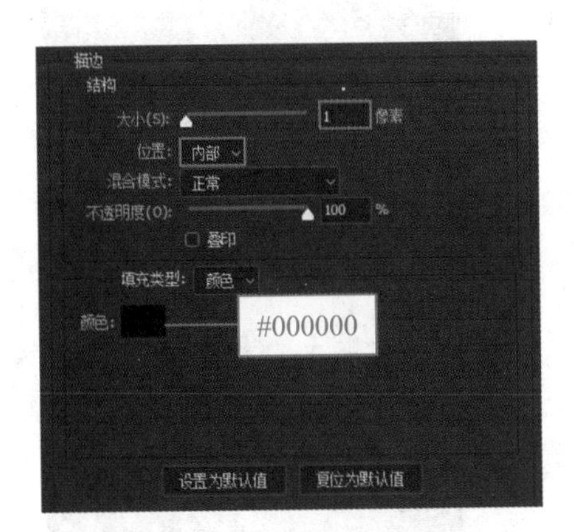

图 2-14　制作文字背景

步骤 5　按"Ctrl+O"组合键打开本书配套素材"素材与实例\Ch2\2.3"文件夹中的"墙面.png""龙纹.png"和"高光.png"文件，依次将它们移至"矩形按钮"文档中并覆盖在矩形上（高光图像位于矩形上边缘和左边缘）。

将各素材图层剪贴至"矩形 2"图层中，并更改"墙面"和"高光"图层的混合模式为"叠加"，"龙纹"图层的混合模式为"线性减淡（添加）"，如图 2-15 所示。

图 2-15　添加并处理素材

步骤 6　单击“图层”面板下方的“新建图层”按钮创建新图层，并将新图层命名为“反光”，然后选择“画笔工具”，设置前景色为白色，并在工具属性栏中设置合适的画笔大小、流量（30%以下）和不透明度，接着绘制反光效果，如图 2-16（a）所示。

将“反光”图层剪贴至“矩形2”图层并调整混合模式为“叠加”，效果如图 2-16（b）所示。

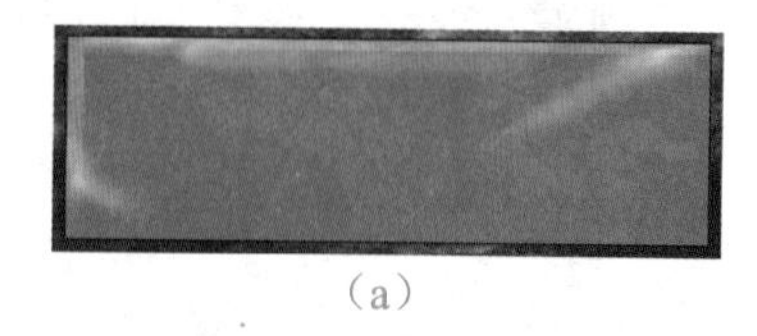

（a）

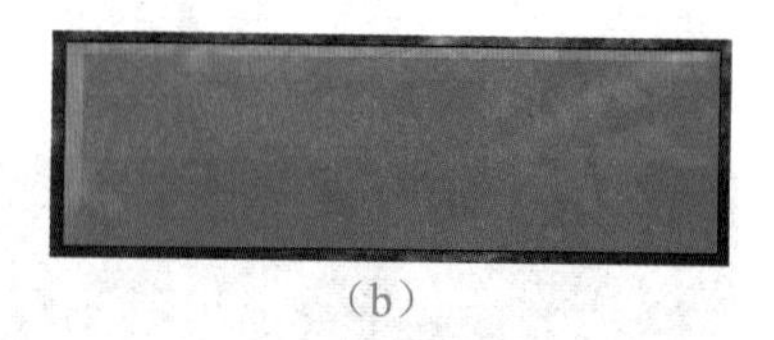

（b）

图 2-16　绘制反光效果

步骤 7　新建图层，命名为“阴影”，然后将前景色设置为黑色，使用“画笔工具”在按钮底部绘制深灰色阴影，接着将该图层剪贴至“矩形 2”图层并调整混合模式为“柔光”，如图 2-17 所示。

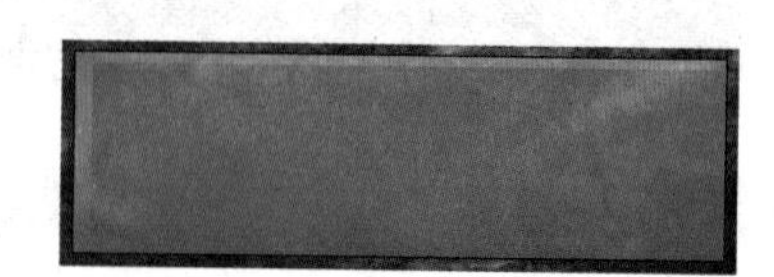

图 2-17　绘制阴影效果

步骤 8　按“Ctrl+O”组合键打开本书配套素材“素材与实例\Ch2\2.3”文件夹中的“装饰.png”和“金沙.png”文件，将“装饰”素材移至“矩形按钮”文档中文字背景的左侧。

首先，按“Ctrl+J”组合键复制图层，按“Ctrl+T”组合键执行“自由变换”命令；然后右击变换框，在快捷菜单中选择“水平翻转”选项，按“Enter”键确定；

最后将复制的装饰图像移至对侧合适位置，效果如图2-18所示。

图 2-18　添加装饰素材

步骤9　首先选择“横排文字工具”T，在“字符”面板中设置字符参数；然后在文字背景中输入文字“进入游戏”，并调整文字位置，接着为文字添加“内阴影”和“投影”样式；最后将“金沙”素材移至按钮文字上方合适位置，并剪贴至“进入游戏”图层，如图2-19所示。

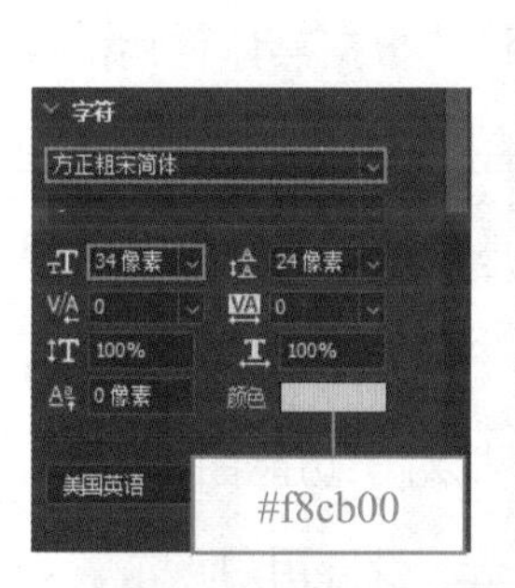

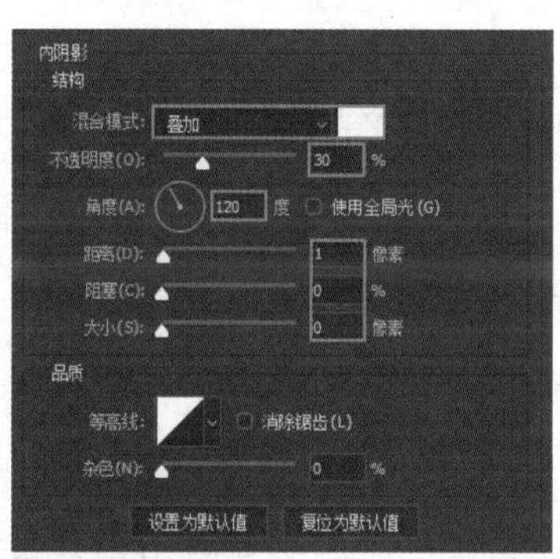

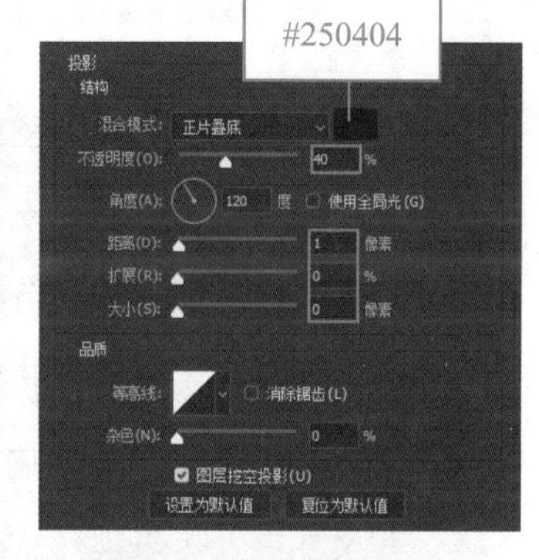

图 2-19　制作主体文字部分

步骤10　按“Ctrl+O”组合键打开本书配套素材“素材与实例\Ch2\2.3”文件夹中的“光效.png”文件，将其移至“矩形按钮”文档中“进”字右上方，并更改混合模式为“线性减淡”；然后按“Ctrl+J”组合键复制“光效”图层，使用“移动工具”将复制的图像移至“游”字右上角；最后整理图层，如图2-20所示。

图 2-20　制作文字光效

2.4　图标

图标也称icon，是具有明确指代含义的图像。图标在UI设计中扮演着极为重要的角色，它不仅可以表现出产品的特点和内涵，还可以在设备与用户之间搭建交互的桥梁，方便用户认识和使用产品。

2.4.1　图标的类型

在UI设计中，根据图标的位置和功能不同，可将其分为功能型图标和桌面型图标两类。

- 功能型图标：功能型图标是位于产品交互界面中的图标，根据具体作用，又可细分为功能图标和分类图标。以移动UI为例，功能图标的尺寸较小，视觉层次较弱，一般可分为线性和面性两种状态（线性是未选中状态，面性是选中状态），主要用于用户与产品的交互，是界面中不可或缺的组成元素；分类图标位于界面的内容区域，是分类界面的入口，相对于功能图标来说，其尺寸更大，表现形式也更丰富，能有效吸引用户目光，引导用户点击，如图2-21所示。
- 桌面型图标：桌面型图标也称应用图标、系统图标和启动图标等，它位于设备的系统桌面上，是进入产品交互界面的入口，如图2-22所示。优秀的桌面型图标一般都具有清晰的可识别性，区分于其他图标的独特性，以及令人赏心悦目的美观性，并能与用户建立情感连接，给用户留下良好的第一印象。

2.4.2　图标的设计流程

根据图标的特点，UI设计师可以按照分析调研、寻找隐喻、确定风格、设计图形、细节润色、场景测试的流程设计图标，如图2-23所示。针对不同类型的图标，可以在其基础上适当增减不同环节。

图 2-21　功能型图标

图 2-22　桌面型图标

分析调研 → 寻找隐喻 → 确定风格 → 设计图形 → 细节润色 → 场景测试

图 2-23　图标的设计流程

1．分析调研

图标是产品的缩影，设计前UI设计师要充分了解自身品牌的调性，产品的功能、特点。另外还需要注意市面上的竞品，它们的品牌调性和产品功能难免与自家产品存在相同或相似的情况，因此在设计图标时，UI设计师要搜集一些竞品图标，以避免在图标外观上与竞品“撞车”。

2．寻找隐喻

隐喻是一种比喻，指用一种事物暗喻另外一种事物。在图标设计中经常使用隐喻这种思想，用用户熟悉、具象的事物表现不熟悉、抽象的事物，以降低用户的学习成本，如用烤肉、烧鸡、海鲜代表美食，用挺拔的身形、哑铃、跑步机代表健身，如图2-24所示。

3．确定风格

根据产品特点、流行趋势等，确定图标的表现风格。目前，图标设计的主流风格趋于扁平化，且大部分图标以单色图形为主，设计师可根据实际情况选择与产品特性相符的风格。

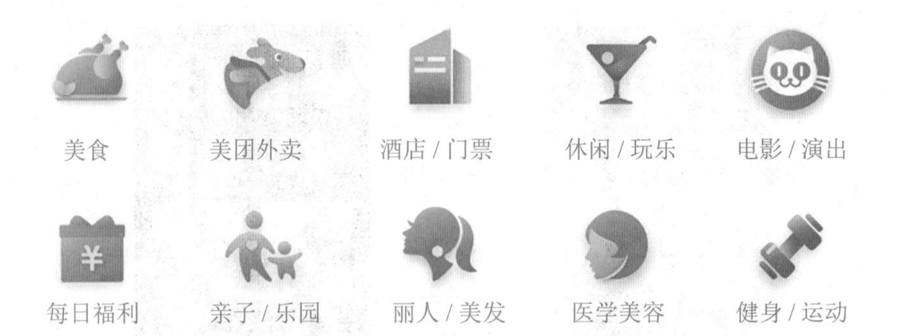

图 2-24　利用隐喻设计出的图标

4．设计图形

通过隐喻找到与产品相关的事物并确定风格后，可以绘制一系列草图并对其不断优化调整，最终根据图标设计规范完成图标的设计，如图2-25所示。

图 2-25　图标的草图

5．细节润色

细节是决定图标品质的关键，细节润色一般会从颜色、质感、造型等方面入手，如图2-26所示。

6．场景测试

屏幕尺寸的大小和桌面背景色的深浅等因素会影响图标的识别度，因此在图标上线之前，UI设计师需要测试将图标应用到不同场景中的效果，以确保图标的美观和实用，如图2-27所示。

图 2-26　细节润色

图 2-27　场景测试

2.4.3　图标设计的注意事项

在设计图标的过程中，可能会遇到这样或那样的问题，下面把可能出现的问题及一些注意事项列出来，大家在设计过程中留意一下这些问题，就能够设计出标准、实用、美观的图标。

1．具有独特性

图标除了要体现产品的功能外，还要保证其是独一无二的，以便被用户第一时间识别。Pinterest和Path的桌面型图标有很多共同点，如主色都为红色，英文首字母相同，都用字母“P”作为主体，这导致它们的外观极为相似，新用户有时难以分辨，如图2-28所示。

2．表意明确

图标应表意明确，让用户第一眼看到就明白它是干什么的。例如，看到图标中出现耳机、音符，就会使用户联想到该产品是与音乐相关的，如图2-29所示。

图 2-28　Pinterest 和 path 图标

图 2-29　音乐 App 图标

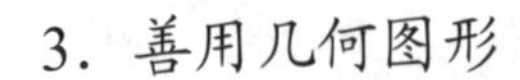

3．善用几何图形

尽量使用简单坚实的几何形状来绘制所有必要的线条，它们会让你的图标显得更加牢固可靠，具有吸引力和说服力，如图2-30所示。

图 2-30　几何图形

4．简洁美观

图标的设计应尽量简洁，避免过度装饰让图标看起来沉重而复杂，如图2-31所示。

图 2-31　简洁美观

5．视觉统一

图标的外观通常取决于其功能，我们不可能要求每个图标的宽高比例都相同，并且即便比例尺寸相同，不同形状的视觉大小也会有所区别（如宽高相同的正方形和圆形，正方形的视觉比例就会大于圆形）。因此，为了保证每个图标的视觉大小统一，UI设计师可以使用网格规范设计图标。

在网格规范中，网格外边线是图标的实际尺寸；网格内蓝色的正方形、横向矩形、纵向矩形和圆形是图形尺寸；网格边线与图形尺寸之间的空白区域为安全空间。为使一组图标的视觉尺寸统一，除特殊形状外，网格中绘制的图形都应顶边或等比例缩小，如图2-32所示。

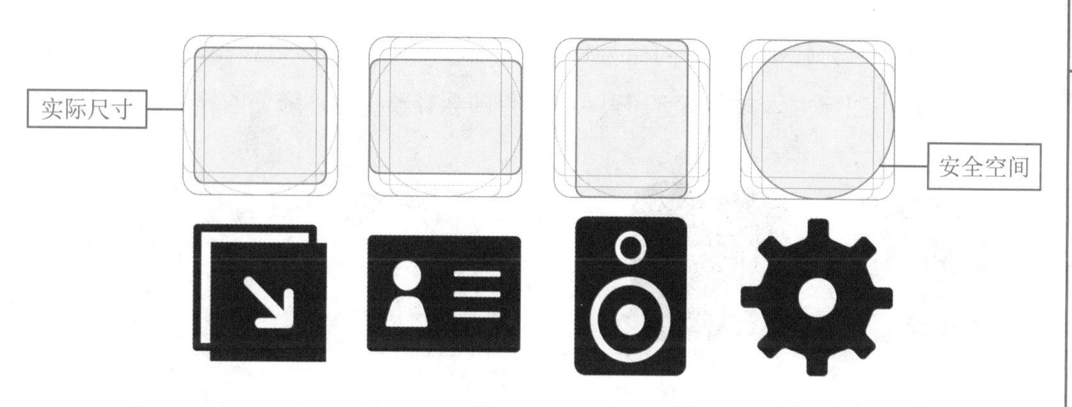

图 2-32　网格规范

知识链接

实际尺寸是图标输出时的尺寸，以图2-32中的“齿轮”图标为例，其主体图形是齿轮，但实际尺寸是外围的圆角矩形尺寸。通过确定图标的实际尺寸，可以规范一组图标的视觉比例，从而达到视觉统一。

安全空间是实际尺寸与主体图形之间的空间，根据实际需要，该空间内可添加与主体图形呼应的装饰图形，也可不做处理。

除大小外，线条的粗细、配色、边角的大小、细节层次和设计元素等在整组图标中也要保证是一致的，如图2-33所示。

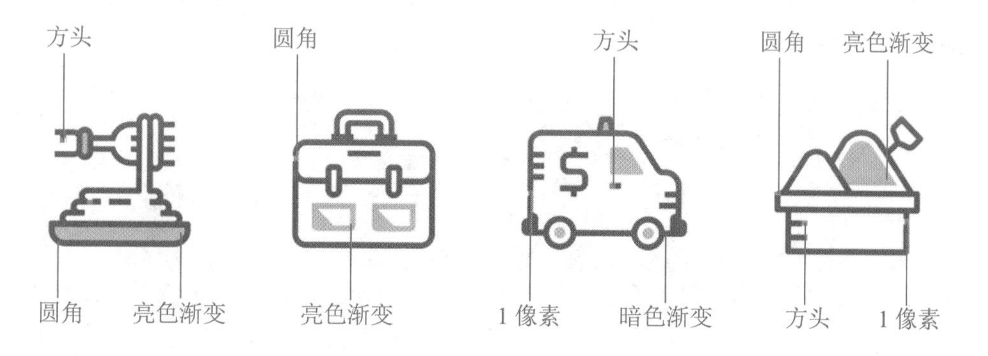

图 2-33　风格统一的功能图标

6．避免直接使用照片

如果将照片作为主体直接应用在图标中，不仅会给用户一种敷衍了事的感觉，

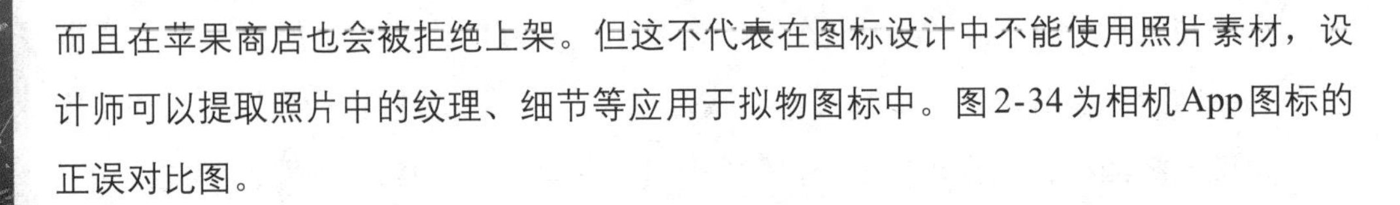

而且在苹果商店也会被拒绝上架。但这不代表在图标设计中不能使用照片素材，设计师可以提取照片中的纹理、细节等应用于拟物图标中。图2-34为相机App图标的正误对比图。

7. 避免运用大量文字

当产品隐喻比较抽象时，可直接使用文字作为图标的主体，如图2-35所示。需要注意的是，图标主体文字不宜超过4个，否则会导致拥挤，降低图标的识别度。

图2-34 避免直接使用照片

图2-35 避免运用大量文字

2.4.4 功能图标的设计技巧

设计功能图标是UI设计师必须掌握的基本技能，在设计中灵活运用设计技巧能有效提高设计效率和设计能力，下面简单介绍功能图标的常用设计技巧。

1. 平移锚点

某些图标的造型比较简单（如箭头、水滴、铅笔等），设计时可以先找出组成图标的基础形状，如矩形、圆形，然后通过调节基础形状的锚点位置完成图标的设计。例如，代表“定位”的图标是通过改变圆环外层圆的锚点位置制作而成的，如图2-36所示。

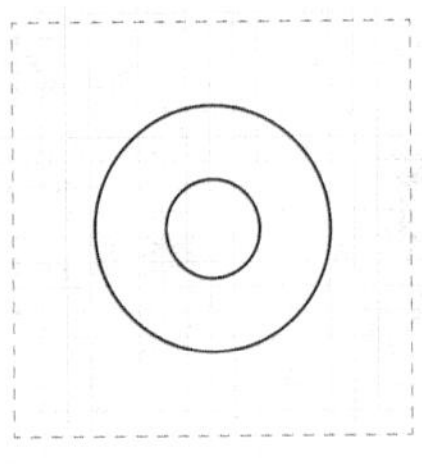

图2-36 “定位”图标

2. 添加或删除锚点

某些图标的基础形状由等腰直角三角形、等腰梯形构成，而软件中无法直接画出这些形状。在制作这类图标时，可以先绘制基础形状，然后在基础形状的路径中添加或删除部分锚点，得到无法直接画出的形状。例如，在正方形路径中添加一个锚点，调整锚点位置后，可以得到一个不规则的五边形；删除正方形其中一个锚点可以得到等腰直角三角形。如图2-37所示是通过删除五边形的两个不相邻锚点，然后在短边处添加一个锚点并调整位置，再适当旋转得到的“位置”图标。

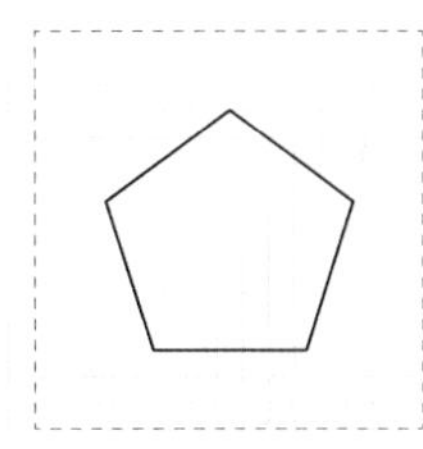
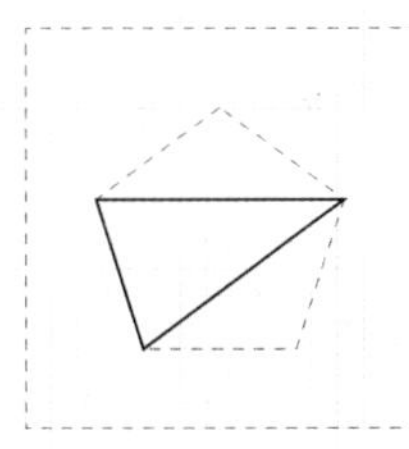
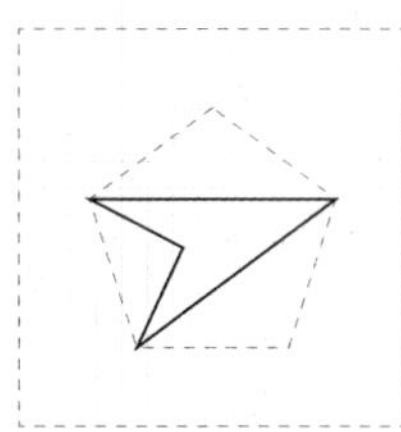
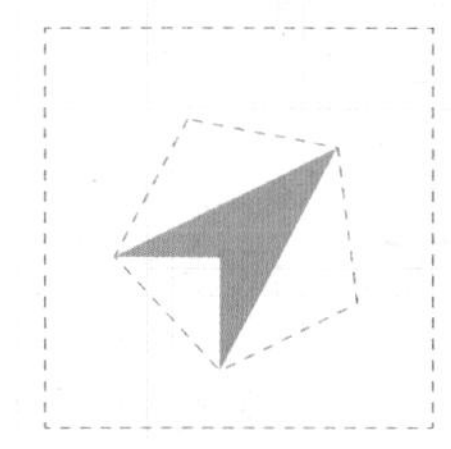

图2-37 “位置”图标

3．旋转45°

UI中，倾斜45°的图标比比皆是，如指南针、电话、画笔、放大镜等。UI设计初学者往往对此类图标无从下手，甚至打算直接用“钢笔工具”绘制路径来制作，这样虽然可行，但效果很可能不理想，且耗时较多。此时我们可以转换思路，分析图标的结构，如图标由哪些基础形状组成？将这些形状旋转后能否得到想要的图标？例如，代表“喜欢”的心形图标是由两个圆形和一个正方形组合而成的，如图2-38所示。

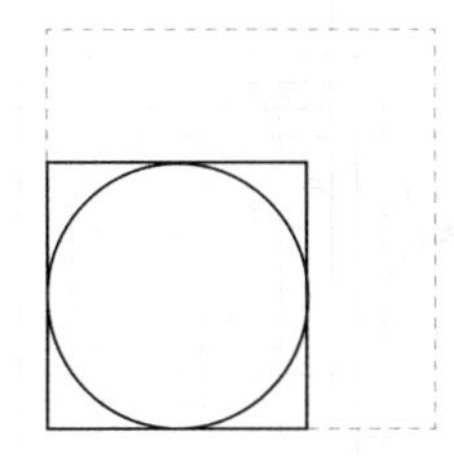
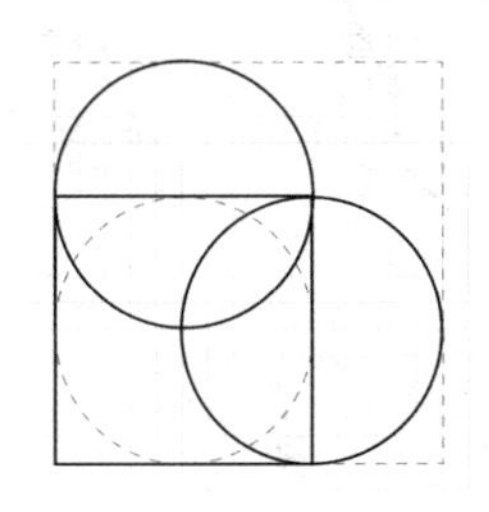
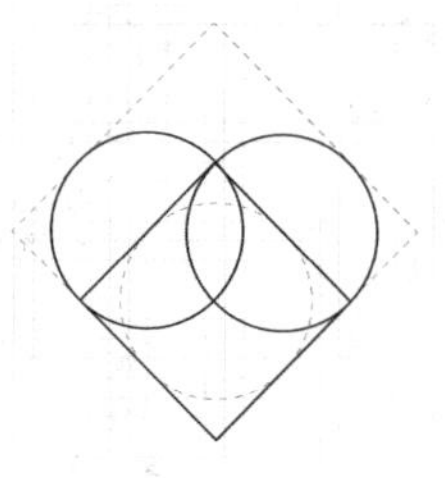

图2-38 “喜欢”图标

4．翻转

对于具有对称特点的图标，如代表“错误”的叉，通过对基础形状的组合和翻转，就可以轻松地实现。注意：翻转分为水平翻转和垂直翻转，可以对复制后的部分进行适当翻转处理，构成新的形状。例如，代表“电量”的闪电图标是由一个三角形经过复制、垂直翻转和水平翻转后得到的，如图2-39所示。

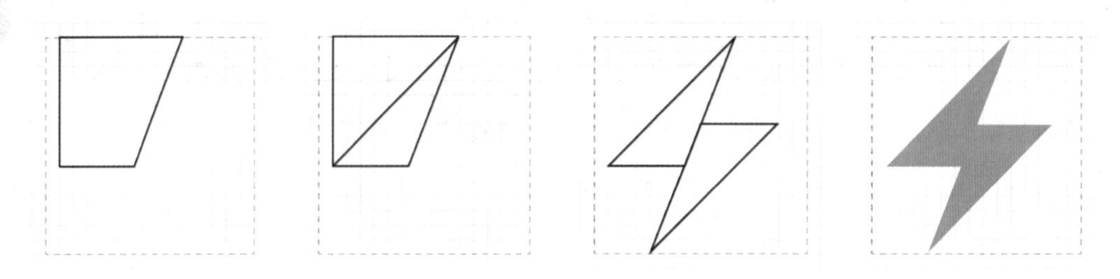

图 2-39 “电量”图标

5. 重复

某些图标是由多个相同元素组成的，如信息气泡中的点、时钟的刻度等。我们可以通过分析，找出图标中多次出现的基础形状，将其复制并排列组合，构成新的形状。例如，代表“设置”的齿轮图标是由一个圆环和八个梯形组合而成的，如图2-40所示。

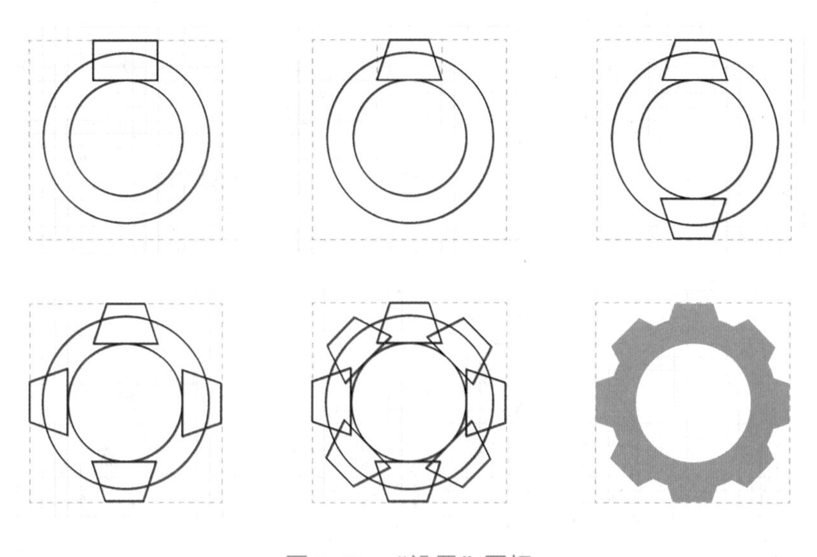

图 2-40 “设置”图标

6. 善用圆形

在绘制一些外观偏向圆弧的图标（如笑脸、Wi-Fi、云、眼睛等）时，可用圆形为基础形状，这样可以使图标的外观规则整齐。例如，代表“观看”的图标是由四个圆形组合而成的，如图2-41所示。

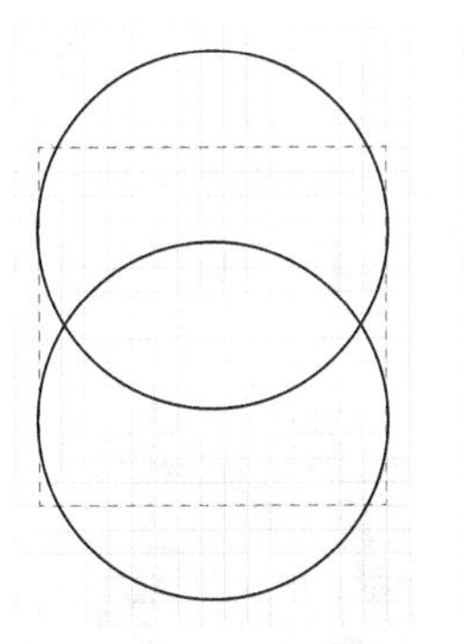 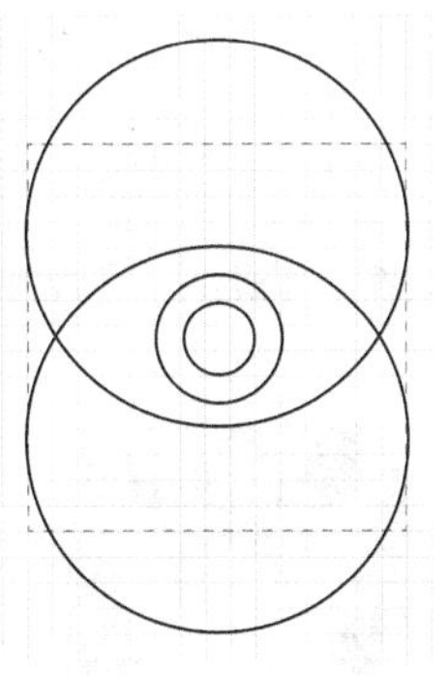 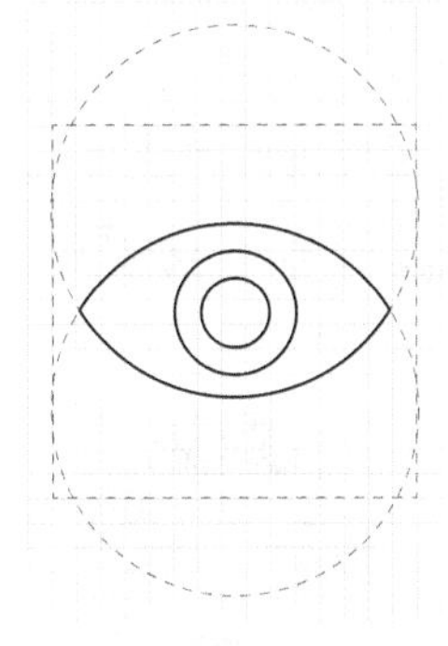 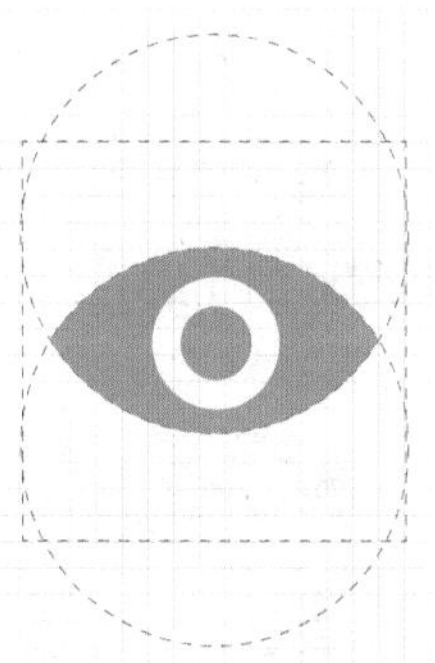 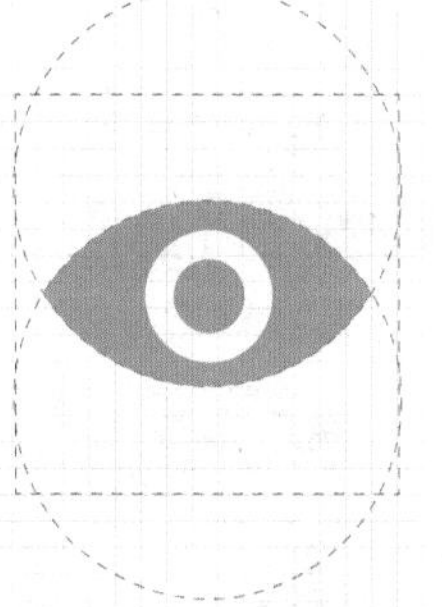

图 2-41　“观看”图标

2.4.5　桌面型图标的设计技巧

桌面型图标注重创意的运用。创意本身容易给人虚无缥缈、不可捉摸的感觉，但事实上，合理地运用一些技巧是可以轻松玩转创意的。本节介绍几个桌面型图标的设计技巧。

1. 正负形组合

正负形组合是在同一个视觉符号中存在正、负两种形式的图形，这两种图形通过正负空间的相互补充，形成有机的整体，在视觉上给人以形中有形的感觉，是一种极具智慧与艺术感的视觉表现形式。

正负形组合是一种常见的设计方法，设计时首先可以从产品中概括出2～3个重要的功能点，或产品特质，作为正形和负形的基础；然后经过提炼、修饰将它们转化为具体的图形；接着选择轮廓面积较大的作为主要图形（正形），轮廓面积较小的作为次要图形（负形）；最后通过图形的相互组合、叠加或抠除，组成新的图形，如图2-42所示。

图 2-42　正负形组合

使用正负形组合的优势有以下几点：① 双重含义增加视觉符号传递的信息量，丰富主题；② 情理之中，意料之外，加深受众对图形的记忆；③ 通过正负形的巧妙转化引发受众联想，提升趣味性；④ 有效强化视觉符号的独特性与原创性。

2．折叠图形

当一个完整的平面图形设计完成后，为了增加其层次感，使其变得灵动，可以根据图形的轮廓走向，在其结尾或转折处添加投影，做出折叠效果，如图2-43所示。

图2-43　折叠图形

3．局部提取

局部提取是在图标的规定范围内，选择产品特点或隐喻中的一部分加以刻画，使图标看起来更加饱满，关键元素更加突出，如图2-44所示。

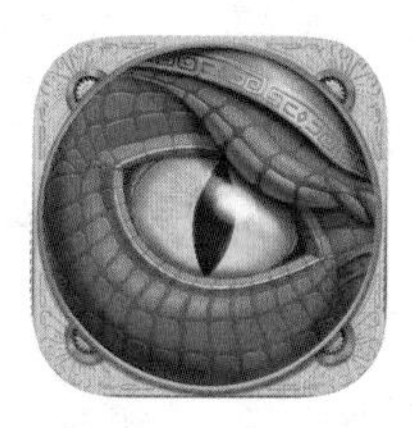

图2-44　局部提取

4．图形复用

图形复用是对已经设计好的主图形进行复制，通过透明度或者大小变化，创造出一种图形阵列之美，如图2-45所示。

图2-45　图形复用

5．色块拼接

色块拼接是指把图形分割成有规律的块状，并填充颜色，颜色位置顺序可按一定规律排布，如图2-46所示。

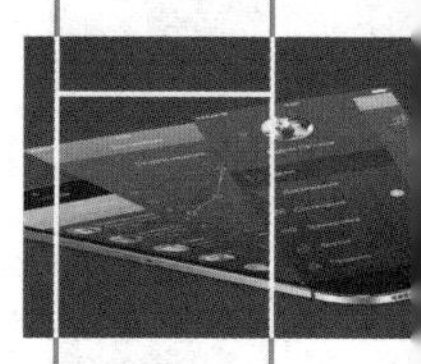

图 2-46　色块拼接

6. 背景组合

当图标主体色彩过于单调时，可考虑为图标背景添加底纹（如与主题相关的元素，或有规律的条纹、格子等），使图标更具活力、动感，增强图标的视觉效果，如图2-47所示。需要注意的是，图标背景一般会占图标面积的50%以上，因此在选择底纹时，应考虑色彩搭配是否得当，色彩的象征意义能否反映产品特点，背景是否喧宾夺主影响图标主体的表现等问题，以免造成图标表意混乱。

图 2-47　背景组合

2.5　案例实战——设计信息图标

作品展示

本案例通过制作信息图标，介绍功能图标的一般制作方法，案例效果如图2-48所示。在制作之前，我们需要明确两点，一是该图标是一款社交类App中的功能图标；二是该App的用户主体是年轻人。

图 2-48　信息图标

设计信息图标

设计思路

在本案例中，信息图标的设计主要从隐喻、配色和表现风格三个角度考虑。隐喻方面，用对话气泡作为信息图标的隐喻，无论是线性还是面性状态，都能形象直观地反映图标含义；配色方面，考虑到该App的用户多为年轻人，因此选择醒目的渐变蓝色；表现风格方面，将线性图标处理为更具个性的断线风格，面性图标处理为颇具活力的渐变风格，使图标更加轻盈，富有活力，贴合用户的年龄层次。

案例步骤

步骤1　打开Photoshop，单击“新建”按钮，在“新建文档”对话框中设置文档名为“信息图标”，尺寸为1200像素×600像素，分辨率为72像素/英寸，颜色模式为RGB颜色，单击“创建”按钮新建文档，如图2-49所示。

图2-49　新建文档

由于图标尺寸较小，如以原尺寸制作不容易看出效果，为使案例效果明显，本章中的图标均以512像素×512像素的尺寸制作。

步骤2　按“Ctrl+O”组合键打开本书配套素材“素材与实例\Ch2\2.5”文件夹中的“网格.png”文件（该文件尺寸为512像素×512像素），使用“移动工具”将其移至“信息图标”文档中合适位置，如图2-50所示。

步骤3　使用“圆角矩形工具”单击画布，在“创建圆角矩形”对话框中设置宽度为464像素，高度为318像素，圆角半径为20像素，单击“确定”按钮创建圆角矩形。

在“属性”面板中设置圆角矩形填充颜色为无，描边颜色为黑色，描边宽度为

10像素，描边的对齐类型为居中，线段端点为圆形，线段合并类型为圆角，如图2-51所示。

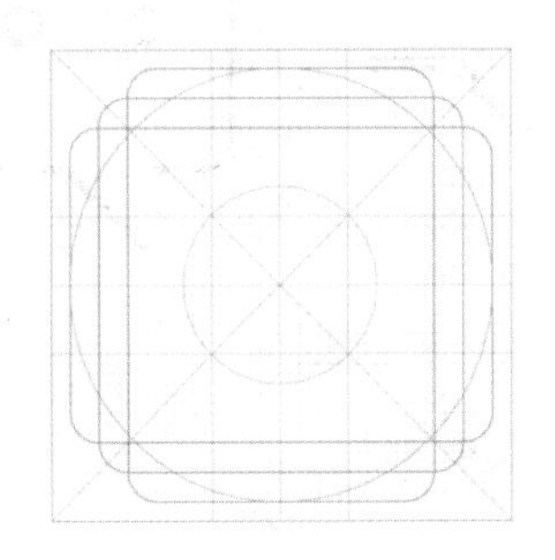

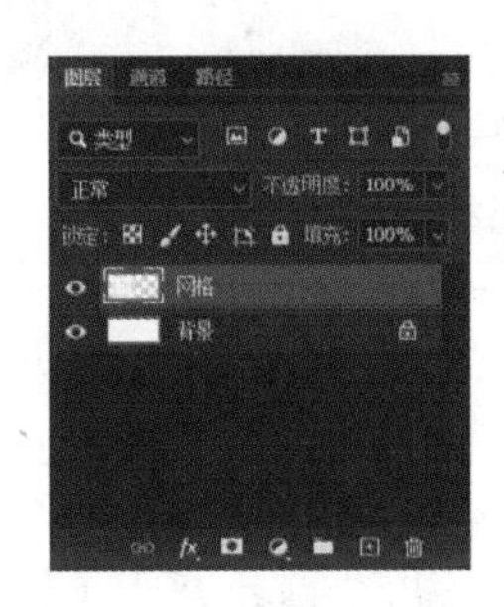

图2-50　导入网格素材

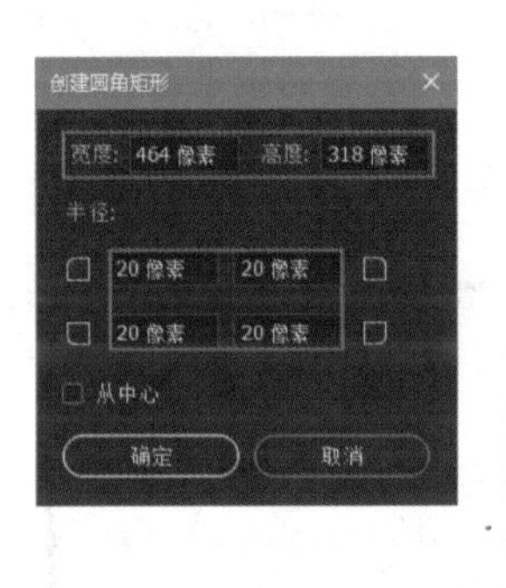

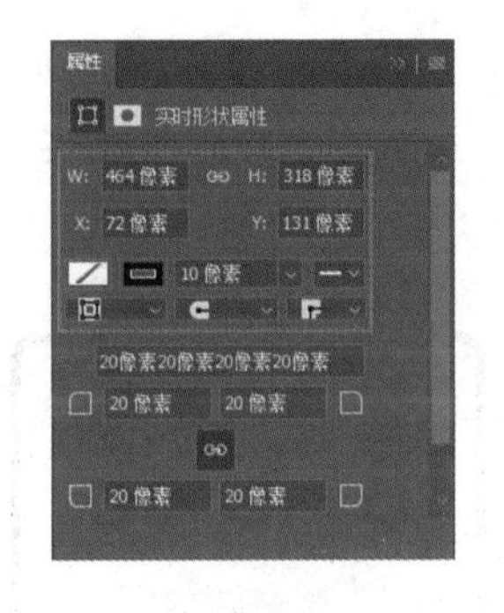

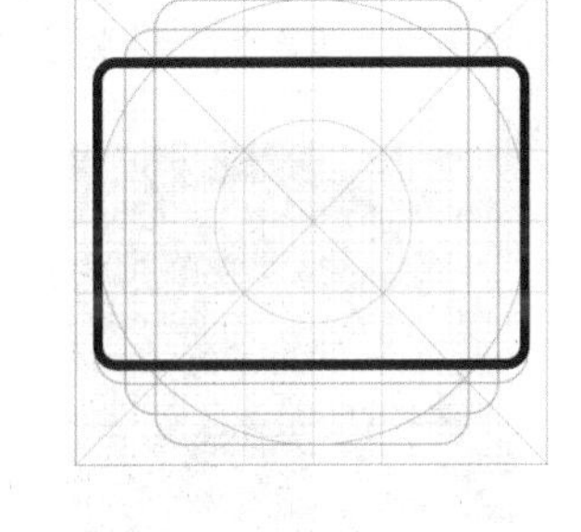

图2-51　制作圆角矩形

步骤4　使用“钢笔工具”在圆角矩形底边左侧合适位置添加3个锚点，然后按住“Alt”键，当光标呈状时，分别单击刚添加的锚点，将其转换为角点，接着按住“Ctrl”键不放，当光标呈状时，调整3个锚点的位置，如图2-52所示。

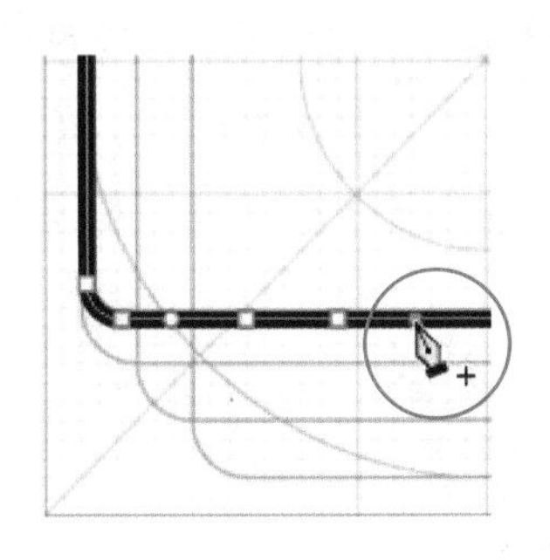

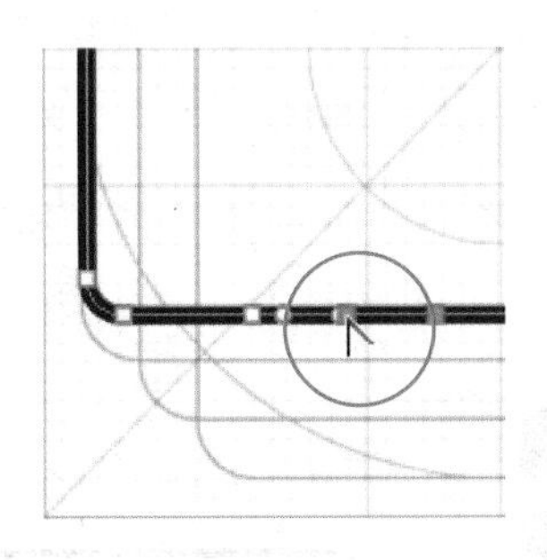

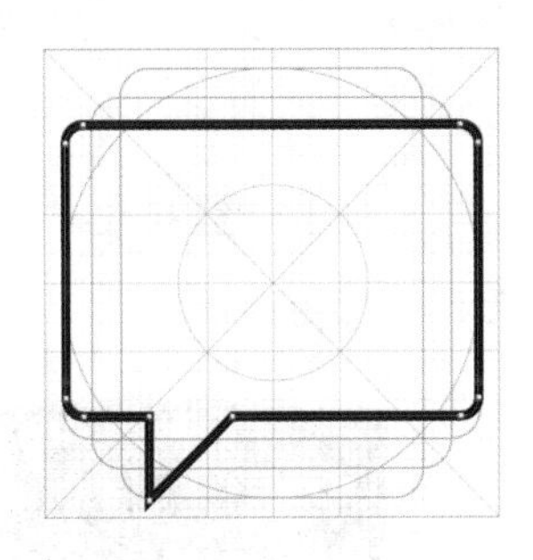

图2-52　添加并处理锚点

步骤5　在图形底部的竖边路径中添加锚点，按“Delete”键删除，然后选择“椭圆工具”，在圆角矩形中绘制一个直径为40像素的圆形，接着选择“移动工具”，按住“Alt”键向右拖动圆形，释放鼠标复制一个圆形，之后重复动作，复制第二个圆形，最后调整3个圆形的位置，如图2-53所示。

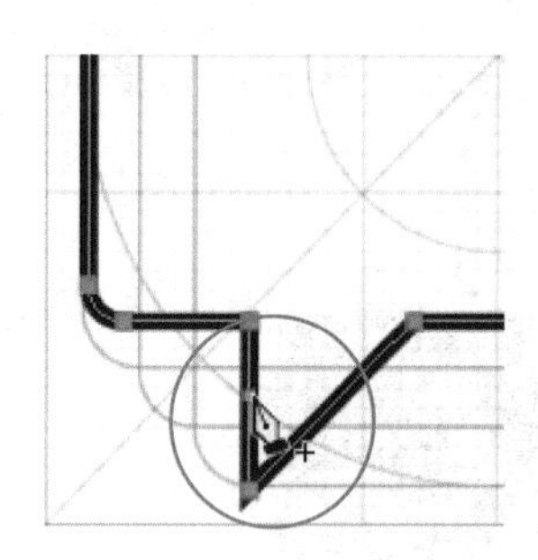

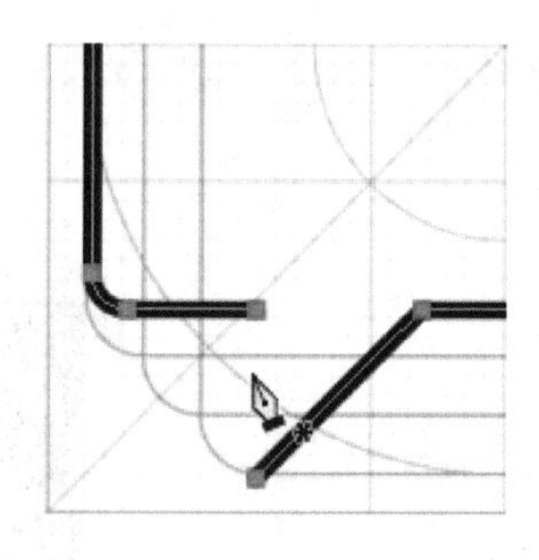

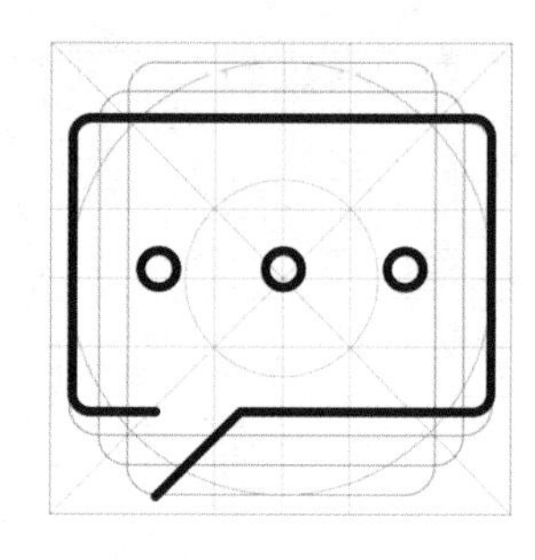

图 2-53　制作断线并绘制直线

步骤6　在“图层”面板中同时选中刚绘制的圆形，按“Ctrl+E”组合键合并图层，然后同时选中“圆角矩形1”和“椭圆1拷贝2”图层，按“Ctrl+G”组合键编组并更改组名为“线性信息”。

按“Ctrl+J”组合键复制该图层组，更改复制的组名为“面性信息”，并使用“移动工具”将其移至原图形右侧，如图2-54所示。

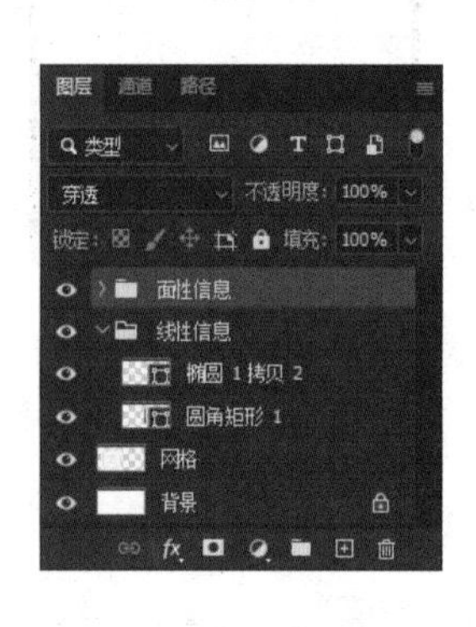

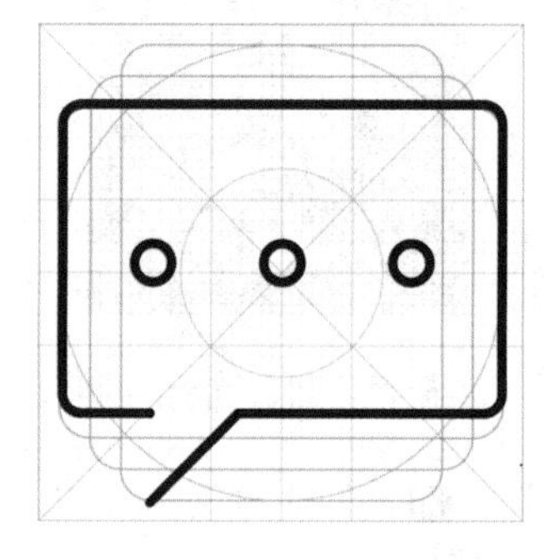

图 2-54　编组并复制图形

步骤7　选择“路径选择工具”，在“图层”面板中展开“面性信息”组，单击选择“椭圆1拷贝2”图层，在工具属性栏中设置填充颜色和描边颜色为白色。

选择“圆角矩形1”图层，在工具属性栏的“填充”下拉面板中设置填充为线性渐变，接着设置描边颜色为无，如图2-55所示。这样就完成了信息图标线性和面性两种形态的设计。

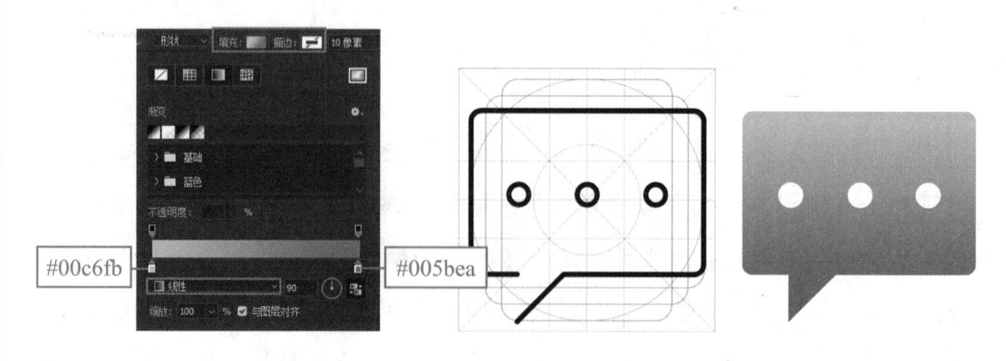

图 2-55　更改图形的填充和描边颜色

使用Photoshop绘制图标时，如果图标的边缘没有对齐像素网格（可在命令菜单中选择“视图”→“显示”→“网格”选项，打开像素网格），就会出现像素模糊的情况。常用的像素对齐方法有以下两种。

方法一：选中出现模糊的形状，在“属性”面板中设置宽度和高度值为偶数，位置值为整数，如图2-56所示。

方法二：在Photoshop中选择“直接选择工具”，在工具属性栏中勾选“对齐边缘”复选框，路径会自动与像素网格对齐，如图2-57所示。

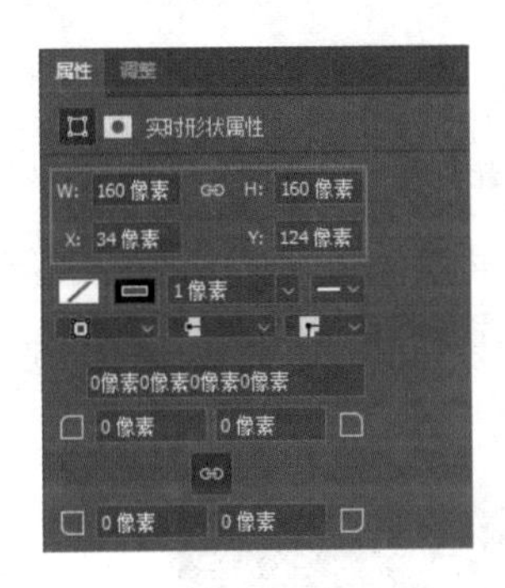

图2-56　设置形状尺寸和位置

图2-57　勾选“对齐边缘”复选框

2.6　案例实战——设计邮件图标

作品展示

本案例通过制作拟物化风格的邮件图标，介绍桌面型图标的一般制作方法，案例效果如图2-58所示。

图2-58　邮件图标

设计邮件图标

设计思路

本案例中，邮件图标的设计主要从隐喻和表现风格两方面考虑。隐喻方面，将信封作为邮件的隐喻，用户看到信封就能马上联想到邮件；表现风格方面，为了突出拟物化风格，可为图标添加逼真的阴影效果和纸张质感。

提示

前面虽然提到UI的表现风格以扁平化为主，但对于初学者来说，拟物化风格是必须接触和掌握的，这样有助于快速提高软件应用的熟练程度，以及对质感、光影的理解。

案例步骤

步骤1　打开Photoshop，单击“新建”按钮，在“新建文档”对话框中设置文档名为“邮件图标”，尺寸为1000像素×1000像素，分辨率为72像素/英寸，颜色模式为RGB颜色，背景颜色为#263e5b，最后单击“创建”按钮新建文档，如图2-59所示。

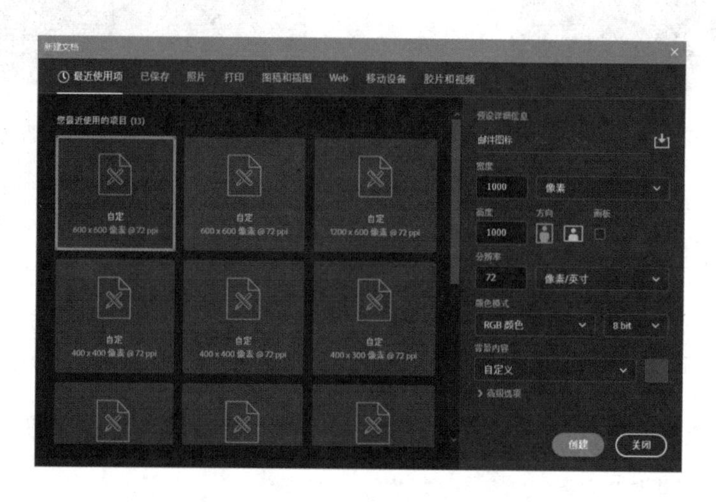

图2-59　新建文档

图2-60　制作图标底板

步骤2　制作图标底板（即图标的底部形状）。使用“圆角矩形工具”单击画布，在“创建圆角矩形”对话框中设置宽度和高度均为512像素，圆角半径为40像素，单击“确定”按钮创建圆角矩形，然后在“属性”面板中设置其填充颜色为白色，描边为无。

按“Ctrl+R”组合键显示标尺，依次拖动水平标尺和垂直标尺，为图标底板添加参考线，如图2-60所示。

步骤3 使用“矩形工具”■在画布上绘制一个大小为50像素×800像素，填充颜色为#c7463f的矩形。

选择“移动工具”■，按“Ctrl+Alt+T”组合键，再按住“Shift”键，将矩形向右拖动一段距离，使复制的矩形与原来的矩形之间留出一段距离，按“Enter”键确认复制，接着连续按8次“Ctrl+Shift+Alt+T”组合键移动并复制8个矩形，最终效果如图2-61所示。

步骤4 选中所有矩形，按“Ctrl+E”组合键将它们合并为一个图层，然后使用“路径选择工具”■框选所有矩形，按“Ctrl+J”组合键复制图层，设置复制后的形状填充颜色为#3c689c，接着按住“Shift”键，使用“路径选择工具”■依次单击第2、4、6、8、10个矩形，按“Delete”键删除所选矩形，如图2-62所示。

图2-61 绘制红色矩形

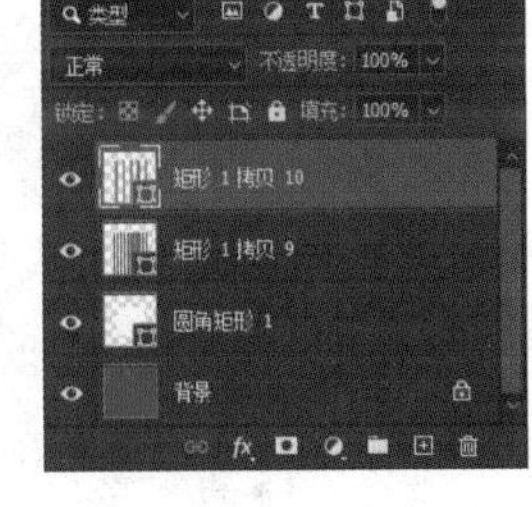

图2-62 更改部分矩形颜色

步骤5 在“图层”面板中同时选中“矩形1拷贝10”和“矩形1拷贝9”图层，按“Ctrl+T”组合键执行“自由变换”命令，将它们逆时针旋转45°，按“Enter”键确定，然后将它们依次剪贴至“圆角矩形1”图层中，如图2-63所示。

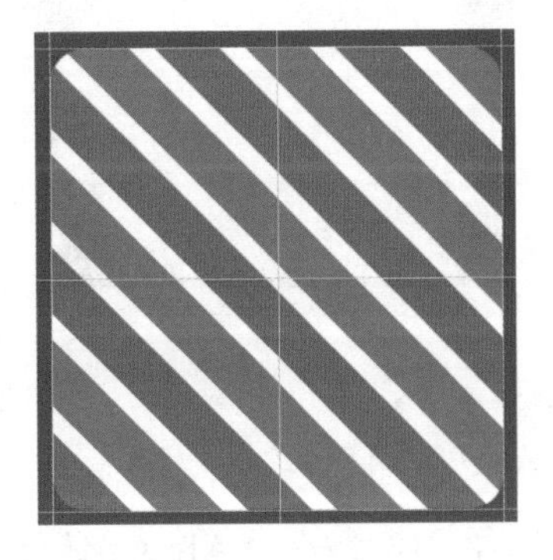

图2-63 制作底板图案

步骤6　按住“Alt”键，在“图层”面板中拖动“圆角矩形1”图层至“矩形1拷贝10”图层上方，释放鼠标复制“圆角矩形1”图层。

在“属性”面板中，设置复制的圆角矩形宽度和高度为460像素，圆角半径为60像素，填充颜色为#ece3dd，接着为“圆角矩形1拷贝”图层添加“内阴影”样式，如图2-64所示。

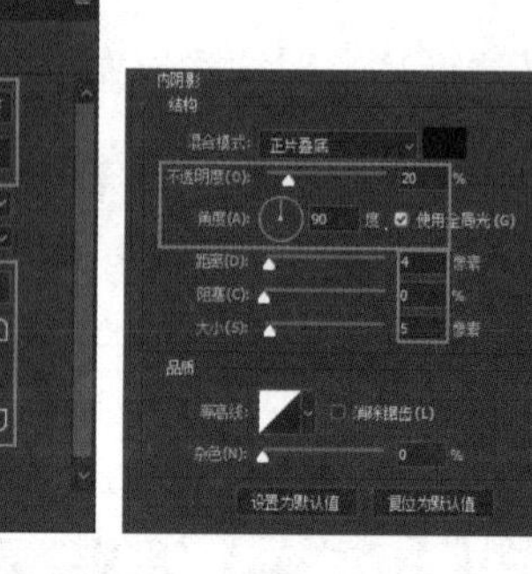

图2-64　制作信封立体效果

步骤7　使用“椭圆工具”绘制一个直径为700像素的正圆，然后使用“直接选择工具”同时选中正圆顶部和底部锚点，按“Ctrl+T”组合键执行“自由变换”命令，接着在工具属性栏中设置H为70%，按“Enter”键确定，如图2-65所示。注意：设置参数时需要取消图形宽度和高度的链接。

步骤8　继续“步骤7”的操作，使用“直接选择工具”同时选中图形左侧和右侧的锚点，按“Ctrl+T”组合键，然后在工具属性栏中设置W为70%，按“Enter”键确定，制作超椭圆形状（介于圆形和圆角矩形之间的形状），如图2-66所示。

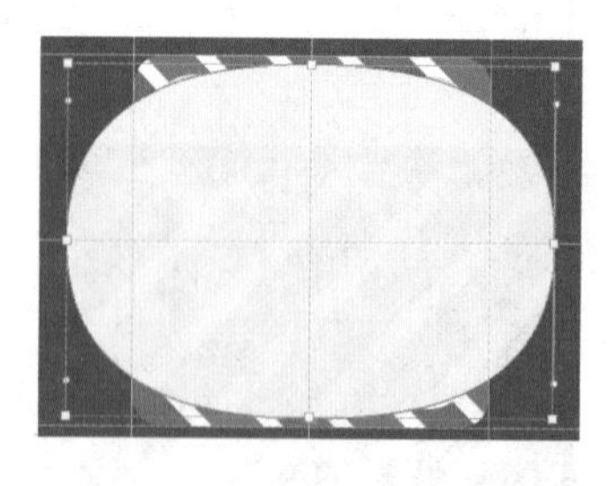

图2-65　绘制并调整椭圆

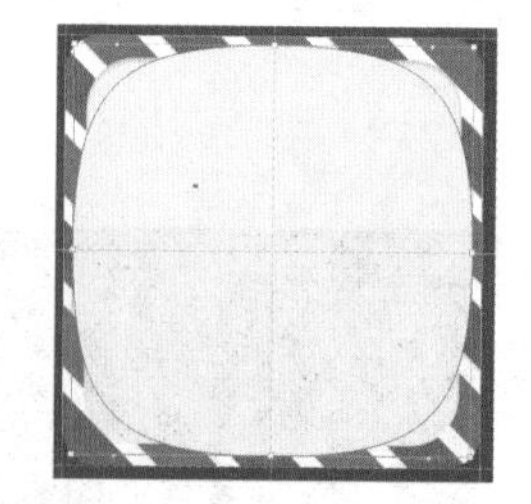

图2-66　制作超椭圆

步骤9　使用“移动工具”选中“椭圆1”图层，按“Ctrl+T”组合键将其逆时针旋转45°，然后按住“Alt+Ctrl”组合键，选中右侧锚点向圆心外拖动至合适位置后按“Enter”键确定，如图2-67所示。

步骤10　在“图层”面板中双击“椭圆1”图层名右侧空白处，在“图层样式”对话框中设置“投影”参数，然后单击“确定”按钮，接着按住“Alt”键，将“椭圆1”图层剪贴至“圆角矩形1拷贝”图层中，最后使用“移动工具”调整“椭圆1”图形的位置至信封下页处，如图2-68所示。

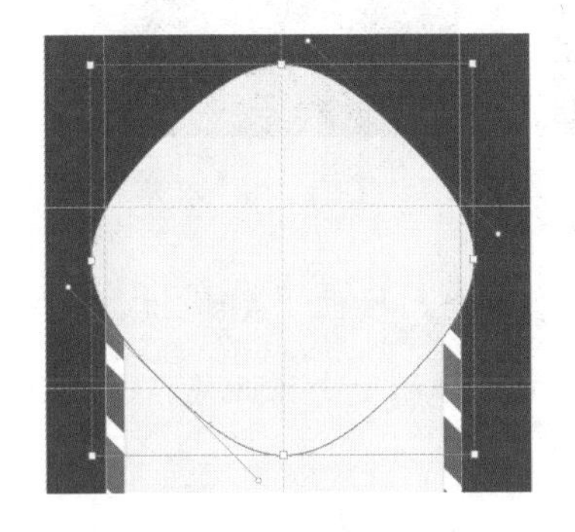

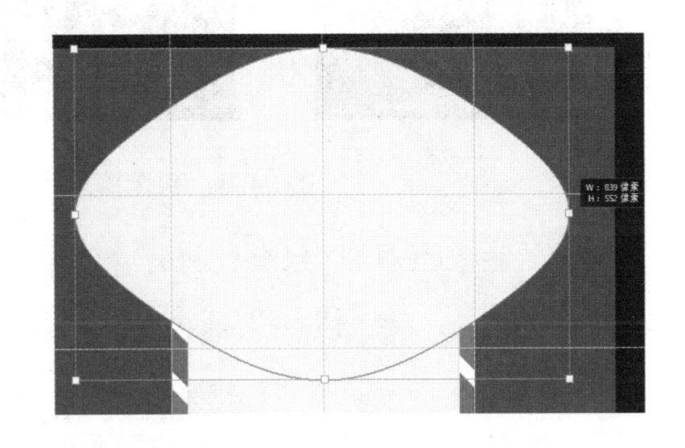

图2-67　调整超椭圆形状

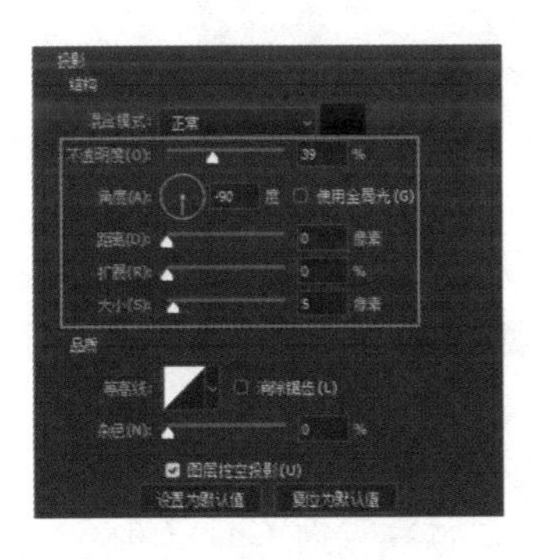

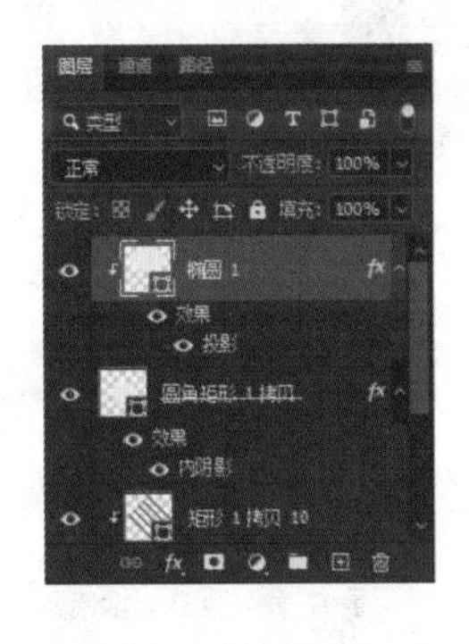

图2-68　制作信封下页

步骤11　按“Ctrl+J”组合键复制“椭圆1”图层，然后将“椭圆1拷贝”图层剪贴至“椭圆1”图层中，接着使用“移动工具”调整位置，如图2-69所示。

图2-69　制作信封上页

步骤12　制作信封上页投影效果。按住“Alt”键，在“图层”面板中向下拖动“图层1拷贝”图层至其下方，释放鼠标将其复制。

单击复制图层效果左侧的图标，隐藏样式，并设置其不透明度为50%，填充颜色为黑色，最后在“属性”面板中设置羽化为15像素，如图2-70所示。

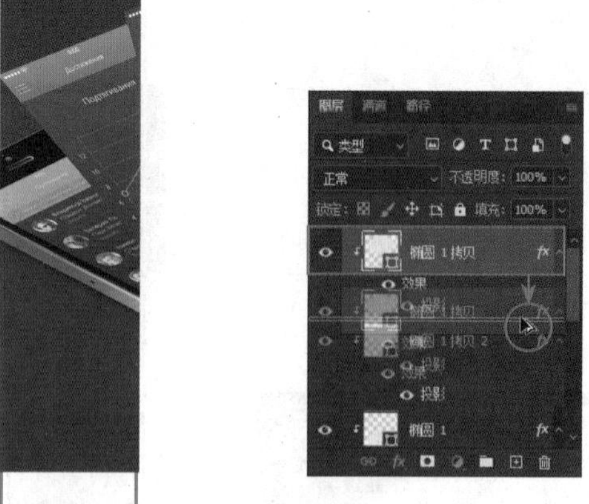

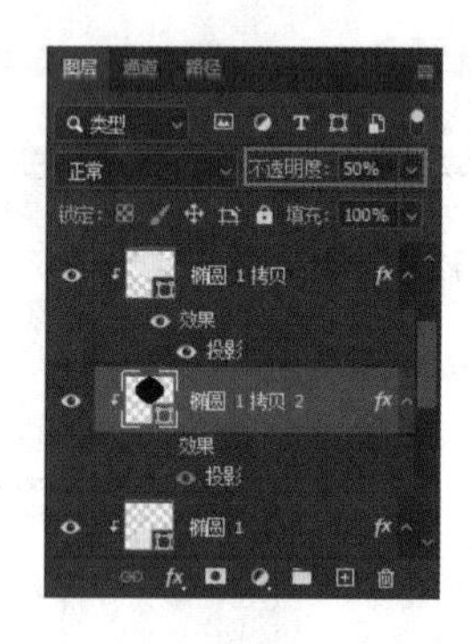

图 2-70　制作信封上页投影效果

步骤13　按“Ctrl+T”组合键执行“自由变换”命令，按住“Alt”键，适当向圆心拖动右侧锚点，按“Enter”键确定，接着向下适当移动一小段距离，如图2-71所示。

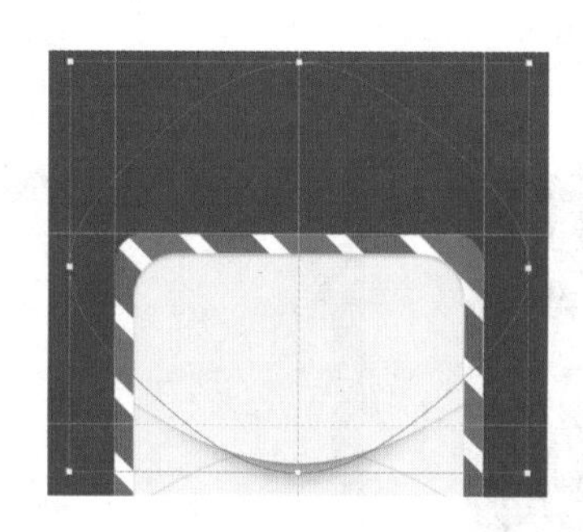

图 2-71　调整投影位置

步骤14　按“Ctrl+O”组合键打开本书配套素材“素材与实例\Ch2\2.6”文件夹中的“纸张.jpg”和“邮戳.png”文件，将它们移至图标上，将“纸张”图层和“邮戳”图层剪贴至“椭圆1拷贝”图层中，然后设置“纸张”图层的混合模式为“正片叠底”，不透明度为50%，最后设置“邮戳”图层的混合模式为“排除”，如图2-72所示。

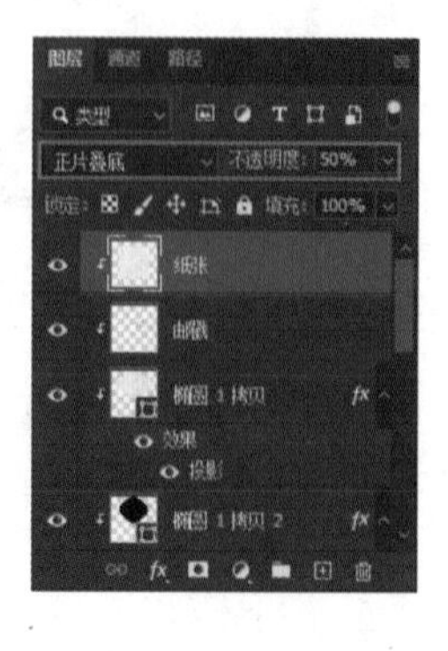

图 2-72　添加纸张质感和邮戳印记

步骤15　新建图层，并将新图层剪贴至“纸张”图层上，然后选择“渐变工具”，在工具属性栏中单击“线性渐变”按钮，接着单击渐变条，在弹出的“渐变编辑器”对话框中设置参数并单击“确定”按钮，在信封上页底部绘制自下而上的渐变。

按住“Ctrl”键，单击“椭圆1拷贝”图层缩览图制作信封上页选区，最后单击“添加图层蒙版”按钮，为渐变效果添加蒙版，如图2-73所示。

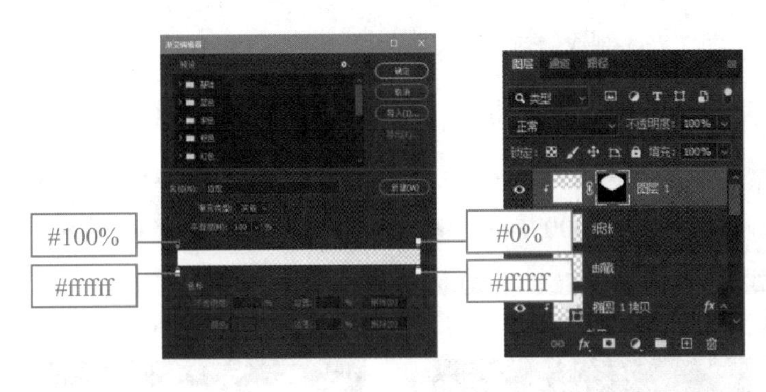

图2-73　制作信封翘起效果

步骤16　新建图层，然后选择“渐变工具”，在工具属性栏中单击“对称渐变”按钮，并在邮戳水平位置绘制自下而上的渐变，接着设置“图层2”图层的混合模式为“柔光”，并将其剪贴至“图层1”图层中，如图2-74所示。

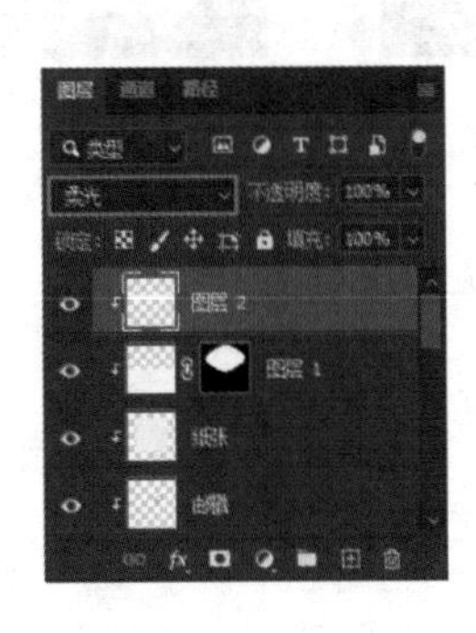

图2-74　进一步制作信封上页光效

步骤17　制作信封下页效果。按住“Alt+Shift”组合键，使用“移动工具”向下拖动刚绘制的渐变图像至信封下页合适位置，使之与信封上页的光感一致。

步骤18　在“图层”面板中选中“圆角矩形1拷贝”图层，然后新建图层，按住“Shift”键，使用“椭圆工具”在信封下页绘制两个直径为35像素的黑色圆形，并设置其不透明度为50%，最后单击“属性”面板中的“蒙版”按钮，设置其羽化为30像素，如图2-75所示。

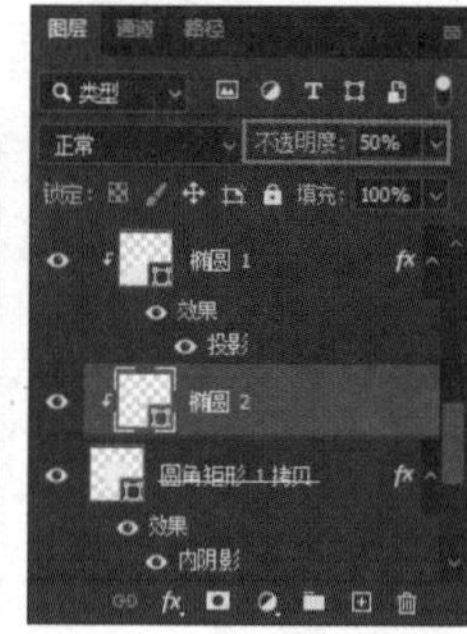

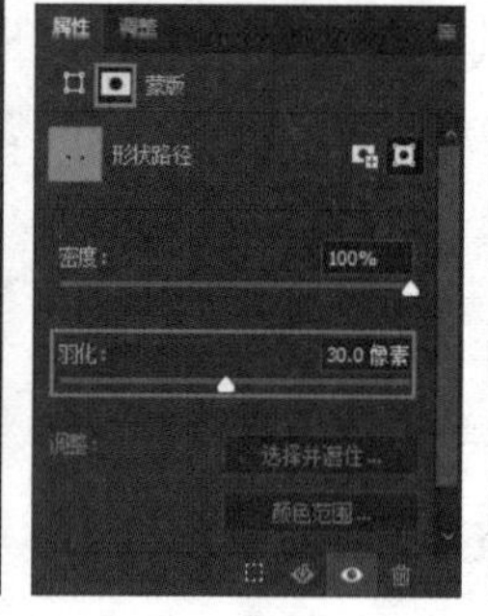

图 2-75 制作信封下页投影

步骤19 选中除“背景”图层外的所有图层，按“Ctrl+G”组合键将图层编组并更改组名为“信封”，然后新建图层，选择“画笔工具”，设置前景色为#f16906，笔尖样式为柔边圆，大小为1000像素，不透明度为35%，接着在图标中心单击一次，最后设置“图层3”图层的混合模式为“叠加”，如图2-76所示。

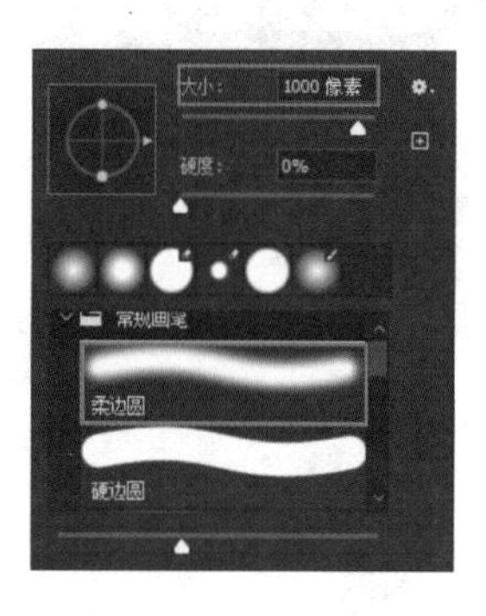

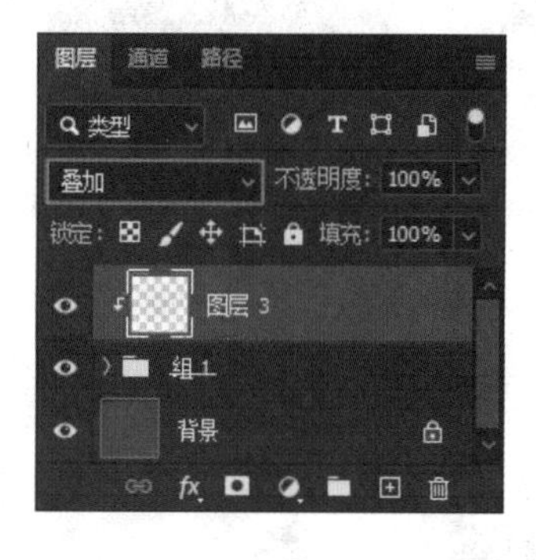

图 2-76 调整图标整体颜色

本章总结

本章主要介绍了常见UI元素的基础知识和设计技巧，读者在学完本章内容后，应重点掌握以下知识。

- 常见的UI元素有背景、按钮、下拉选框、滑动条和图标等。
- 图标可分为功能型图标和桌面型图标，其中功能型图标又可分为功能图标和分类图标。
- UI设计师可以按照分析调研、寻找隐喻、确定风格、设计图形、细节润色、场景测试的一般流程设计图标。
- 设计图标时须注意，图标要具有独特性、表意要明确、要善用几何图形，且要简洁美观、视觉统一，并避免直接使用照片和运用大量文字。

- 设计功能图标的常用技巧有平移锚点、添加或删除锚点、旋转45°、翻转、重复和善用圆形等。
- 设计桌面型图标的常用技巧有正负形组合、折叠图形、局部提取、图形复用、色块拼接和背景组合等。

本章实训

实训1——设计皇冠图标

本实训设计用于会员页中的皇冠图标，效果如图2-77所示。

图2-77 皇冠图标

设计思路

本实训中的图标以皇冠为参考对象，通过简化细节，将复杂的皇冠概括为简单的几何形状，让用户能在第一时间明确图标的含义。制作时可先从面性图标入手，之后再制作线性图标。

案例提示

图标分为上下两部分。上半部分是皇冠主体形状，设计时首先绘制六边形作为面性图标的基础形状；然后调整六边形的锚点位置，制作皇冠左半部分形状；接着利用布尔运算减去皇冠右侧多余形状（如图2-78所示）；之后在皇冠形状的端点添加圆形，作为皇冠上的珍珠；最后复制左侧皇冠形状，将复制的形状水平翻转并与左侧形状合并，完成皇冠图标的主体形状制作。下半部分是皇冠的底座，设计时首先要绘制一个圆角矩形，然后用布尔运算减去圆角矩形的顶部，并将其与皇冠上半部分对齐。

该图标的设计难点在于皇冠形状的绘制。绘制时可使用"直接选择工具"调整锚点01和锚点02的位置，如图2-78（a）所示；减去皇冠多余形状时，可按住"Shift"键，使用"矩形工具"在多余形状处绘制矩形，如图2-78（b）所示；合并皇冠图形时可使用"路径选择工具"同时选中需要合并的形状，在工具属性栏中选择"合并形状组件"选项，如图2-78（c）所示。

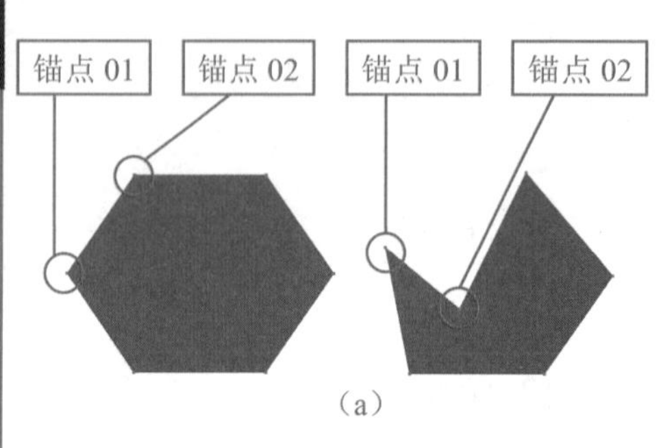

（a）

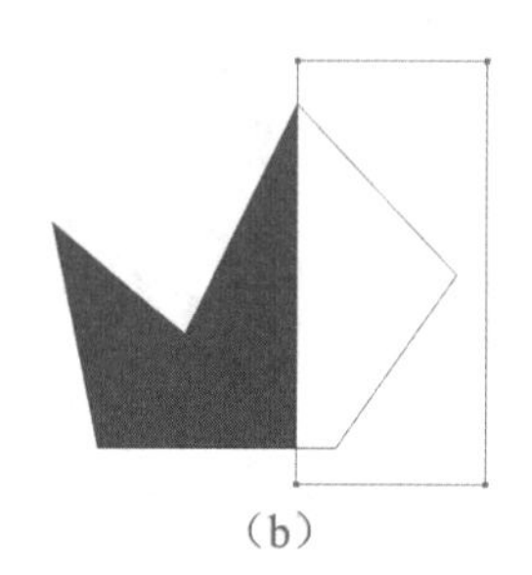
（b）

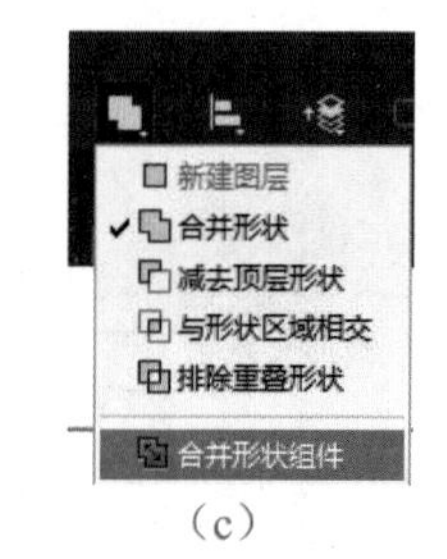

（c）

图 2-78　皇冠图标的案例提示

实训 2——设计促销图标

本实训设计购物App主界面中的分类图标，表示促销，效果如图2-79所示。

设计思路

本实训中的图标以价码标签为隐喻，通过主体轮廓让用户联想到购物、促销，从而体现图标的意义。

案例提示

首先制作图标底部的渐变图形；然后用两个大小不同的圆角矩形相加制作价码标签形状（如图2-80所示）；接着绘制小圆形与价码标签形状相减，完成标签打孔的设计；之后旋转形状，并为其添加"渐变叠加"和"外发光"图层样式制作凸起效果；最后复制标签形状并调整其位置和不透明度。

图 2-79　促销图标

图 2-80　制作促销图标主体形状

图标设计的难点在于底板渐变颜色的设置和主体形状图层样式的设置。其中，底板的渐变颜色如图2-81（a）所示，主体形状的图层样式如图2-81（b）所示。

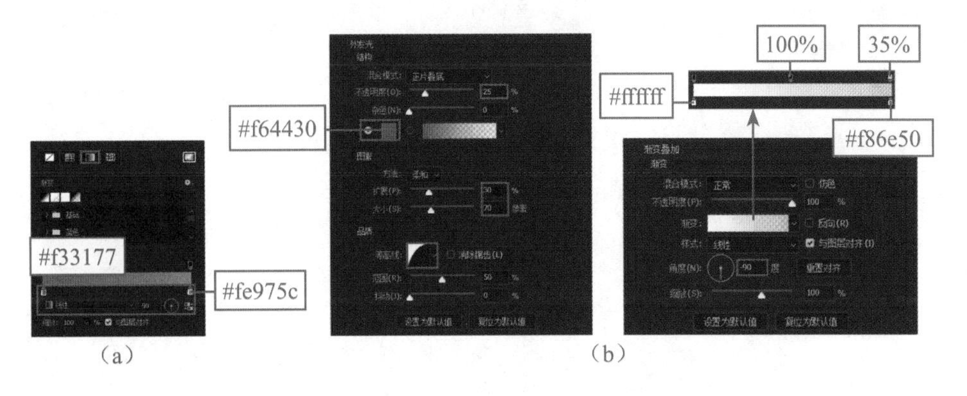

图2-81　促销图标的案例提示

德育讲堂

工匠精神的内涵是“执着专注、精益求精、一丝不苟、追求卓越”，它是我们民族精神和时代精神的生动体现，折射出各行各业一线劳动者的精神风貌，为各个专业领域高质量发展不断注入精神动力。

不只是劳动技术人员要具备工匠精神，我们UI设计师也要具备工匠精神，在设计图标图形、进行细节处理时，要严谨仔细，追求卓越，精雕细琢，哪怕是图标中线条的粗细，都要经过不断尝试，找到最好的效果，只有这样才能向更高、更好、更精的方向发展。

实战应用

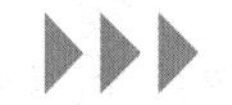

第3章 App界面设计

03

章前导读

App界面的美观程度和规范程度直接影响其视觉效果和交互体验，而UI设计师要设计出既美观又规范的界面不但要具备良好的审美能力，还要掌握App界面设计的基础知识。本章首先介绍App的基本界面、界面组成和常见导航形式，然后简单介绍常见移动设备的操作系统及相应的设计规范，最后通过案例实战讲解音乐App界面的设计技巧和一般制作方法。

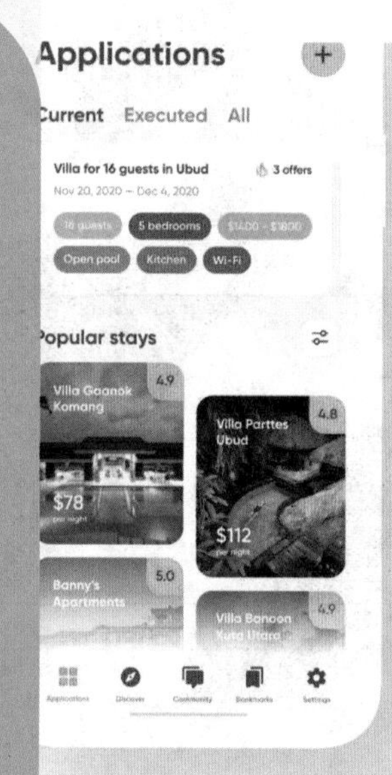

素质目标

- 加强实践练习，不断培养自身的专业技能，为个人的长远发展打下坚实的基础。

学习目标

- 了解App的基本界面。
- 了解App的界面组成。
- 了解App常见的导航形式。
- 了解常见移动设备的操作系统。
- 了解App界面设计的规范。
- 掌握音乐App界面的设计技巧和一般制作方法。

3.1 App 基础知识

App是Application的缩写，是指运行在手机系统上的应用程序，它可以为用户提供诸多便捷，实现随时随地购物、浏览网页、社交、学习和游戏等。根据App的功能和特点，可将其划分为不同种类，具体包括影音娱乐类、购物类、生活服务类（如地图、天气、日历等）、社交类、教育学习类和游戏类等。

3.1.1 App 的基本界面

一个完整的App通常包括开屏页、首页、注册登录页、详情页和个人中心页等。由于功能和内容不同，这些页面的布局也有所区别，下面依次简单介绍。

1．开屏页

开屏页是用户启动App后第一个看到的页面，对于产品本身来说，具有渲染品牌氛围和彰显个性的重要作用。根据展示方式的不同，常见的开屏页有启动页、闪屏页和引导页三种类型。

1）启动页

启动页是App每次冷启动（启动未在后台运行的App）时展示给用户的一个静态过渡画面，目的是缓解用户等待打开App时产生的焦虑情绪。

启动页的显示时长受App启动时长影响，当程序准备完毕则启动页消失，进入App首页，因此启动页的信息要尽量简练，避免包含太多文字或字符，不要添加广告及干扰用户使用和浏览的元素。

常见的启动页设计模式有两种：一是使用企业Logo和标语作为主要元素，传递品牌信息，如图3-1所示；二是使用符合产品调性的图像搭配企业Logo和标语，强化用户对产品的印象，如图3-2所示。

2）闪屏

闪屏是App启动时的一个过渡画面（可以是静态图片，也可以是动画），其展示时间可控，且拥有一定的交互功能（如用户可点击图像跳转到对应的承载页，或点击“跳过”按钮进入首页等），常作为营销活动、商业广告的载体在启动页后展示，如图3-3所示。

图 3-1　Keep App 启动页

图 3-2　全历史 App 启动页

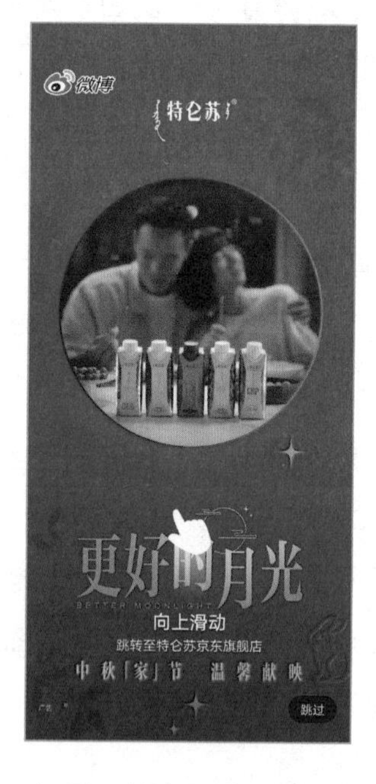

图 3-3　网易云音乐 App 闪屏（静态图片）和新浪微博 App 闪屏（动画）

3）引导页

引导页是用户安装或更新App后，首次启动时展示的多个页面，主要用于介绍App的核心功能、用法、使用场景或新增功能等，如图3-4所示。

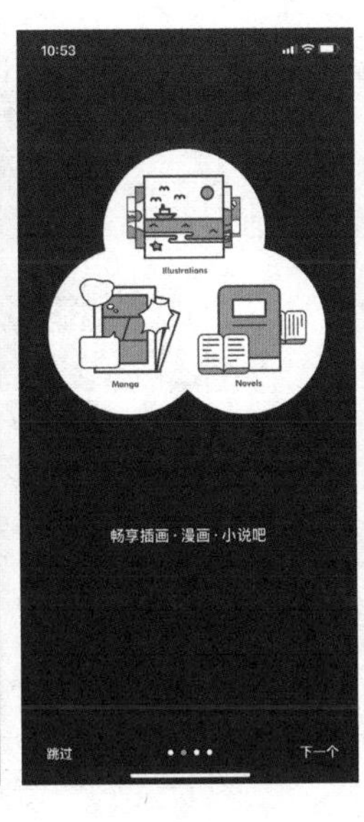

图 3-4　Pixiv App 引导页

引导页对首次使用产品的用户来说如同使用指南一般，可让新用户在1分钟内了解和掌握产品核心功能，但是同时也会增加进入App的时间，可能会导致用户失去耐心，降低对App的好感度。因此，引导页的页数最好控制在3～5页，每页的关键文案不要超过9个字（符合7±2法则），并提供“跳过”按钮。

2．首页

首页是App关键内容的汇总页面，一般包括搜索栏、Banner、金刚区等版块，用户可通过点击进入对应栏目或页面，如图3-5所示。

3．注册登录页

注册登录页是App的必要页面之一，该页的布局比较简洁，一般包括产品Logo、账号和密码输入框、第三方登录图标等，如图3-6所示。

4．详情页

详情页主要指购物类App中展示商品详细信息的页面，一般包括商品图片、名称、价格、商品介绍和详情图等内容，常以列表或卡片形式布局，如图3-7所示。需要注意的是，该页内容较多，通常一屏内无法完全显示，设计时可适当调整页面高度。

图 3-5　京东 App 首页

图 3-6　网易严选 App 的注册登录页

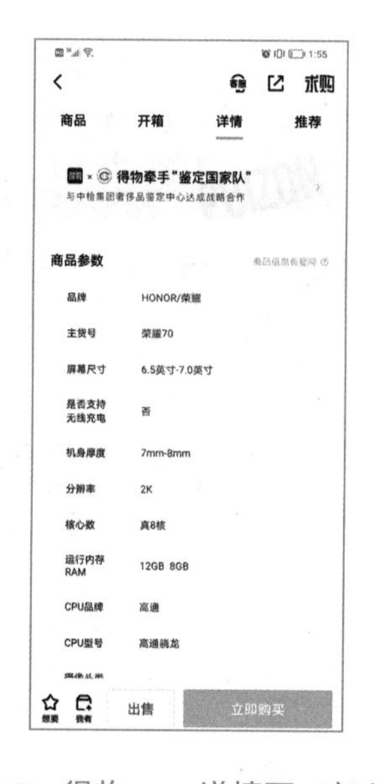

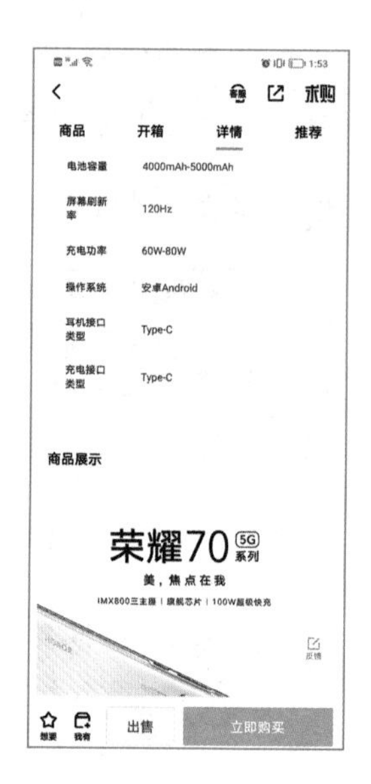

图 3-7　得物 App 详情页（部分）

5. 个人中心页

个人中心页是供用户查看和设置个人信息的页面。该页面常见布局有两种：一种是将各功能分类展示，让用户能通过分类标题快速找到所需功能，如图3-8所示；还有一种是采用列表形式进行布局，将各功能逐一列出来，这样会让页面效果更加清爽，功能分布更具条理，如图3-9所示。

图 3-8　咸鱼 App“我的”页面

图 3-9　支付宝 App“我的”页面

3.1.2　App 的界面组成

初学者往往认为设计就是要创新，这个想法固然没错，但这是在熟练掌握界面组成元素的前提下对设计的升华。如果设计师连界面组成元素都不了解，又何谈创新呢？App界面的重要组成元素是栏和内容视图，接下来我们就来认识一下这两大元素。

1．栏

栏是界面中重要的交互区域，一般包括状态栏、导航栏和标签栏三种，用户可通过栏内信息了解页面的当前状态，通过功能图标和控制按钮完成返回、切换和展开等操作。iOS系统和Android系统的屏幕尺寸和设计规范不同，因此栏的尺寸也有所区别。如图3-10所示为iOS系统和Android系统最常用的两种屏幕尺寸，以及其中对应的栏高。

iPhone 8/7/6S/6是iOS系统的手机型号，本节将以该型号尺寸的屏幕为例，介绍App界面中的栏。而xhdpi是Android系统手机的一种屏幕密度，后面的3.3节会详细介绍。

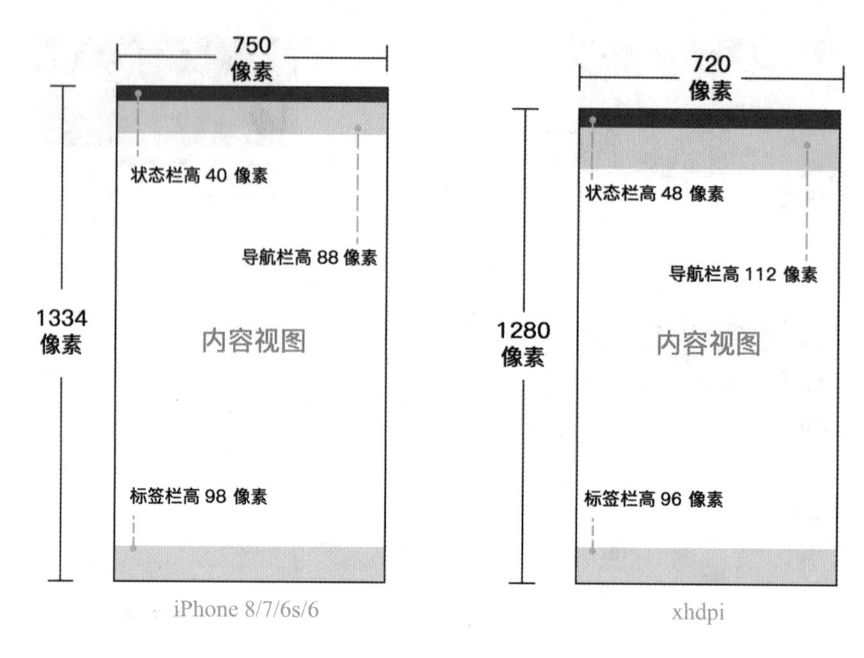

图 3-10　基础页面构成

1）状态栏

状态栏位于页面顶部，高为40像素，用来显示通知、时间、信号和电量等常规信息。无论是iOS系统还是Android系统，状态栏一般都是透明的，其中的图标和文字会根据当前页面的颜色而更改为白色或黑色，如图3-11所示。需要注意的是，在制作页面时，状态栏一般无须设计，根据页面颜色选择合适的状态栏素材，使页面符合视觉习惯即可。

图 3-11　状态栏

2）导航栏

导航栏位于状态栏下方，高为88像素，用于搜索信息，以及不同层级页面间的导航。导航栏的尺寸有限，应避免添加过多图标造成栏内拥挤，若必须添加，则可将次要图标合并，使用加号或其他表示可展开的图标代替，如图3-12所示。

返回　信息

图 3-12　导航栏

3）标签栏

标签栏一般位于一级页面底部，是App的全局导航，用户可点击此栏中的功能图标快速切换页面。标签栏高为98像素，栏内图标一般有选中和未选中两种状态，通常使用剪影图标+文字描述的形式表示。由于屏幕宽度限制，栏内图标通常以3～5个为宜，且文字要通俗易懂，精炼概括，尽量不超过4个汉字的宽度，如图3-13所示。

图3-13　标签栏

2．内容视图

内容视图中有多个版块，最常见的有Banner、金刚区和瓷片区等。

1）Banner

Banner也称旗帜广告或横幅广告，是页面中最具表现力的广告，常用于运营推广（占比最大）或者频道入口。根据位置和表现特点不同，Banner一般可分为头部Banner、模板化Banner和胶囊Banner三种。

- 头部Banner：一般位于页面中的导航栏下方，其尺寸和构图可以根据需要设置为全部撑满样式、屏宽撑满样式和未撑满样式，如图3-14所示。

全部撑满样式

屏宽撑满样式

未撑满样式

图3-14　头部Banner

- 模板化Banner：结构简单，一般是左右或左中右结构，内容由主标题、副标题和小插画组成，常用于安排一些权重中等的专题活动（如图3-15所示），在活动更新时，设计师仅替换对应位置的文字和插画即可，无须对Banner重新构图设计。

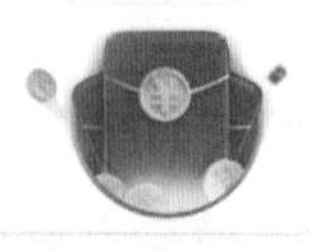

图 3-15　模板化 Banner

- 胶囊Banner：是一种时效性非常强的Banner，通常穿插在电商App的首页中上部展示，样式为全圆角矩形（形似胶囊），根据需要可适当添加动画效果，如图3-16所示。

图 3-16　胶囊 Banner

2）金刚区

金刚区是页面的核心功能区域，聚集着大量功能图标，是各类子版块的入口。金刚区一般位于首页头部位置，展示样式为多行排列的宫格图标，通常为1～3行，每行4～5个，内容较多时可左右滑动展示更多图标，如图3-17所示。

图 3-17　美团外卖 App 的金刚区

分类图标是金刚区的设计重点，设计时应注意以下三点：一是图标的尺寸一般以80～100像素为宜，外环∶内环=1∶0.618视觉效果最佳；二是金刚区的图标数量多，因此图标的用色应简洁，尽量采用单色或同色系渐变色；三是金刚区图标在设计上最好要与竞品有一些差异，如采用异形的图标背板、醒目的颜色等，以此加深用户对产品的印象。

3）瓷片区

瓷片区是与Banner、金刚区并列的三大版块之一，一般位于金刚区下方，由多个矩形版块拼接而成，视觉上像一块块瓷片贴在版面上。瓷片区属于运营内容区，适用于电商、金融、娱乐等产品，常见形式有产品实物图片和插画，如图3-18所示。

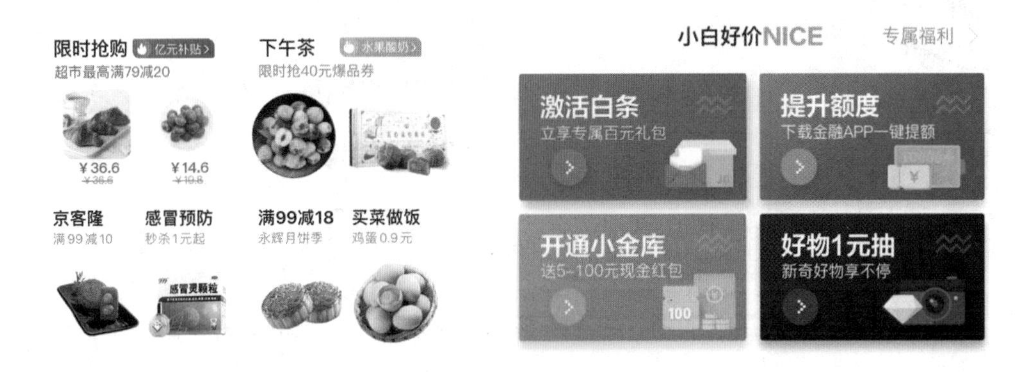

图3-18　京东到家App和京东金融App的瓷片区

瓷片区通常由多个大小相同、布局一致的瓷片组成，而瓷片则由图片/插画+文字+背景+点缀组成，与模板化Banner一样，设计时背景和点缀往往可以复用。

3.1.3　常见的导航形式

此处的导航区别于前面所说的导航栏，它是对页面中各元素的整合设计。优秀的导航能更好地引导和帮助用户使用App的各项功能。常见的导航形式有卡片式、舵式、列表式、宫格式和瀑布式等。

- 卡片式导航：使用卡片对信息进行归纳，可以增加页面的层次感，让信息有更明显和更规矩的区分，给用户整齐的视觉感受。但在卡片式导航中，卡片周围都要留出一定空间，这会占用屏幕空间，导致一屏内无法呈现较多信息。因此，这类导航不适合用于阅读或新闻等以文字为主的App中。如图3-19所示为使用卡片式导航的爱彼迎App页面。
- 舵式导航：这类导航最明显的特征是，下方的标签栏中有一个“+”号图标（单击它可展开核心功能），像轮船上用来控制方向的船舵，故而得名，它能较大限度地引导用户，其标签栏中通常有3个或5个导航项。如图3-20所示为使用舵式导航的58同城App页面。

图 3-19　卡片式导航

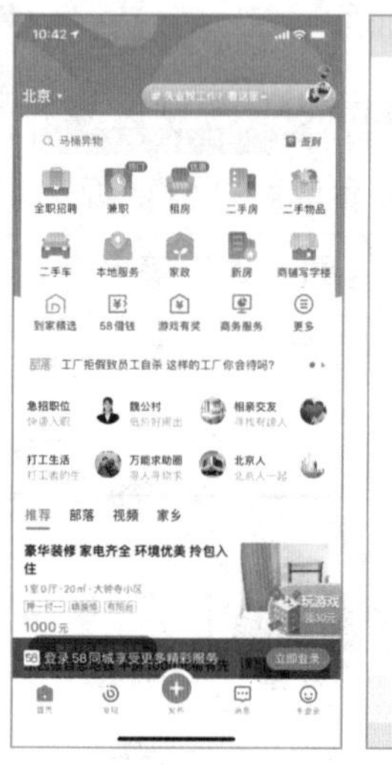

图 3-20　舵式导航

- 列表式导航：层次清晰，易于理解，可展示内容较长的标题，配合下拉列表还可展示次级内容。通常用在App的二级页面中展示各项功能的标题和少量信息。但列表式导航的灵活性较差，只能通过顺序或颜色来区分入口级别，当同级标题过多时，会使用户产生视觉疲劳。如图3-21所示为使用列表式导航的钉钉App页面。
- 宫格式导航：将全部功能入口等距分布在页面中，各个入口之间相互独立，没有太多交集，无法跳转互通。宫格一般横向放置2～4个，最多不可超过5个图标，当超过5个图标时，可将第5个图标隐藏，设置为左右滑动形式。这种导航形式的缺点在于，一旦进入某个图标页面后，需要返回主页才可进入其他功能入口，容易形成较长的路径链，且无法在多个入口间灵活切换，不适合多任务操作。因此，目前很少有产品用该类导航作主导航，常用其扩展功能作次级导航。如图3-22所示为使用宫格式导航的腾讯视频App“我的”页面。
- 瀑布式导航：是目前比较流行的导航形式，其特点是随着页面向下滚动，内容会不断加载，直至穷尽，适合展示以图片或视频为主的信息。如图3-23所示为使用瀑布式导航的新浪微博App页面。根据App的版式需求，内容视图中的版块也可用双排平齐或错位排列，如图3-24所示。

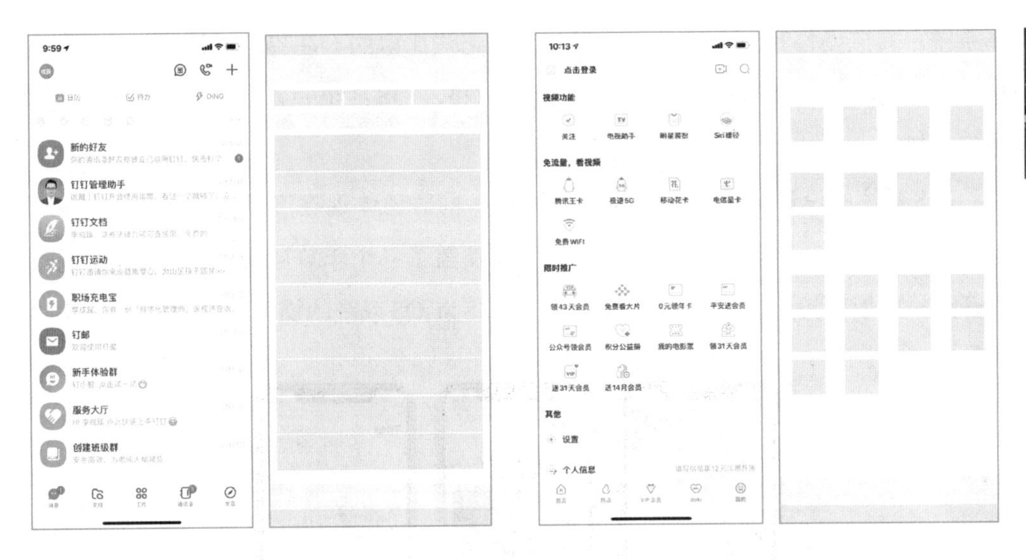

图 3-21　列表式导航　　　　图 3-22　宫格式导航

图 3-23　新浪微博 App 首页

图 3-24　花瓣 App 首页

3.2　常见移动设备操作系统

目前，市场上的手机操作系统主要有iOS（苹果）、Android（安卓）、Windows Phone、Black Berry（黑莓）、Symbian（塞班）和Bada（三星），其中iOS和Android是最热门的操作系统。

3.2.1　iOS 系统

iOS系统是由苹果公司开发并应用于iPhone、iPod touch、iPad等手持设备的操作系统。其流畅性和安全性是其他操作系统无法比拟的。在界面设计方面，无论是早期的拟物风格，还是从iOS 7之后的扁平风格，iOS系统一直都在引领界面设计的流行趋势。

iOS系统的设计风格不仅体现在界面上，同时还体现在产品的交互与用户体验上。它操作简单，容易上手，这使得iPhone覆盖了各个年龄层次的用户，但由于其不开源，所以在拓展性上会略显逊色。图3-25为iOS系统的操作界面。

图 3-25 iOS 系统的操作界面

3.2.2 Android 系统

Android一词本意是指“机器人”，中文名称为“安卓”或“安致”。Android是基于Linux的自由及开放源代码的操作系统，它提供给第三方一个十分宽泛、自由的环境，厂商、开发者和用户具有较高的操作权限，可以根据需要对界面进行调整或美化。国产手机中比较流行的华为、小米、vivo等都是使用的Android系统。如图3-26所示为华为手机的操作界面。

图 3-26 Android 系统操作界面

3.3 App界面设计的规范

UI设计初学者往往对界面设计的规范不是十分清楚，很多时候都是凭借自己的感觉和经验去绘制界面，心里并没有一个清晰的概念，这可能导致界面效果不尽如人意，适配时需要频频修改。为此，本节介绍iOS系统和Android系统的设计规范。

3.3.1 尺寸规范

iOS系统和Android系统的设备尺寸不同，因此尺寸规范也有所区别。

1. iOS系统尺寸规范

常见的iOS系统主流设备分辨率有640像素×960像素、640像素×1136像素、750像素×1334像素、1242像素×2208像素、1125像素×2436像素、750像素×1624像素等。在设计界面时，UI设计师无须面面俱到地制作所有尺寸的设计图，仅需要以750像素×1334像素作为标准尺寸进行设计，然后由程序员将制作好的设计图进行适配，使其可以完美地应用到不同型号的iPhone界面中。如图3-27所示为iOS系统适配图。

图3-27 iOS系统适配图

提示

在图3-27中，@2×和@3×是缩放因子（scale），也称倍率。iOS绘制图形均以point为单位，iPhone 3GS的屏幕分辨率是320×480，对于它来说，1 point=1 pixel（像素），缩放因子（scale）=1。

在iPhone 4中，同样大小（3.5 inch）的屏幕采用了Retina显示技术，横（320）、纵（480）方向的像素密度各被放大到原来的2倍，像素分辨率提高到（320×2）×（480×2）=640×960，缩放因子（scale）=2，表示为@2×。同样的，在iPhone X中，缩放因子（scale）=3，表示为@3×。

对于相同尺寸的屏幕来说，缩放因子值越大，屏幕能够以越高的密度显示图像，画面的细节也越丰富，设计效果图也越大。

2．Android系统尺寸规范

Android设备有很多不同尺寸的屏幕，根据屏幕的像素密度不同，可由小到大划分为ldpi（低密度）、mdpi（中密度）、hdpi（高密度）、xhdpi（超高密度）、xxhdpi（超超高密度）和xxxhdpi（超超超高密度）几种密度类型，其中最常用的密度类型是xhdpi（尺寸为720像素×1280像素）。如果想要一稿适配Android设备的各种尺寸，可使用Photoshop新建尺寸为720像素×1280像素的文档。

3.3.2　布局规范

为了使界面效果美观、规范，UI设计师一般需要使用网格系统安排界面内容。

1．网格系统

网格系统（grid systems）也称栅格系统，是利用一系列垂直和水平参考线，将页面分割成若干均匀有规律的列或网格，然后以这些列或网格为基准布局界面。应用网格系统后，界面将被划分为列、水槽和边距三个部分。其中，列是放置内容的区域；水槽是列与列之间的距离；边距是内容与屏幕两侧之间的距离，如图3-28所示。

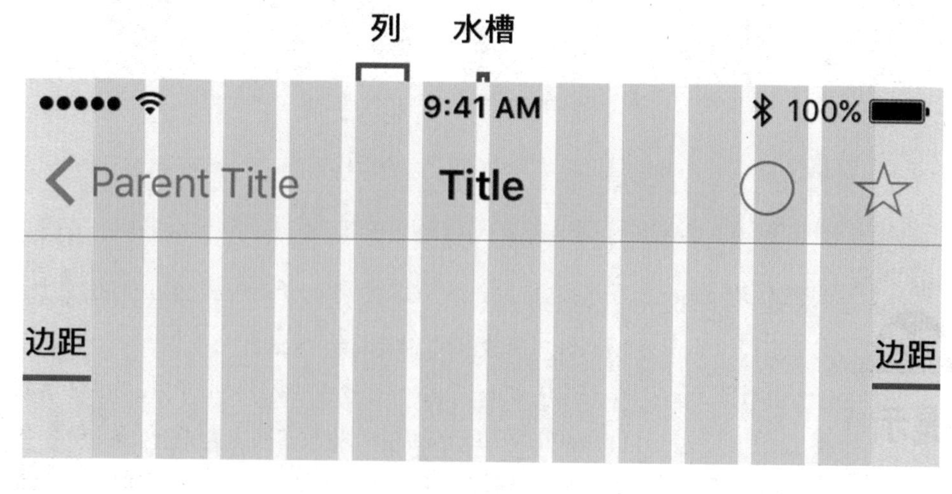

图3-28　网格系统

2. 在设计中运用网格系统

在设计中运用网格系统需要四个步骤，依次是定义最小单元格、设置列数、设置边距，以及定义水槽宽度和卡片（版块）纵向间距。

第一步，定义最小单元格。UI设计师可使用2像素、4像素、6像素、8像素、10像素、12像素……作为最小单元格的边长，其中8像素长度适中，是最常用的最小单元格边长。

为更精确地设置最小单元格边长，可以设置并显示网格。要在文档中显示网格，可以选择“编辑”→“首选项”→“参考线、网格和切片”选项，接着在弹出的“首选项”对话框中设置网格参数，最后单击“确定”按钮。如果执行上述操作后网格还没有显示出来，可按“Ctrl+”组合键显示网格。

第二步，设置列数。在确定最小单元格边长后，便可以在其基础上设置列宽及列数了，列宽一般为最小单元格边长的倍数，列的数量可以设置为4、6、8、10、12、24等，其中6列和12列最常用，如图3-29所示。

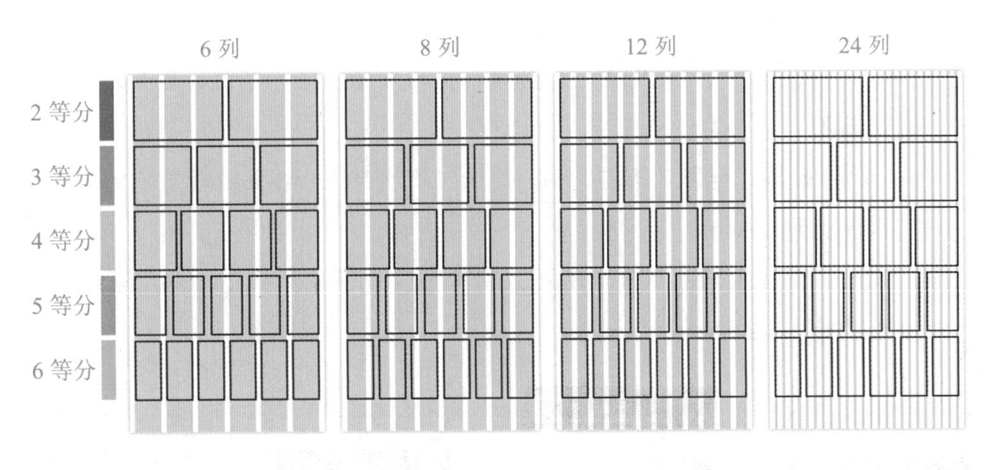

图3-29　设置列数

第三步，设置边距。边距是界面左右两侧的留白区域，设置时无须以最小单元格边长的倍数为基准，可根据产品调性，使用16像素、18像素、20像素、24像素、26像素、30像素、32像素和40像素等距离的边距。例如，影音娱乐类App的边距通常为18像素、20像素、24像素等，阅读类、社交类App的边距通常为26像素、28像素、30像素、32像素等，如图3-30所示。

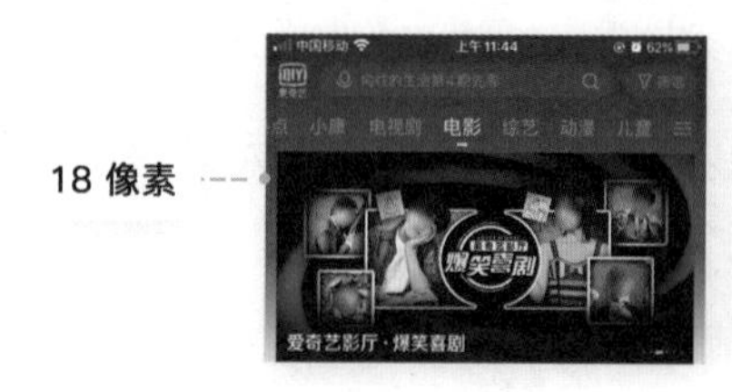

图 3-30　爱奇艺 App 边距宽度和知乎 App 边距宽度对比

第四步，定义水槽宽度和卡片纵向间距。依照最小单元格边长（4或8像素）为增量统一设置水槽及卡片纵向间距的宽度，如可设置为20像素、24像素、32像素和40像素等。

3.3.3　图片规范

不同的图片比例给人不同的视觉感受，因此它们应用的场景也有所区别。常见的图片宽高比例有16∶9、4∶3、2∶1和1∶1等，如图3-31所示。

- 16∶9：根据人体工程学的研究，人类两眼的视野范围是一个长宽比例为16∶9的长方形，该比例的图片可以给浏览者开阔的视觉体验，是很多新闻资讯或视频播放类App的常用图片尺寸之一。
- 4∶3：是常用图片比例之一，通常作为界面的主体，或在文章中以插图的形式出现。
- 2∶1：是接近电影荧幕的比例，能给浏览者带来观影般的视觉感受，常用于影音娱乐类App。
- 1∶1：图片相同的宽高比例可以将构图变得简单而规范，常用于产品、头像、特写、配图等展示模块。

图 3-31　App 中常见的图片尺寸比例

3.3.4 文字规范

由于iOS系统和Android系统是两个独立的操作系统，因此它们的文字规范也有所区别。

1. iOS 系统文字规范

在iOS系统中，默认的中文字体是苹方，英文和数字字体是San Francisco。其中，苹方字体提供了Extralight（特细）、Light（细体）、Regular（常规）、Medium（中等）、Semi-Bold（半粗体）、Bold（粗体）六种不同粗细的字体样式，效果如图3-32所示。

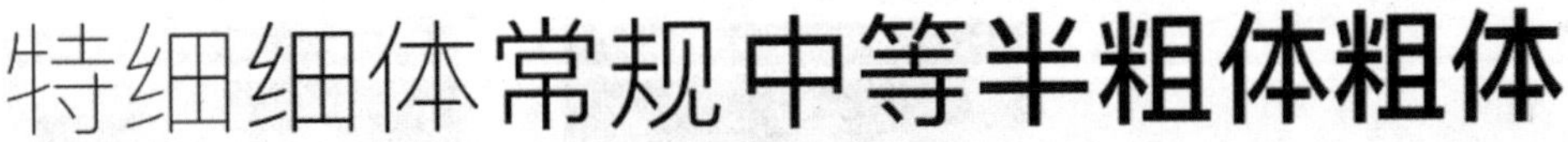

特细细体常规中等半粗体粗体

图 3-32 常用的苹方字体

在一款App中，字号一般可设置为20～36像素的偶数（@2x），上下级内容的字号相差以2～4像素为宜，可用Regular（常规）和Bold（粗体）表示字体的普通和加粗状态。

2. Android 系统文字规范

在Android系统中，默认的中文字体为思源黑体，该字体提供了7个不同粗细的字体样式（Thin、Light、DemiLight、Regular、Medium、Bold和Black）；英文字体为Roboto，提供了六个不同粗细的字体样式（Thin、Light、Regular、Medium、Bold和Black）。在设计应用于Android系统的App时，推荐使用默认的思源黑体和Roboto字体。

3.4 案例实战——设计音乐 App 界面

3.4.1 作品展示

本案例通过制作图3-33中的注册登录页、首页和音乐播放页，介绍影音娱乐类App页面的一般制作方法。

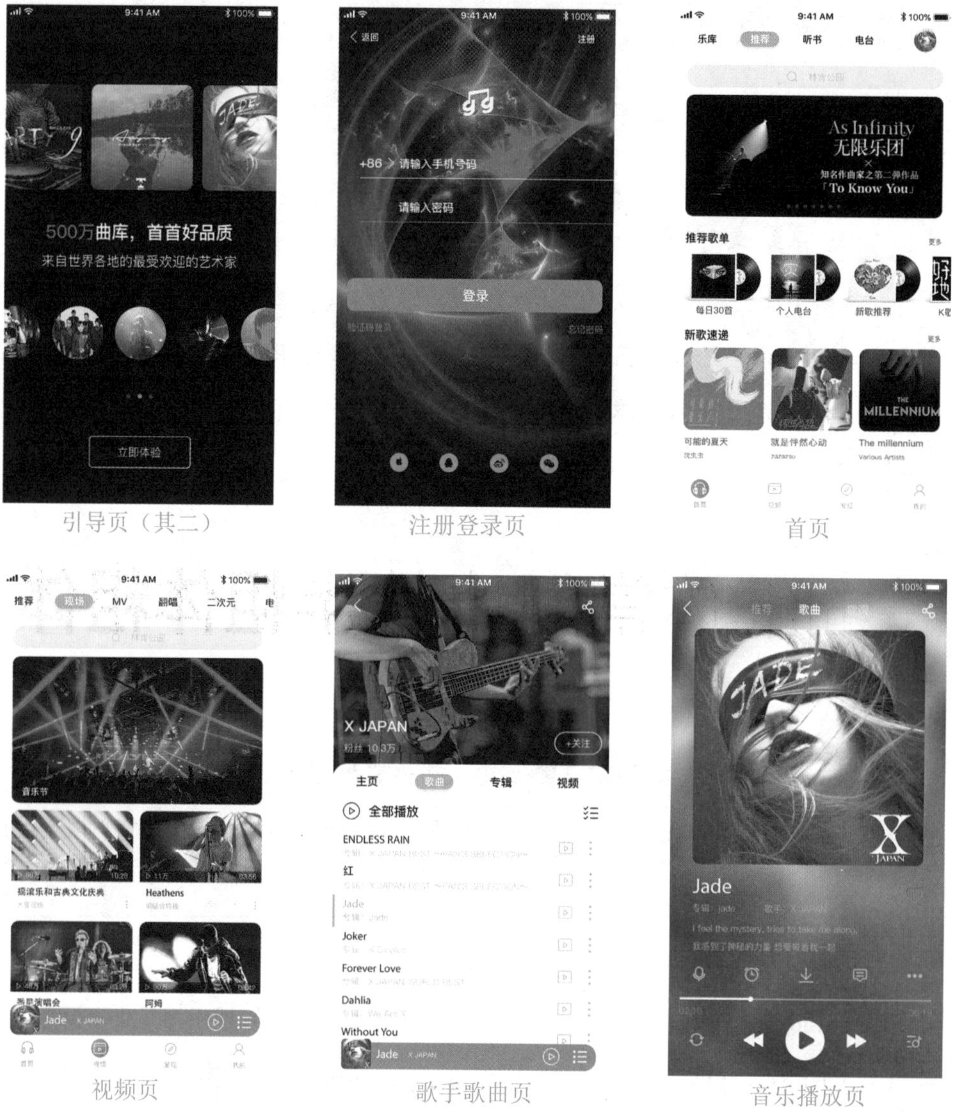

引导页（其二）

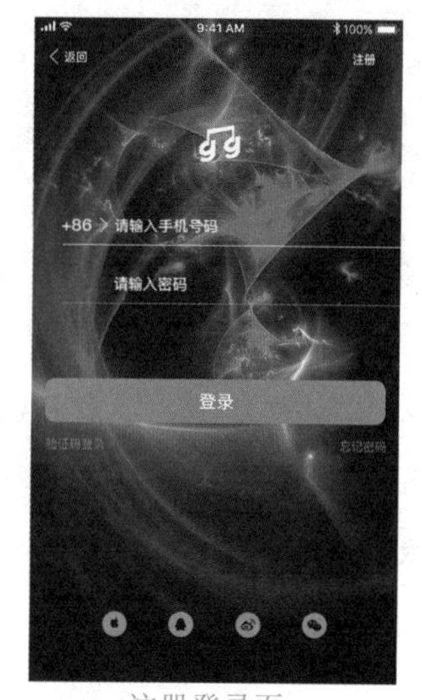

注册登录页

首页

视频页

歌手歌曲页

音乐播放页

图 3-33　音乐 App 页面展示（部分）

3.4.2　设计思路

制作App页面前，设计师首先要根据App的基本结构图确定页面的数量和各页面之间的逻辑关系，然后根据App的特点选择合适的风格和恰当的配色，并规划页面的布局和细节元素的位置。

（1）分析基本结构图。如图3-34所示为音乐App的基本结构图。

（2）确定风格和配色。考虑到用户使用App的目的是放松心情、享受音乐，因此界面风格宜简洁。配色方面，主要页面（首页、视频页、歌手歌曲页等）以白色、灰色和蓝色为主，使用户感到舒适；引导页以黑色为主色，目的是给用户一种沉浸式的视觉体验，从而更好地突出产品特点；注册登录页的背景设置了动画效果，其强烈的冷暖色（蓝色和粉色）对撞使界面充满活力和神秘，吸引用户登录；音乐播放页的配色是根据当前播放歌曲的专辑封面设计的，给人以舒适、和谐的感觉。

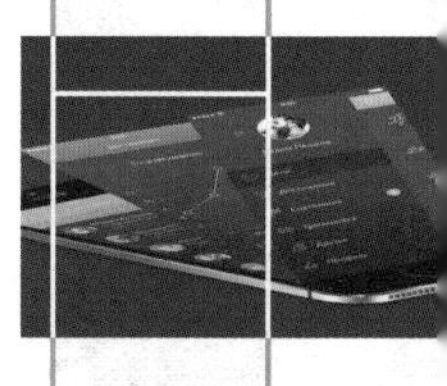

图 3-34　音乐 App 基本结构图

（3）页面布局。考虑到音乐App的曲目非常多，页面中推荐的歌曲很可能是用户不喜欢的，因此为了方便用户搜索歌曲，设计时可以强调搜索功能（内容较少的App搜索功能通常用一个放大镜图标表示），将其设计为搜索通栏置于导航栏下方。

（4）页面细节。视频页中的图像宽高比均为16：9，目的是给浏览者开阔的视觉体验。另外，页面中图像或组件均采用圆角处理，目的是提升用户亲密度，使页面更具活力。

3.4.3　案例步骤

1．设计注册登录页

步骤1　启动Photoshop，单击“新建”按钮，在“新建文档”对话框中选择“移动设备”→“iPhone 8/7/6”选项，设置文档名为“注册登录页”，取消勾选“画板”复选框，单击“创建”按钮新建文档，如图3-35所示。

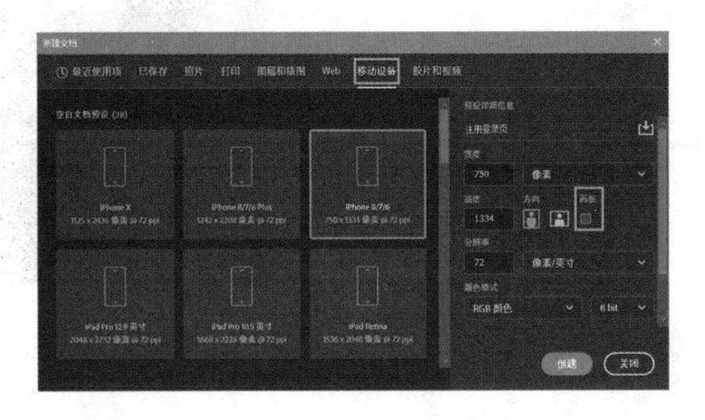

图 3-35　新建文档

设计注册登录页

新版Photoshop内置了移动设备、Web、照片等尺寸，用户可直接应用，省去了设置文档尺寸和记忆各种设备尺寸的麻烦。

步骤2　在菜单栏中选择“视图”→“新建参考线版面”选项，在“新建参考线版面”对话框中设置参数，然后单击“确定”按钮创建参考线，如图3-36所示。为防止误操作移动参考线，按“Ctrl+Alt+：”组合键锁定参考线。

“新建参考线版面”对话框中“数字”“宽度/高度”“装订线”和“边距”的意义如下。

数字：是指列数或行数。

宽度/高度：是指列宽或行高。当不设置具体数值时，宽度或高度会根据列数、行数和装订线等参数变化而变化（不会在输入框中体现）。

装订线：是指列或行之间的距离。

边距：是指版心距上、下、左、右边界的距离。本案例中，“上”为状态栏高度，“下”为标签栏高度，“左”和“右”为页面的左边距与右边距。

步骤3　按“Ctrl+O”组合键打开本书配套素材“素材与实例\Ch3\3.4\注册登录页”文件夹中的“背景.png”和“状态栏.png”文件，使用“移动工具”将它们移至“注册登录页”文档中合适位置，如图3-37所示。

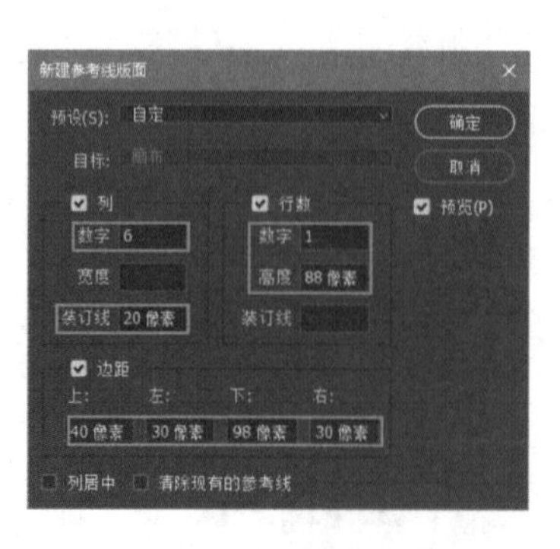

图3-36　新建参考线

图3-37　导入素材

调整状态栏图片位置时，首先可选中“状态栏”图层；然后在“注册登录页”文档的状态栏范围内，使用“矩形选框工具”绘制一个高度为40像素的矩形选区；之后选择“移动工具”，在工具属性栏中单击“垂直居中对齐”按钮，使图像在垂直方向上居中对齐选区；最后按“Ctrl+A”组合键选中整个画布，并在工具属性栏中单击“水平居中对齐”按钮，使图像在水平方向上居中对齐整个选区。

步骤4　制作导航栏。使用“矩形工具”在画布上绘制一个大小为2像素×22像素，填充颜色为白色的矩形，然后按“Ctrl+J”组合键复制图层，按“Ctrl+T”组合键执行“自由变换”命令，将复制的矩形逆时针旋转90°，按“Enter”键确定，如图3-38（a）和图3-38（b）所示。

步骤5　同时选中“矩形1”和“矩形1拷贝”图层，然后选择“移动工具”，在工具属性栏中依次单击“左对齐”按钮和“顶对齐”按钮，使两个图形依左上方对齐。

按“Ctrl+T”组合键，将两个图形同时逆时针旋转45°，按“Enter”键确定，最后按“Ctrl+E”组合键合并两个图层，得到“返回”图标，如图3-38（c）和图3-38（d）所示。

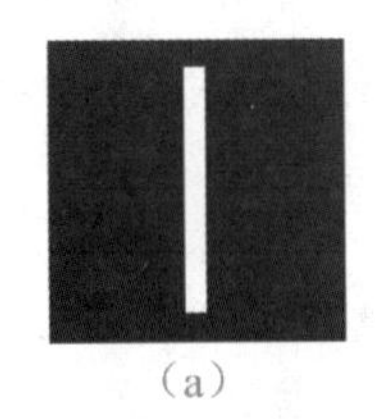
（a）

（b）

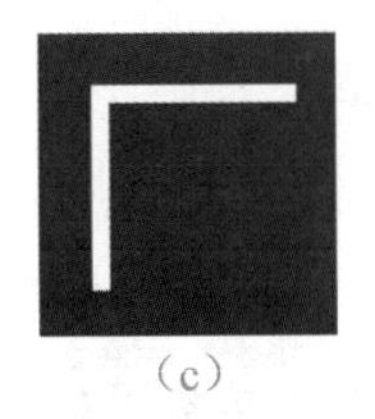
（c）

（d）

图3-38　制作“返回”图标

步骤6　使用“横排文字工具”在“返回”图标右侧16像素处输入文字“返回”，按“Ctrl+Enter”组合键确定，在“字符”面板中设置字符参数，如图3-39（a）所示。

按“Ctrl+J”组合键复制“返回”文字，更改复制的文字为“注册”，然后使用“移动工具”将“注册”文字移至右侧合适位置，效果如图3-39（b）所示。同时选中导航栏中的图层，按“Ctrl+G”组合键编组并更改组名为“导航栏”。

步骤7　使用“横排文字工具”在内容视图中依次输入文字“+86”和“请输入手机号码”，然后分别在“字符”面板中设置参数，如图3-40所示。

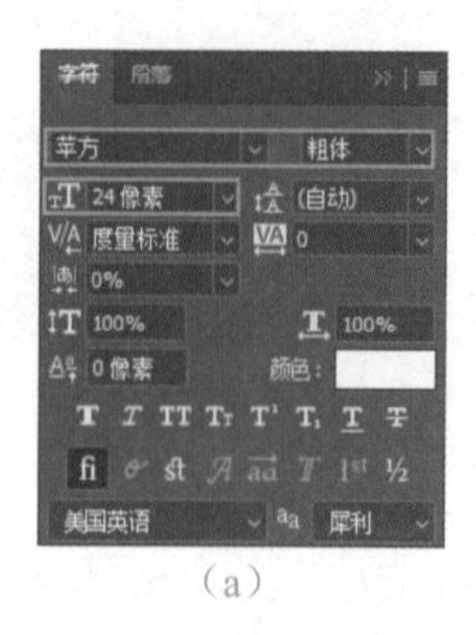

(a)

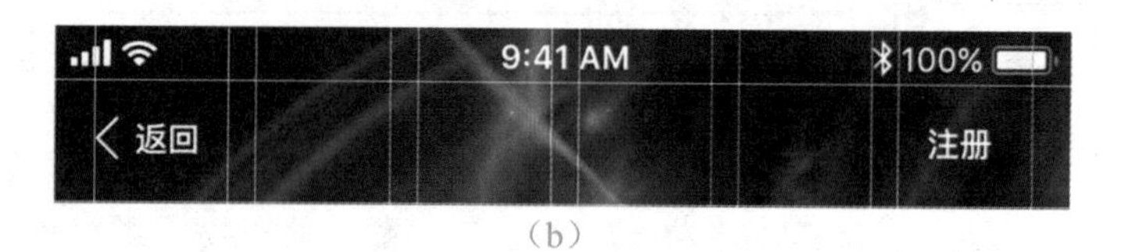

(b)

图3-39　输入文字

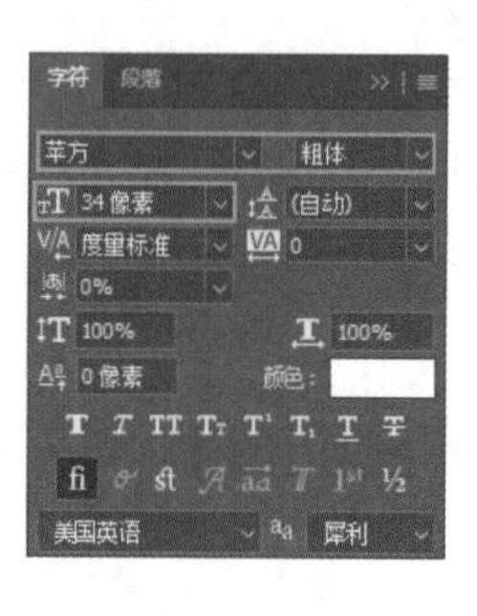

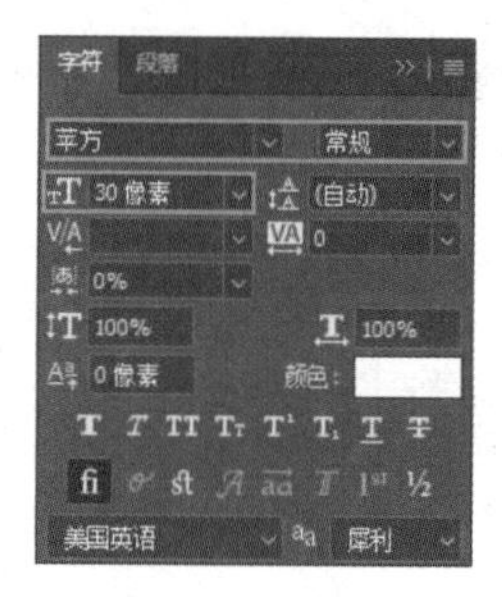

图3-40　设置字符参数

步骤8　首先在"图层"面板中选择"矩形1拷贝"图层，按"Ctrl+J"组合键复制图层，按"Ctrl+T"组合键执行"自由变换"命令；然后右击变换框，在弹出的快捷菜单中选择"水平翻转"选项，按"Enter"键确定变换；接着使用"移动工具"将其移至"+86"和"请输入手机号码"文字之间并调整三者间隔为16像素。

步骤9　使用"直线工具"在文字下方绘制一条白色直线，然后使用"移动工具"调整直线位置，使其与"+86"文字左对齐，右端延伸出画布，最后同时选中步骤7～步骤9中创建的图层，将它们编组并更改组名为"账号登录"，效果如图3-41所示。

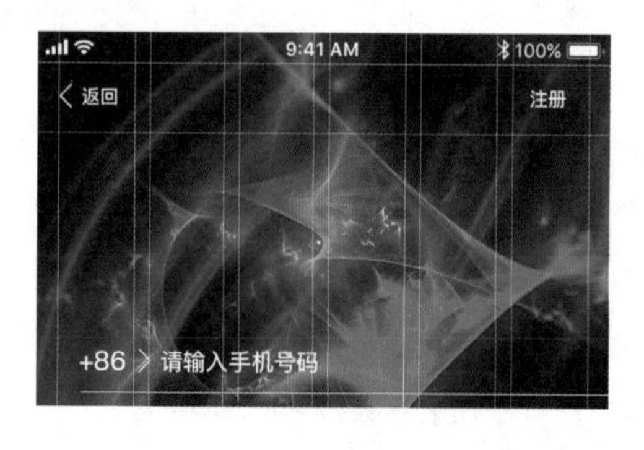

图3-41　制作账号登录

步骤10　首先按“Ctrl+J”组合键复制“账号登录”图层组；然后将复制内容向下移动120像素，更改其组名为“密码”；最后删除“密码”图层组中的“+86”和“矩形1拷贝2”图层，更改“请输入手机号码”文字为“请输入密码”。

步骤11　制作登录按钮。在“密码”图层组外新建图层，使用“圆角矩形工具”在“请输入密码”文字的直线图像下方160像素处绘制一个圆角矩形，在“属性”面板中设置参数，然后新建图层，使用“横排文字工具”在圆角矩形上输入文字“登录”，在“字符”面板中设置参数，如图3-42所示。

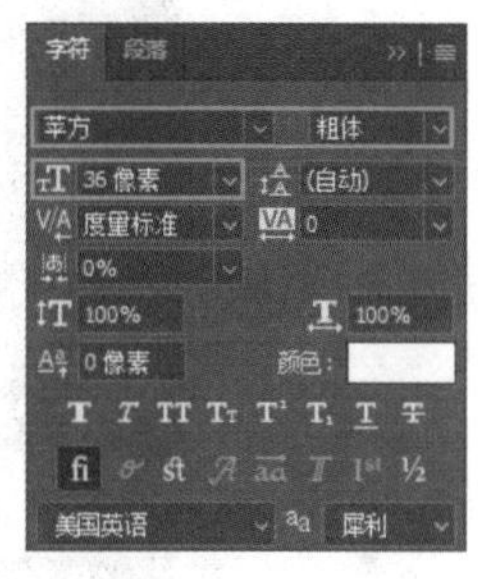
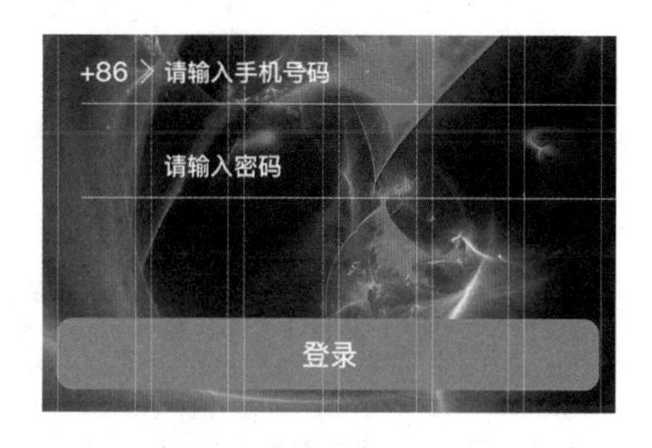

图3-42　制作登录按钮

步骤12　使用“横排文字工具”在按钮下方合适位置分别输入文字“验证码登录”和“忘记密码”，在“字符”面板中设置它们的参数，如图3-43所示。在“图层”面板中同时选中步骤11～步骤12中创建的图层，将它们编组并更改组名为“按钮”。

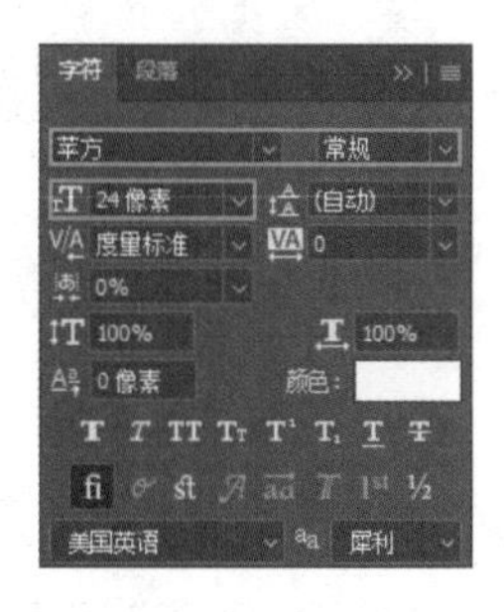
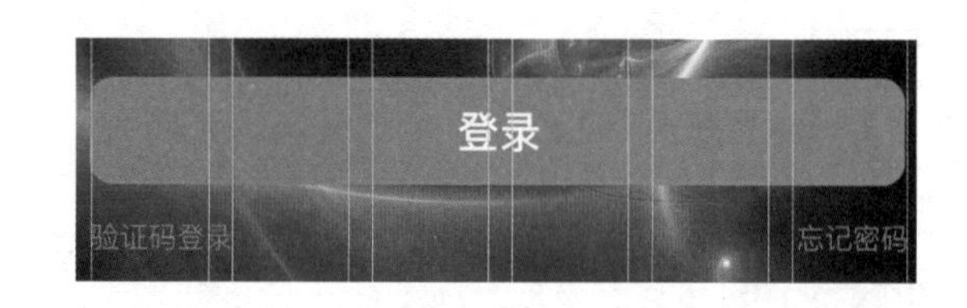

图3-43　输入其他文字并设置属性

步骤13　按“Ctrl+O”组合键打开本书配套素材“素材与实例\Ch3\3.4\注册登录页”文件夹中的“Logo.png”“苹果.png”“QQ.png”“微博.png”和“微信.png”文件，使用“移动工具”将它们移至“注册登录页”文档中合适位置。

同时选中“苹果”“QQ”“微博”和“微信”图层，将它们编组并更改组名为“第三方登录”，最后设置图层组的不透明度为50%，如图3-44所示。

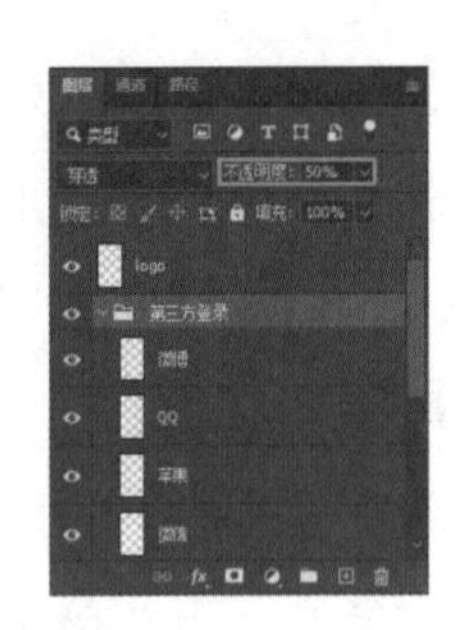

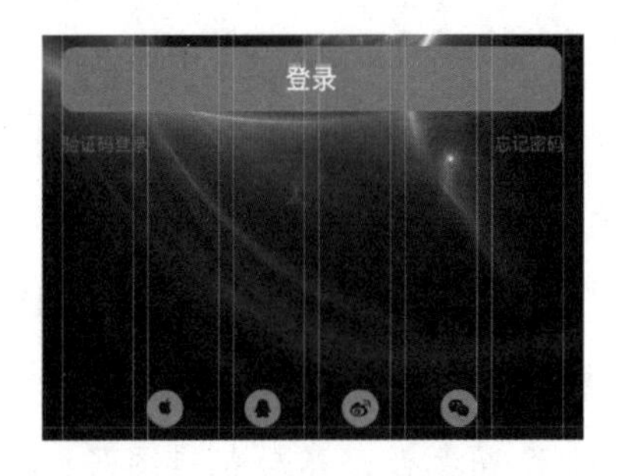

图 3-44　打开并调整素材不透明度

步骤 14　为了使页面布局更加美观、规范，可以使用斐波那契螺旋线对页面进行规范化调整。

按“Ctrl+O”组合键打开本书配套素材“素材与实例\Ch3\3.4\注册登录页”文件夹中的“斐波那契螺旋线.png”文件，使用“移动工具”将其移至“注册登录页”文档中的导航栏参考线下方，根据斐波那契螺旋线调整Logo和按钮的位置，如图3-45所示。调整完毕后隐藏“斐波那契螺旋线”图层。

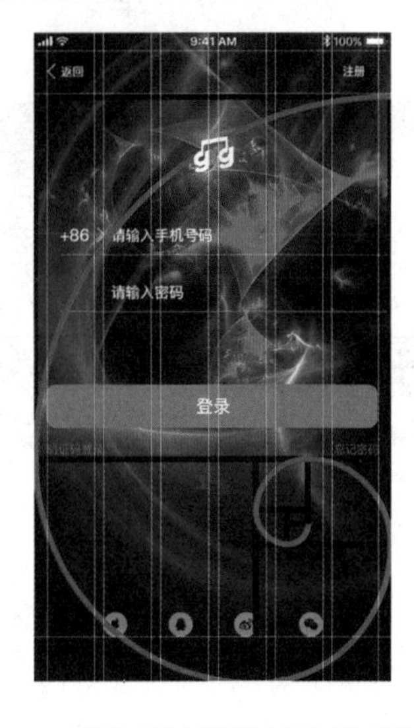

图 3-45　利用斐波那契螺旋线调整页面

利用斐波那契螺旋线可以规范界面的布局和元素的位置，从而增强页面美感，后面的设计中读者可利用斐波那契螺旋线自行调整页面，具体的操作步骤在此便不再赘述了。

2. 设计首页

设计首页

步骤 1　参考“设计注册登录页”中步骤1～步骤3的操作，首先创建一个名为“首页”的文档；然后设置相同的参考线；最后打开本书配套素材“素材与实例\Ch3\3.4\首页”文件夹中的“状态栏.png”文件，使用“移动工具”将其移至“首页”文档中页面最上方居中位置。

步骤 2　使用“横排文字工具”在导航栏中合适位置依次输入文字“乐库”“推荐”“听书”和“电台”，在“字符”面板中设置其的字体为苹方，样式为粗体，大小为26像素，颜色为黑色。

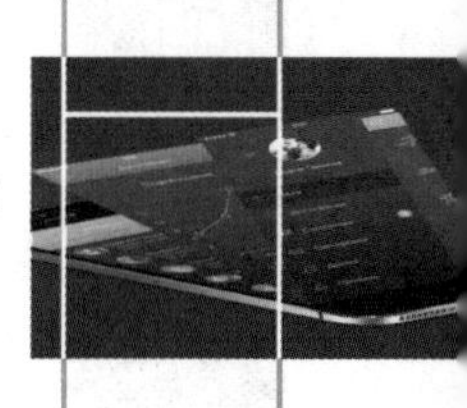

步骤3　在“推荐”图层下方新建图层，使用“圆角矩形工具”绘制一个圆角矩形，然后在“属性”面板中设置其参数，接着为“圆角矩形1”图层添加“投影”样式，最后更改“推荐”文字的颜色为白色，如图3-46所示。

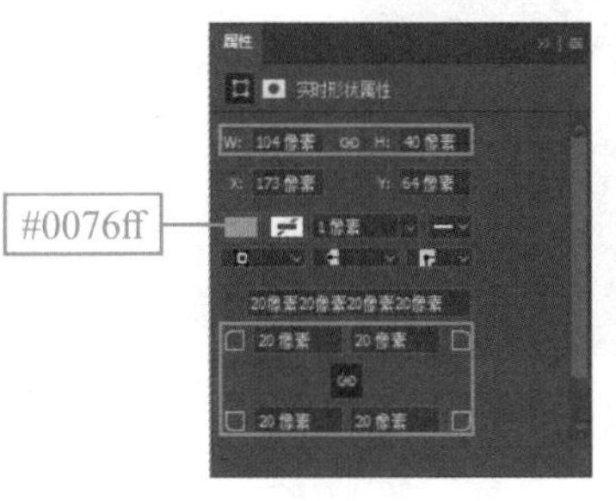

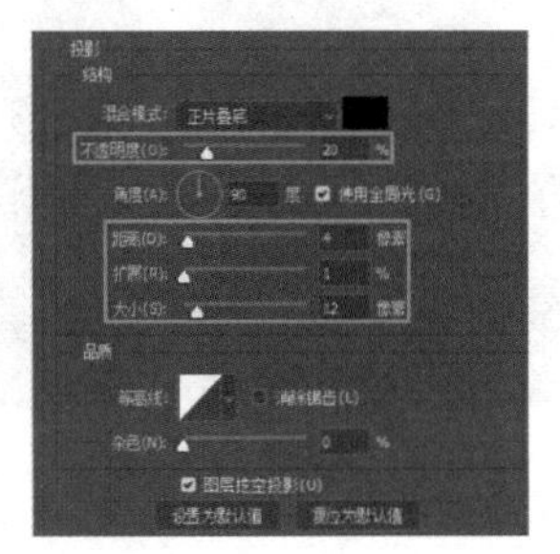

图3-46　制作按钮选中效果

步骤4　使用“椭圆工具”在“电台”文字右侧绘制圆形，在“属性”面板中设置参数。

打开本书配套素材“素材与实例\Ch3\3.4\首页”文件夹中的“专辑封面1.png”文件，使用“移动工具”将其移至“首页”文档中合适位置，然后将“专辑封面1”图层剪贴至“椭圆1”图层，如图3-47所示。将导航栏中的图层编组并更改组名为“导航栏”。

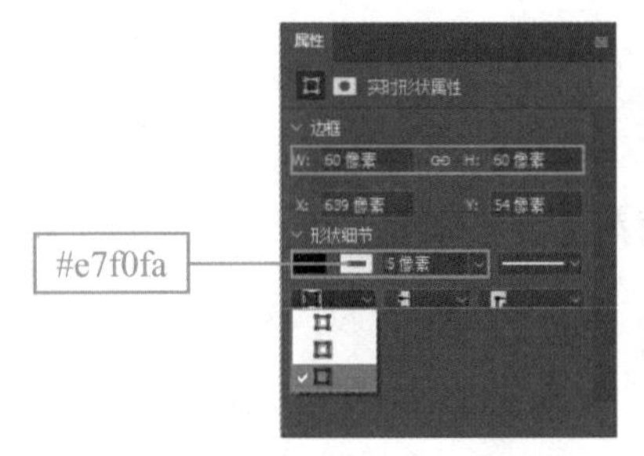

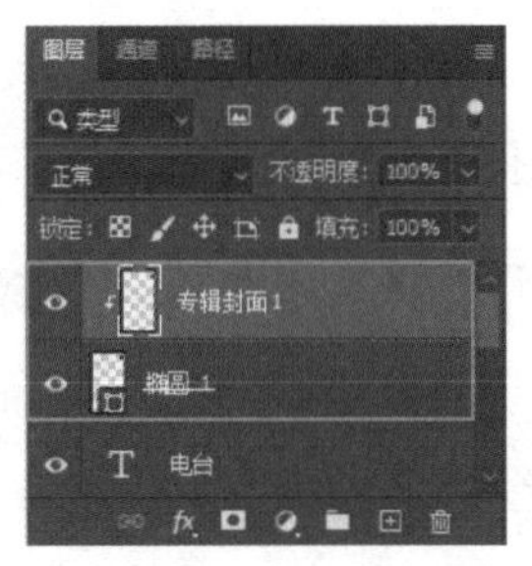

图3-47　制作当前播放按钮

步骤5　制作搜索栏。使用“圆角矩形工具”在导航栏下方20像素处绘制一个大小为690像素×60像素，填充颜色为#e5e5e5，圆角半径为30像素的圆角矩形，将其居中放置作为搜索栏中的搜索框。

步骤6　制作放大镜图标。使用“椭圆工具”和“矩形工具”在搜索栏中绘制一个圆形和矩形（上下放置），然后分别在“属性”面板中设置它们的参数。

同时选中“矩形1”和“椭圆2”图层，将它们编组并更改组名为“放大镜”，

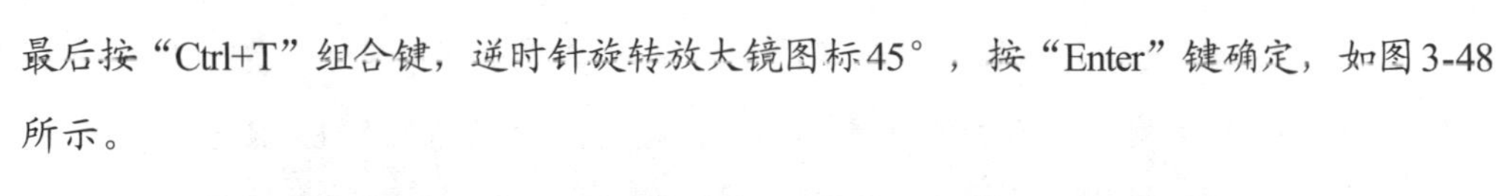

最后按“Ctrl+T”组合键，逆时针旋转放大镜图标45°，按“Enter”键确定，如图3-48所示。

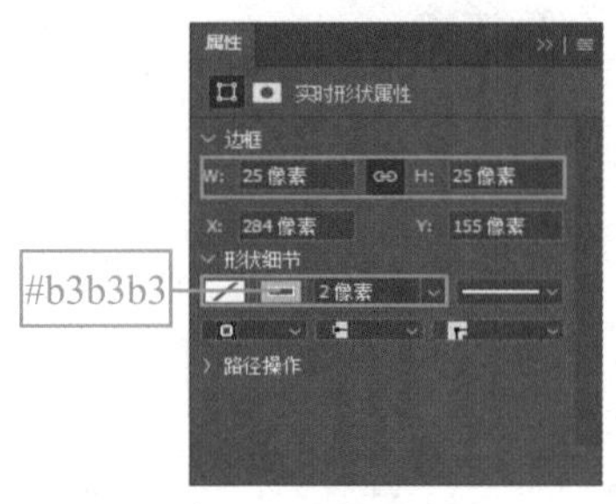

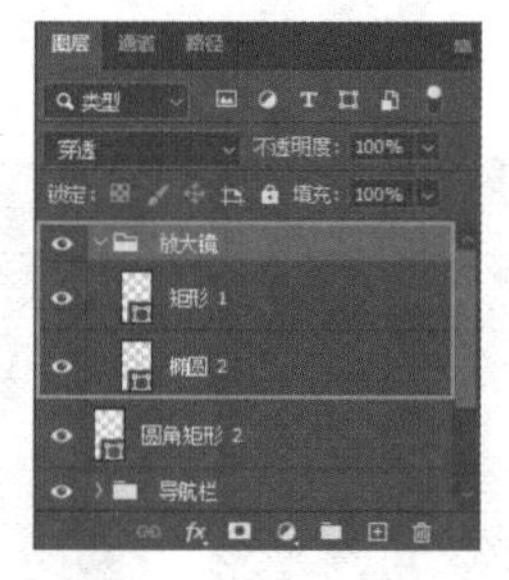

图3-48　制作放大镜图标

步骤7　使用“横排文字工具”在放大镜图标右侧输入文字“林肯公园”，然后在“字符”面板中设置字符参数，如图3-49所示。同时选中搜索栏相关图层，将它们编组并更改组名为“搜索栏”。

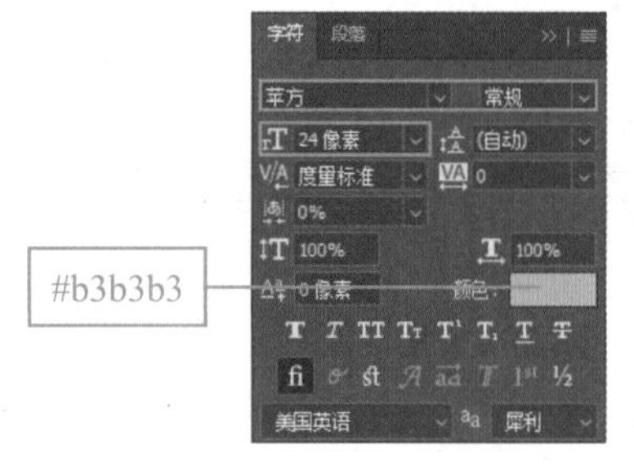

图3-49　制作搜索栏文案

步骤8　制作Banner。使用“圆角矩形工具”在搜索栏下方20像素处绘制一个大小为690像素×320像素，填充颜色为黑色，圆角半径为20像素的圆角矩形。

打开本书配套素材“素材与实例\Ch3\3.4\首页”文件夹中的“Banner.png”文件，使用“移动工具”将其移至“首页”文档中合适位置，最后将“Banner”图层剪贴至“圆角矩形3”图层中，如图3-50所示。

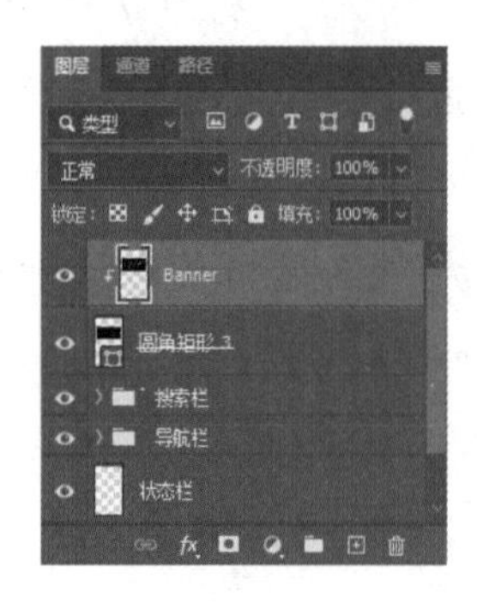

图3-50　制作Banner

步骤9　制作滚动点。使用“椭圆工具”绘制一个直径为10像素，填充颜色为白色，不透明度为20%的圆形，然后按6次“Ctrl+J”组合键复制6个圆形。

使用“移动工具”将“椭圆3拷贝6”图层向右移至合适位置，接着同时选中滚动点相关图层，在工具属性栏中单击“水平分布”按钮调整各圆形位置，效果如图3-51所示。

步骤10　选择“椭圆3拷贝3”图层，设置其不透明度为100%，填充颜色为#00a8ff，如图3-52所示。同时选中Banner相关图层，按“Ctrl+G”组合键将它们编组并更改组名为“Banner”。

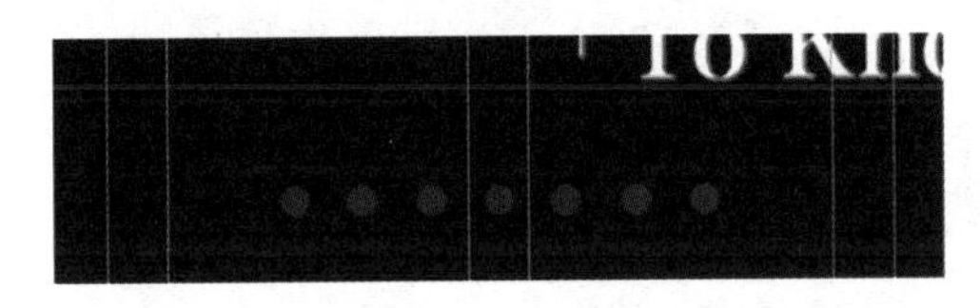

图3-51　制作滚动点

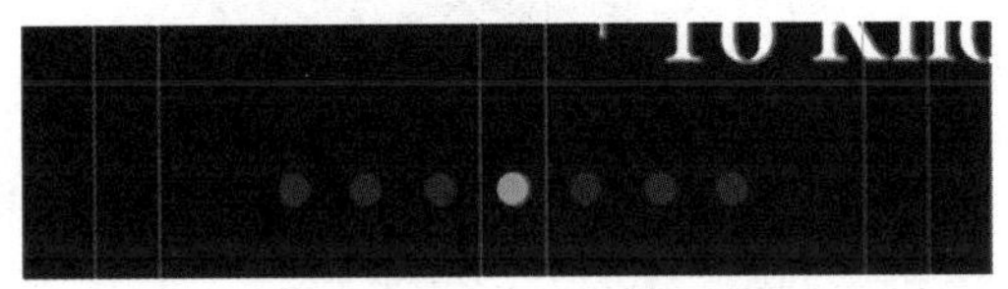

图3-52　调整滚动点颜色

步骤11　制作推荐歌单版块。使用“横排文字工具”在Banner下方40像素处输入文字“推荐歌单”，按“Ctrl+Enter”组合键确定，然后在“字符”面板中设置字体为苹方，样式为粗体，大小为30像素，颜色为黑色。

在“推荐歌单”文字右侧合适位置输入文字“更多”，设置字体大小为18像素，颜色为#4d4d4d，其余参数不变，效果如图3-53所示。

图3-53　制作推荐歌单版块的标题和更多按钮

步骤12　打开本书配套素材“素材与实例\Ch3\3.4\首页”文件夹中的“专辑样机.png”文件，使用“移动工具”将其移至“首页”文档中“推荐歌单”文字下方20像素处。

使用“横排文字工具”在专辑样机下方10像素处输入文字“每日30首”，按“Ctrl+Enter”组合键确定后设置其字符参数，接着同时选中“专辑样机”和“每日30首”图层，将它们编组并更改组名为“歌单1”，如图3-54所示。

步骤13　按3次“Ctrl+J”组合键复制3个“歌单1”图层组，然后使用“移动工具”调整各歌单的位置，使它们彼此相距20像素。

首先打开本书配套素材“素材与实例\Ch3\3.4\首页”文件夹中“专辑封面

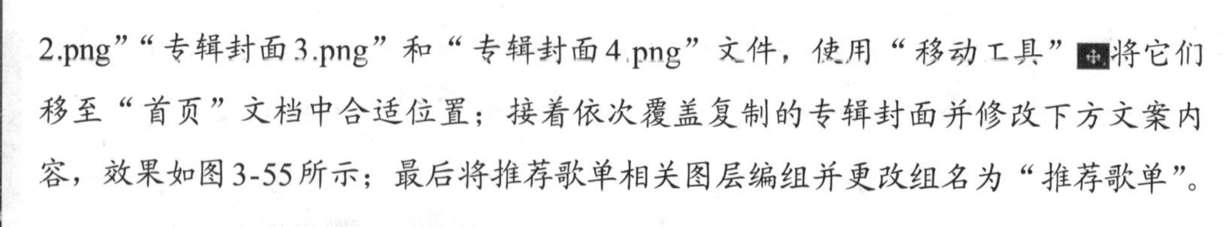

2.png”“专辑封面3.png”和“专辑封面4.png”文件，使用“移动工具” 将它们移至“首页”文档中合适位置；接着依次覆盖复制的专辑封面并修改下方文案内容，效果如图3-55所示；最后将推荐歌单相关图层编组并更改组名为“推荐歌单”。

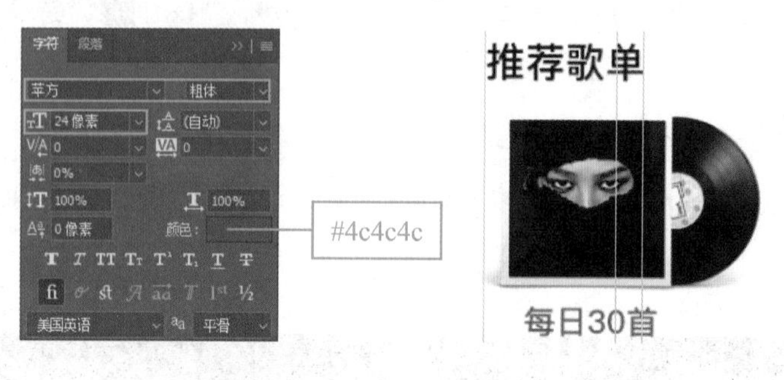

图3-54　制作专辑封面

图3-55　制作推荐歌

步骤14　制作新歌速递版块。首先同时选中“推荐歌单”和“更多”图层，按住“Alt”键将它们拖曳至“推荐歌单”图层组上方，释放鼠标复制所选图层；然后在内容视图中调整复制的文字位置至“每日30首”文字下方40像素处；最后更改复制的“推荐歌单”文字为“新歌速递”，按“Ctrl+Enter”组合键确定，如图3-56所示。

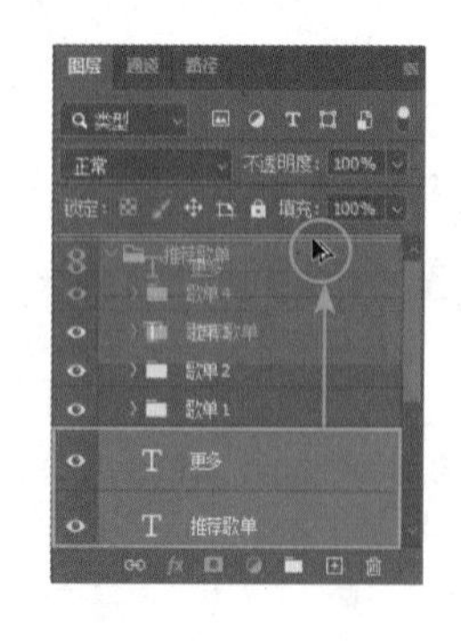

图3-56　制作新歌速递版块的标题和更多按钮

步骤15　使用“圆角矩形工具” 在“新歌速递”文字下方20像素处绘制一个大小为216像素×216像素，填充颜色为黑色，圆角半径为20像素的圆角矩形。

打开本书配套素材“素材与实例\Ch3\3.4\首页”文件夹中的“专辑封面5.png”

文件，使用“移动工具”将其移至“首页”文档中合适位置，将“专辑封面5”图层剪贴至“圆角矩形4”图层中，如图3-57所示。

步骤16　使用“横排文字工具”在专辑封面下方20像素处输入文字“可能的夏天”，按“Ctrl+Enter”组合键确定（字符参数可参考“推荐歌单”版块对应位置的文字）。

按“Ctrl+J”组合键复制文字，更改复制文字的内容为“沈虫虫”，字号为18像素，字体样式为中等，然后向下移动“沈虫虫”文字至“可能的夏天”文字下方20像素处，如图3-58所示。

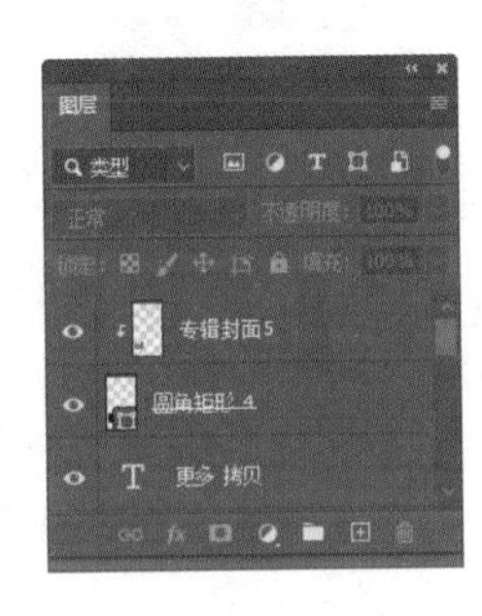

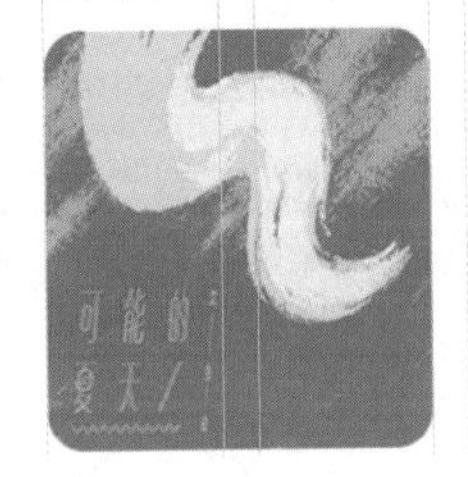

图3-57　制作新歌专辑封面

图3-58　制作专辑名称和歌手名称

步骤17　首先同时选中步骤15～步骤16创建的图层，将它们编组并更改组名为“新歌1”；然后参照前面的操作，制作其他新歌封面和文案；最后选中所有新歌速递相关图层，将它们编组并更改组名为“新歌速递”，如图3-59所示。

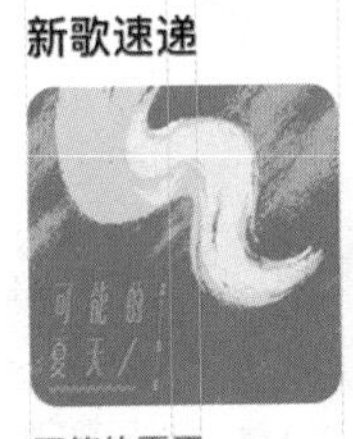

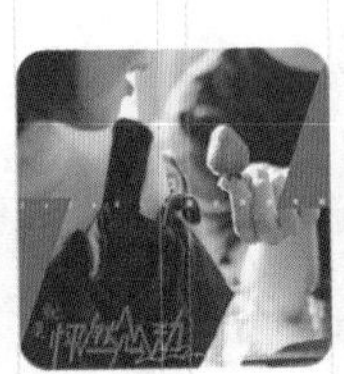

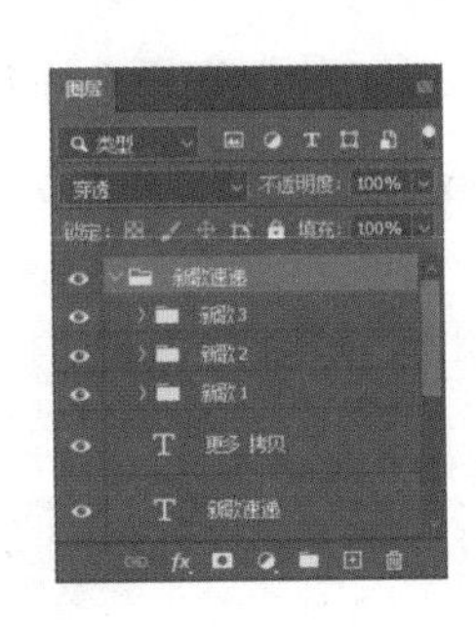

图3-59　制作新歌速递的其他专辑封面

步骤18　制作标签栏中的“首页”图标。首先使用“椭圆工具”在标签栏区域绘制一个直径为50像素的圆形，在“属性”面板中设置其参数；然后使用“横排文字工具”在圆形下方10像素处输入文字“首页”，在“字符”面板中设置其参数，如图3-60所示。

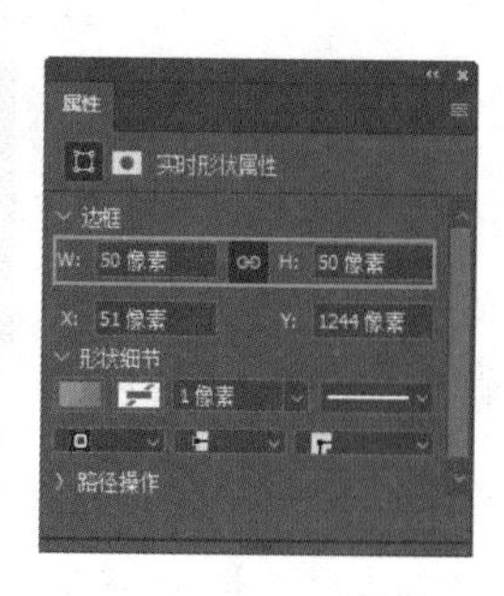

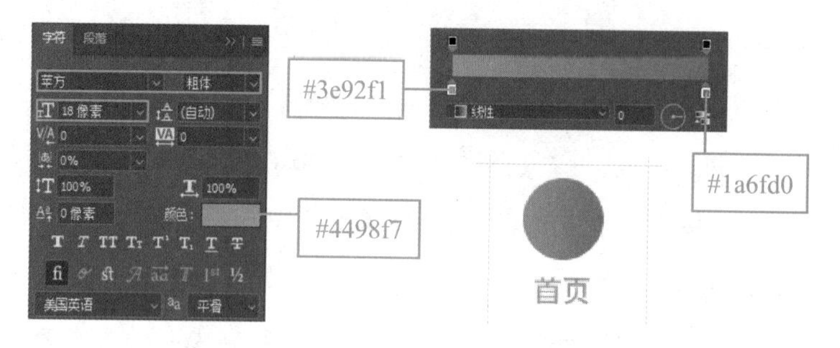

图 3-60　制作首页图标底板和文字

步骤19　使用“椭圆工具”绘制一个直径为12像素，无填充颜色，描边颜色为白色，描边宽度为2像素的圆形，然后使用“直接选择工具”框选圆形右侧锚点，按“Delete”键删除，如图3-61（a）所示。

步骤20　使用“椭圆工具”在半圆缺口位置绘制一个大小为6像素×18像素的椭圆，然后同时选中“椭圆5”和“椭圆6”图层，按“Ctrl+J”组合键将它们复制，如图3-61（b）所示。

步骤21　选中“椭圆5拷贝”和“椭圆6拷贝”图层，按“Ctrl+T”组合键执行“自由变换”命令，右击变换框，在快捷菜单中选择“水平翻转”选项，按“Enter”键确定，最后使用“移动工具”将它们调整到对侧位置，如图3-61（c）所示。

步骤22　使用“圆角矩形工具”绘制一个大小为28像素×33像素，圆角半径为14像素，无填充颜色，描边颜色为白色，描边宽度为2像素的圆角矩形，然后使用“直接选择工具”框选圆角矩形底部锚点，按“Delete”键删除，效果如图3-61（d）和图3-61（e）所示。

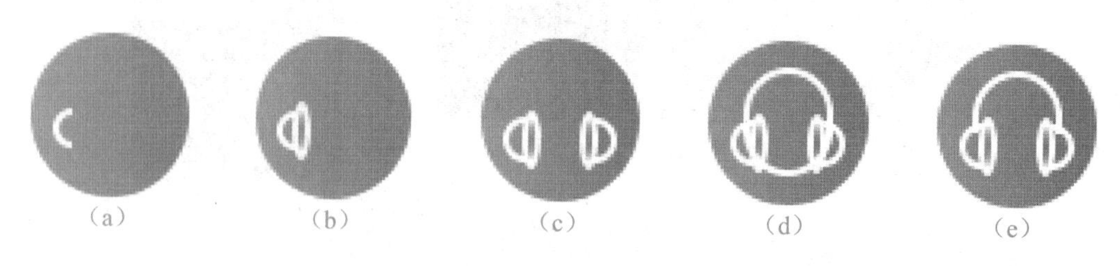

图 3-61　制作“首页”图标

步骤23　同时选中“首页”图标相关图层，将它们编组并更改组名为“首页”。

步骤24　打开本书配套素材“素材与实例\Ch3\3.4\首页”文件夹中的“视频.png”“发现.png”和“我的.png”文件，使用“移动工具”将它们移至“首页”文档中合适位置，使它们均匀分布在标签栏中，效果如图3-62所示。最后同时选中标签栏中的图层，将它们编组并更改组名为“标签栏”。

图 3-62　制作标签栏

本案例功能图标的结构相对简单，因此仅演示“首页”图标的制作方法，其余图标直接在素材文件夹中拿来使用即可。

3. 设计音乐播放页

设计音乐播放页

步骤 1　参考“设计注册登录页”中步骤 1～步骤 3 的操作，首先创建一个名为“音乐播放页”的文档，然后设置相同的参考线，最后打开本书配套素材“素材与实例\Ch3\3.4\音乐播放页”文件夹中的“状态栏.png”和“专辑封面.png”文件，使用“移动工具”将它们移至“音乐播放页”文档中合适位置。

步骤 2　首先选中“专辑封面”图层，按“Ctrl+J”组合键复制图层；然后右击“专辑封面”图层，在快捷菜单中选择“转换为智能对象”选项；接着按“Ctrl+T”组合键执行“自由变换”命令，再按住“Alt+Shift”组合键，向外拖动任意控制点，等比例放大图像至铺满全屏；最后按“Enter”键确定，如图 3-63 所示。

步骤 3　在菜单栏中选择“滤镜”→“模糊”→“高斯模糊”选项，在“高斯模糊”对话框中设置半径为 30，单击“确定”按钮，如图 3-64 所示。

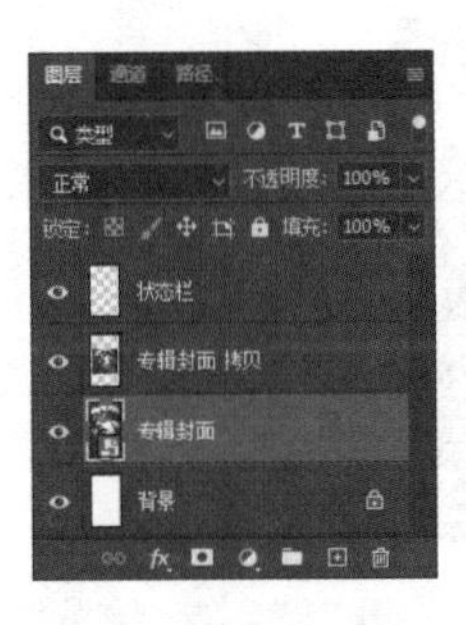

图 3-63　将“专辑封面”图层转换为智能对象并调整尺寸

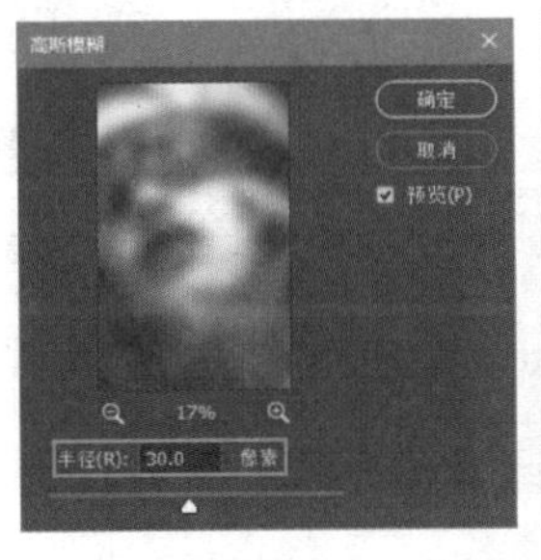

图 3-64　高斯模糊专辑封面

步骤 4　制作导航栏。打开本书配套素材“素材与实例\Ch3\3.4\音乐播放页”文件夹中的“返回.png”和“分享.png”文件，使用“移动工具”将它们分别移至“音乐播放页”文档中导航栏的两端。

选择“横排文字工具”T，在“字符”面板中设置参数，接着在导航栏区域依次输入文字“推荐”“歌曲”和“歌词”，最后在“图层”面板中设置“推荐”和“歌词”图层的不透明度为50%，如图3-65所示。同时选中导航栏相关图层将它们编组并更改组名为“导航栏”。

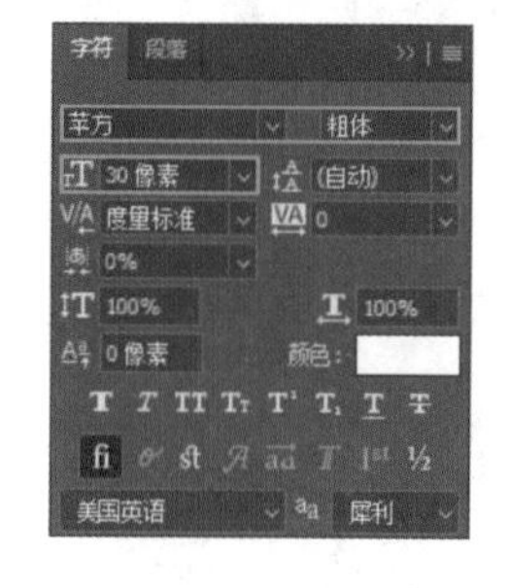

图 3-65　制作导航栏

提示

设计师可通过调整文案的颜色、大小和样式等，在多个级别相同的文案中突出当前文案。

步骤5　制作专辑封面效果。使用“圆角矩形工具”在导航栏下方10像素处绘制一个大小为630像素×630像素，填充颜色为黑色，圆角半径为20像素的圆角矩形。

首先在“图层”面板中将“专辑封面拷贝”图层移至“圆角矩形1”图层上；然后创建剪贴蒙版，使用“移动工具”调整专辑封面的位置；最后将两个图层编组并更改组名为“专辑封面”，如图3-66所示。

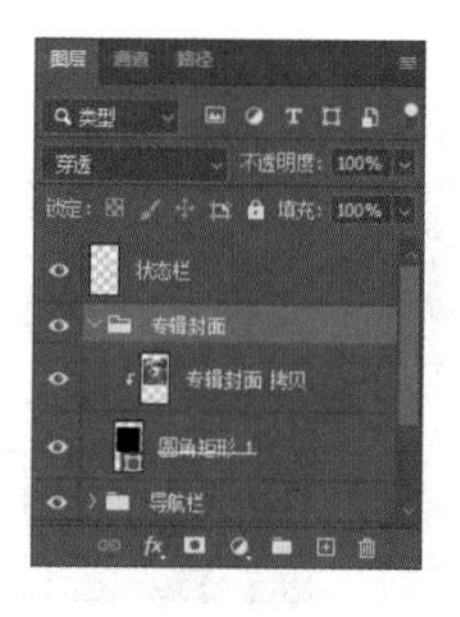

图 3-66　制作专辑封面效果

步骤6　使用“横排文字工具”T在专辑封面下方40像素处依次输入歌名和歌词文案，然后在“字符”面板中分别设置参数，最后使用“移动工具”调整每行文案的间距为30像素，如图3-67所示。同时选中歌名和歌词相关图层，将它们编组并更改组名为“歌名和歌词”。

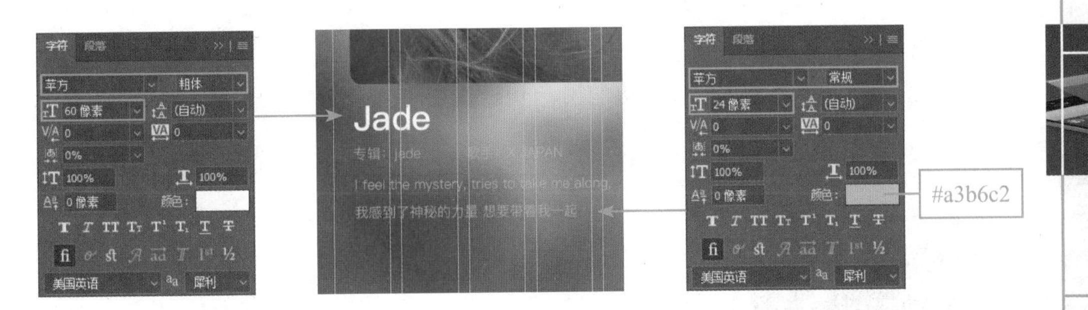

图 3-67 输入歌名和歌词

步骤 7 制作功能图标版块。打开本书配套素材“素材与实例\Ch3\3.4\音乐播放页”文件夹中的“跟唱.png”“定时.png”“下载.png”“评论.png”“更多.png”“喜欢.png”“循环播放.png”“上一曲.png”“播放.png”“下一曲.png”和“播放顺序.png”文件，使用“移动工具”将它们移至“音乐播放页”文档中合适位置，效果如图 3-68 所示。

图 3-68 导入功能图标

步骤 8 制作进度条。使用“圆角矩形工具”在“跟唱”下方40像素处绘制一个大小为690像素×4像素，填充颜色为#8d9fad，圆角半径为2像素的圆角矩形。

首先按“Ctrl+J”组合键复制该圆角矩形，更改复制圆角矩形的尺寸为200像素×6像素，填充颜色为白色，圆角半径为3像素；然后使用“椭圆工具”在复制圆角矩形右端绘制一个直径为14像素，填充颜色为白色的圆形；最后使用“移动工具”调整各形状的位置，效果如图 3-69 所示。

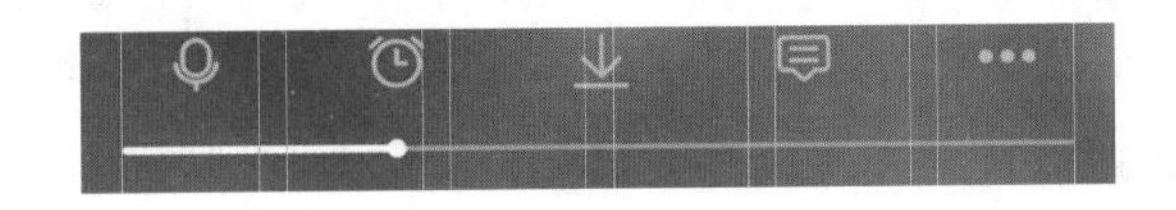

图 3-69 制作进度条

步骤 9 使用“横排文字工具”在专辑封面下方20像素处输入文字“02:18”

和“06:19”，然后在“字符”面板中设置参数，接着使用“移动工具”调整文案位置，如图3-70所示。同时选中功能图标和进度条相关图层，将它们编组并更改组名为“交互”。

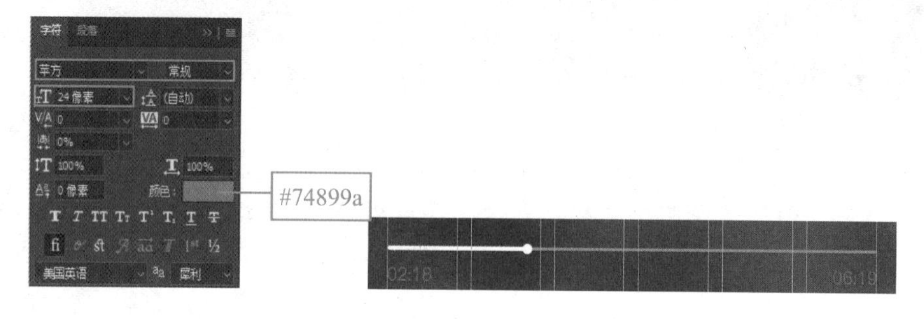

图3-70　制作进度条文案

本章总结

本章主要介绍了App界面的基础知识和设计技巧，读者在学完本章内容后，应重点掌握以下知识。

- App的界面主要由栏和内容视图组成。其中，栏一般包括状态栏、导航栏和标签栏，内容视图一般包括Banner、金刚区和瓷片区等。
- 常见的App导航形式有卡片式、舵式、列表式、宫格式和瀑布式等。
- App的基本页面通常包括开屏页、首页、注册登录页、详情页和个人中心页等。
- iOS系统最常用的设计尺寸是750像素×1334像素，其对应的手机型号是iPhone 8/7/6S/6。Android系统最常用的设计尺寸是720像素×1280像素，其对应的屏幕密度是xhdpi。
- Android设备根据屏幕的像素密度不同可分为ldpi（低密度）、mdpi（中密度）、hdpi（高密度）、xhdpi（超高密度）、xxhdpi（超超高密度）和xxxhdpi（超超超高密度）几种。
- 在设计中，运用网格系统需要四个步骤，依次是定义最小单元格、设置列数、设置边距以及定义水槽宽度和卡片（版块）纵向间距。

本章实训——设计购物 App 界面

本实训设计购物App界面，效果如图3-71所示。

首页

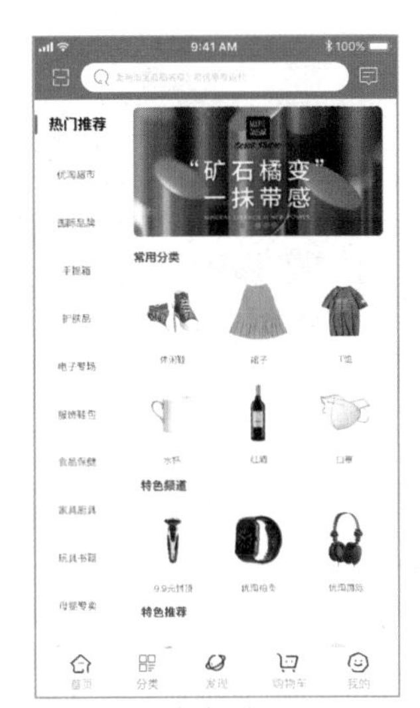

分类页

发现页

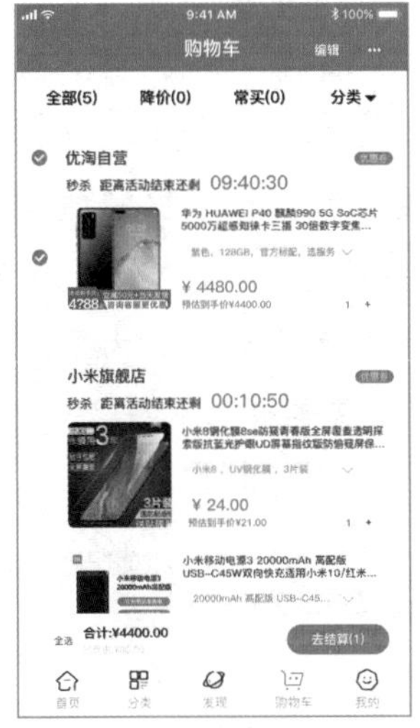

购物车

详情页

我的

图 3-71　购物 App 界面

设计思路

制作App页面前，首先要根据App的基本结构图确定页面的数量和各页面之间的逻辑关系，然后根据App的特点选择恰当配色，规划页面的布局和细节元素。

(1) 分析基本结构图。如图3-72所示为购物App的基本结构图。

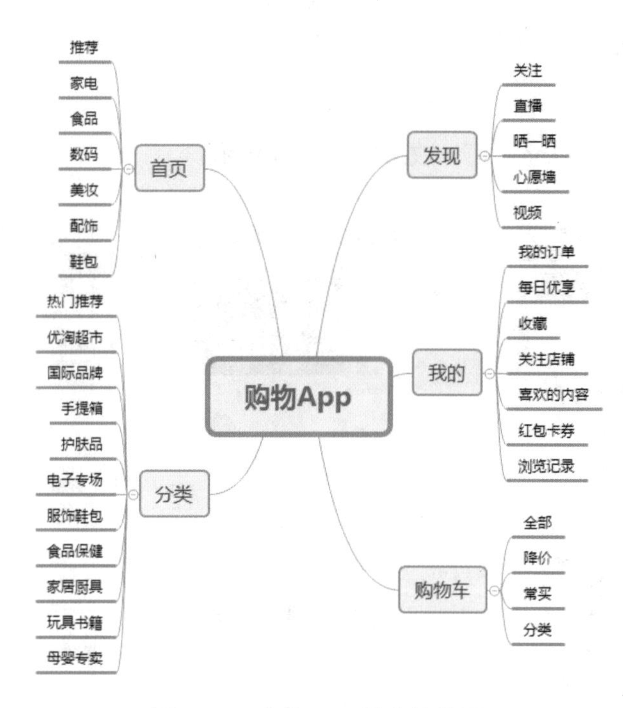

图 3-72　购物 App 基本结构图

(2) 确定配色。红色、橙色和黄色属于暖色，运用到页面中能潜移默化地增加用户的购买欲望，且竞品（如天猫、淘宝、京东、拼多多等）的界面主色也基本是暖色，因此设计时以红色和橙色为主色。

(3) 页面布局。购物App中每天都有特卖商品的广告发布，因此运营气氛强烈，页面中可多设置运营位，如首页的Banner、瓷片区，分类页的Banner，发现页的关注版块，我的页面的每日优享版块等。另外，由于购物App中商品繁多，为了便于顾客快速找到所需商品，除需要设置搜索栏和导航栏外，还需要单独制作“分类”页面并在其中增加纵向导航栏。

(4) 页面细节。处理头像时为头像的圆形剪贴蒙版添加白色外描边，避免用户将头像设置为红色时与背景融合，无法区分头像，如图3-73所示。

案例提示

商品多、文案多是购物App的特点之一，设计时稍不注意就会使页面很乱，影响页面效果。本实训的设计难点主要在于图片和文案的处理。

(1) 在选择图片时，应选择宽高比相同、颜色与主色呼应、整体效果统一的图片（如图3-74所示），这样可以确保页面的整体颜色统一，图片整齐有序。

若无法找到合适的图片，则可在并列放置时为它们添加相同颜色和尺寸的背景，从而使页面效果整齐规范，如图3-75所示。

图 3-73　头像效果

图 3-74　合理选择图片

图 3-75　商品图片展示

（2）在处理文字时，可通过控制字号、字体样式、颜色、间距等强调主要信息，削弱次要信息，如图3-76所示。

图 3-76　分类页中的字体设置

德育讲堂

2021年6月2日，华为鸿蒙系统（Harmony OS）发布，这是一个面向全场景的分布式操作系统，在未来有望实现“超级终端”。

该系统除了注重对底层程序的开发，也开始注重设计规范。同年6月8日，鸿蒙系统专属的全新默认字体HarmonyOS Sans正式上线。该字体聚焦于功能性、普适性，是一款多语言的可变字体，目前支持简体中文、繁体中文、拉丁、西里尔、希腊、阿拉伯等5大书写系统，105种语言全球化覆盖，并在保障字体功能的前提下，在人文感和现代感中找到了新的平衡。该字体与iOS系统和Android系统的默认字体相比，与中文匹配度更高，易读性更强，更加简约且富有科技感，在不同尺寸的屏幕上都能获得清晰的显示效果。

这款操作系统的发布意味着我们有了自己的移动操作系统，专属字体的发布又表明我们的系统也要有属于自己的设计规范了，这预示着改变操作系统全球格局的序幕即将拉开。

04

第 4 章 网页界面设计

章前导读

随着互联网的发展和普及，网络已成为人们获取信息的重要途径，而网页是直接向人们提供信息的新媒体，其界面设计的好坏也成为影响人们浏览体验的重要因素。本章首先介绍网页界面设计的基础知识和设计规范，然后通过实战案例讲解网页界面的一般设计方法和技巧。

素质目标

- 认真学习设计规范，将理论知识应用到实际操作中。
- 开阔眼界，提高分析界面、布局规划的能力。

学习目标

- 了解网页界面的组成。
- 了解常见的网页界面布局及版块规划技巧。
- 了解网页界面设计的要点。
- 了解网页界面设计的尺寸规范。
- 了解网页界面设计中常用的字体和字号。
- 掌握网页界面的一般制作方法。

4.1 网页界面设计的基础知识

网站是企业、单位或个人通过互联网对外宣传的重要窗口，精美的网页界面对于提升品牌或个人形象至关重要。网页界面设计主要是根据网站要向浏览者传递的信息（包括产品、服务、理念、文化等），对网站的功能进行规划，对界面的效果进行设计和美化。在设计网页前，UI设计师首先要了解网页界面的组成、常见的网页界面布局及版块规划技巧等基础知识，为网页界面设计打下理论基础。

4.1.1 网页界面的组成

网页界面一般由页首、主体内容和页脚三部分组成（如图4-1所示），下面分别介绍。

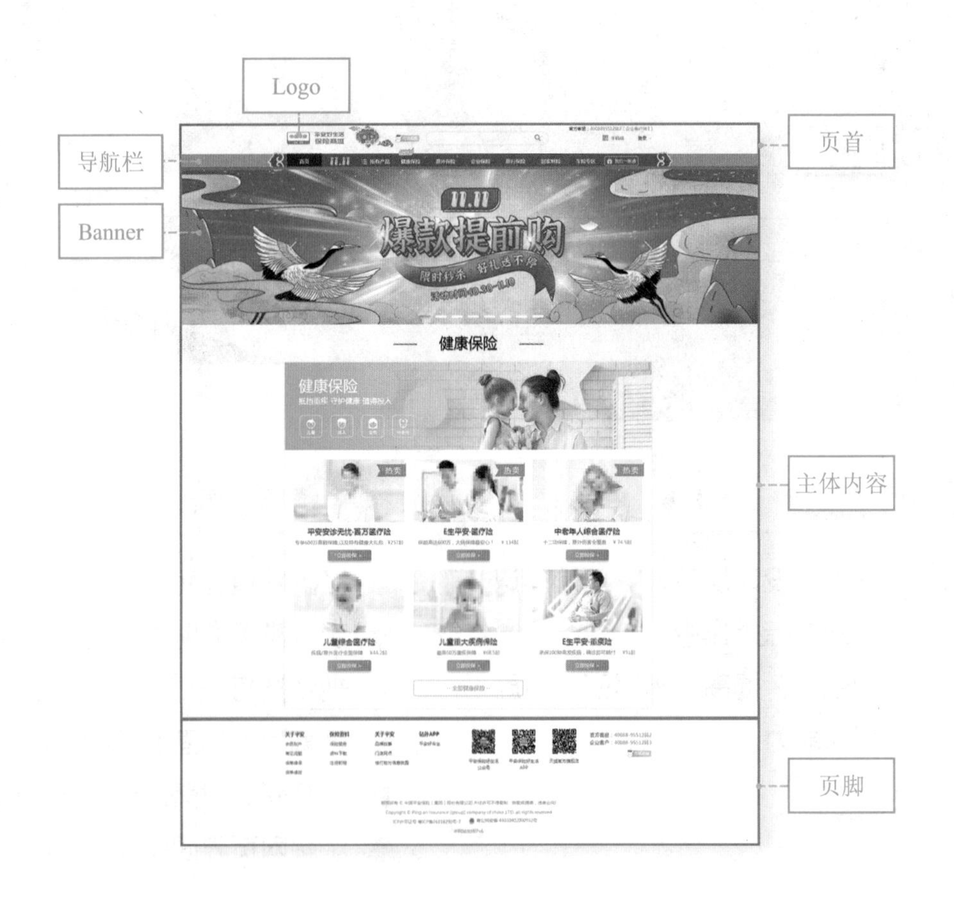

图4-1 网页界面组成

1. 页首

页首位于整个网页的顶部，一般由Logo和导航栏等组成，是网页的重要功能区域，在整个网站中占重要地位。

Logo是网站的标志，代表了网站的形象，在网站的宣传和推广中起着非常重要的作用。Logo通常放在网站页面的左上角，也可根据需要放在其他位置，如图4-2所示。

图4-2 网站Logo

网站导航栏是导航项的集中展示区域，浏览者可以通过单击导航栏中的导航项快速切换页面内容，浏览网站中对应的信息。导航栏的高度没有具体限制，在设计时可根据实际情况合理安排。例如，对于内容不多的网站，可使用简洁、清晰的单行导航栏；而对于栏目多，信息量大的综合类网站，通常会将导航栏按类别分成多行，以便浏览者快速了解并浏览网站内容，如图4-3所示。

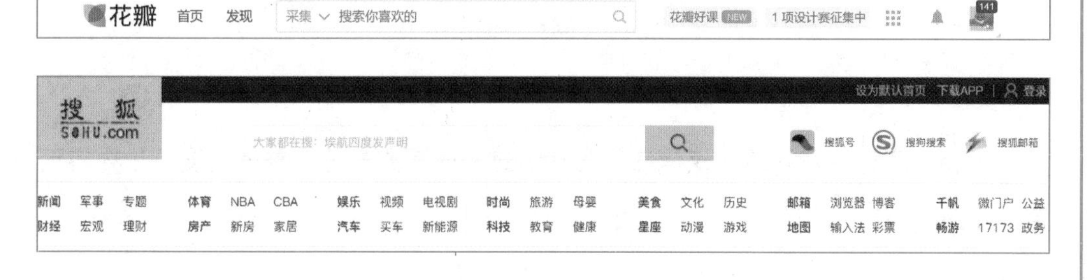

图4-3 不同类型的导航栏

2. 主体内容

从组成元素看，网页主体内容主要由图像和文字组成，这些元素是网站信息输出的主要载体。

网页中的图像主要有网页广告、产品图像、装饰图像、按钮和图标等，它们不仅能直观地表达信息内容，还能装饰网页，增加网页的吸引力，提升浏览者的浏览体验等，如图4-4所示。

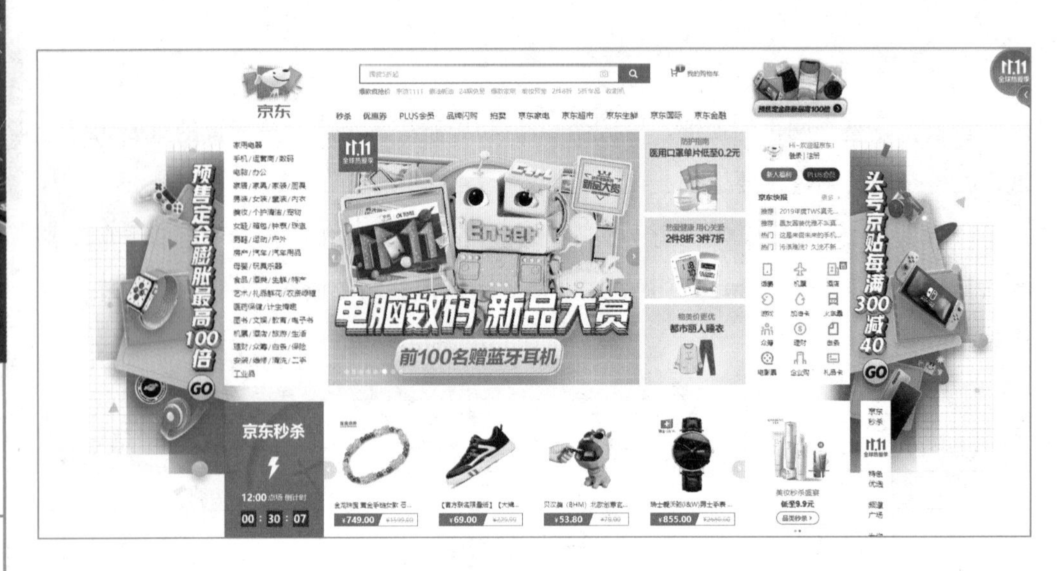

图4-4　网页中的图像

文字是网页的主要内容，在网页界面设计中可以通过对文字的字体、字号、颜色、行距、对齐方式，以及文本版块的底纹和边框等进行设计，使其既能发挥传达信息的作用，又能起到装饰页面的作用，如图4-5所示。

图4-5　网页中的文字

3．页脚

页脚一般包括网站的版权信息、备案信息和联系方式等，整体高度可依内容而定，如图4-6所示。

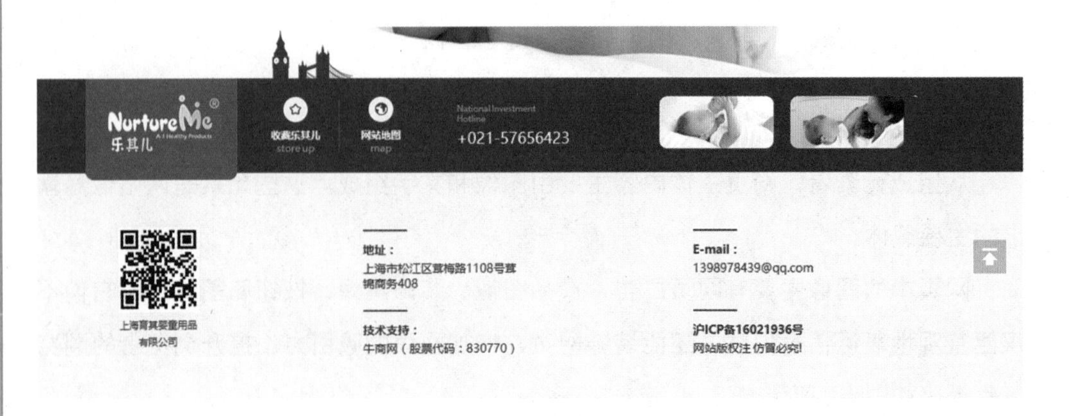

图4-6　页脚

4.1.2 常见网页界面的布局

网页精彩与否不仅在于网页的色彩搭配、文字变化、图像处理，还在于网页界面的布局安排。常见网页界面的布局有工字型、国字型、POP型、对称型和分割型等，下面简要介绍这几种布局类型。

1. 工字型

工字型布局的网页页首和主体内容中的Banner一般采用通栏形式，铺满网页的首屏区域，Banner以下的主体内容以相对窄一些的宽度整齐排列直至页脚，页脚则与页首呼应，采用通栏形式安排基本信息，如图4-7所示。采用工字型布局的网页能给浏览者整齐、干净的感觉，适用于购物类、服务类企业网页。

2. 国字型

国字型布局的基本形式是将网站的Logo、导航栏及Banner等置于顶部，下方安排网页的主体内容，其中主体内容的左、右两侧分别安排导航菜单、广告或其他栏目，最后由页尾组成“国”字的底部边框，将主体内容包围，如图4-8所示。国字型网页布局适用于门户、购物类等内容丰富的大型网站。

图4-7　工字型网页布局

图4-8　国字型网页布局

3．POP型

POP的概念引自广告术语“卖点广告”，其特点是以一张精美的图片作为页面的设计中心，通过合并或调整字体颜色弱化或简化导航项，突出主体内容，页面效果如同一张宣传海报，如图4-9所示。POP型布局的优点是页面设计简洁、优美，具有极强的视觉冲击力，缺点是网页打开速度慢。

图4-9　POP型网页布局

4．对称型

对称型布局是指采用左右或上下对称的方式安排网页内容，以增加网页的秩序感和视觉冲击力。如图4-10所示是典型的对称型网页布局，该网页左侧的文案和右侧的图像为对称关系，这样布局的页面能给人强烈的秩序感，从而给浏览者留下深刻的印象。

图4-10　对称型网页布局

5．分割型

分割型布局是将网页内容安排在多个大小不同的版块中（内容多的、重要的版块面积大，反之版块面积小），再像拼图一样，将版块拼合为一个完整的页面。常见的分割方式有斜线分割、块面分割、主题分割、等距分割等。使用分割型布局的网页主次分明，形式感极强，能将内容的重要性和层次性体现在网页上，从而引导浏览者按顺序进行阅读，如图4-11所示。

图4-11 分割型网页布局

知识链接

无论采用哪种布局，在网页界面设计中都可以运用网格系统来约束内容的位置和尺寸。与App界面设计相同，网页界面设计的网格系统同样由单元格、列、边距、水槽宽度和卡片纵向间距组成。

单元格：8像素长度是最常用的最小单元格边长。

列：常用的列数为12列和24列，其中12列适用于业务信息分组较少的界面设计中，24列适用于业务信息分组较多的界面设计中。

边距：网页界面设计主要在安全宽度内进行，因此安全宽度以外的区域（即边距）会预留很多，无须在安全宽度内额外设置边距。

水槽宽度和卡片纵向间距：可以最小单元格为增量统一设置为8像素、16像素、24像素、32像素或40像素等。

4.1.3 网页布局的技巧

网页中版块的位置、大小、间距及叠加关系等，是网页布局中非常重要的内容，如果处理不当很容易造成网页界面效果呆板或混乱，降低浏览者的浏览体验。下面介绍几种常见的网页布局技巧。

1．延伸

当网页中两个版块的内容有所关联时，通常会将两个版块居中对齐进行布局，这样的布局方式会导致版块之间分界线明显、过渡生硬，如图4-12（a）所示；而如果将较小的版块延伸到较大的版块上，使两个版块重叠一部分，则可以很好地打破两个版块之间的分界线，既增强了网页的活力，又能使两个版块的信息更有连续性，如图4-12（b）所示。

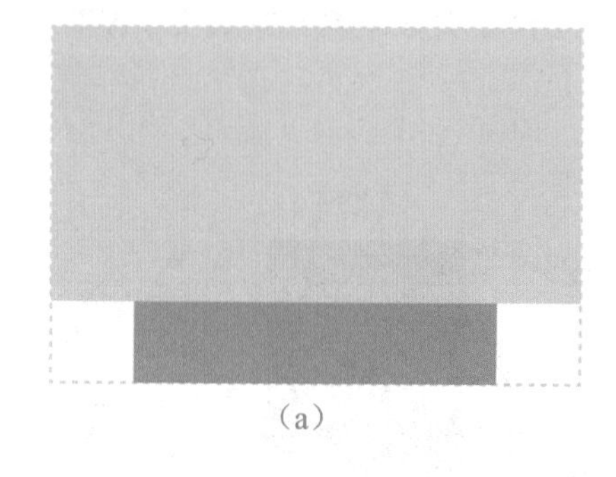

（a）

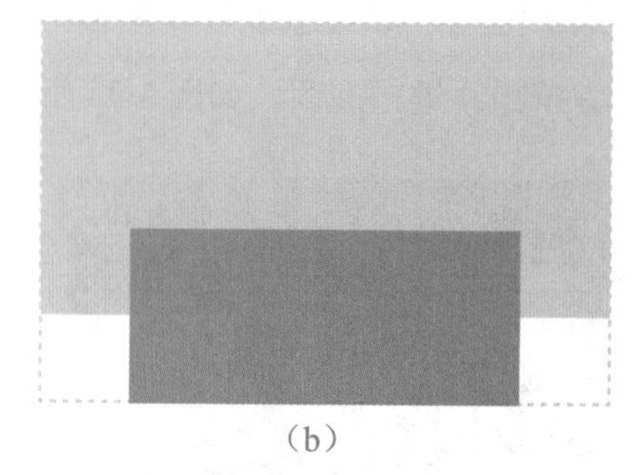

（b）

图 4-12　版块的对齐与延伸

图4-13的网页中，设计师将分类版块向上延伸，使其一半内容覆盖部分Banner内容（未覆盖Banner的主要内容），增强了Banner版块与分类版块的联系。

图 4-13　采用版块延伸处理的网页

2．曲线

网页中版块与版块之间通常使用直线进行分割，这样的布局方式虽然不会出错，但过多的直线可能让界面看起来呆板，如图4-14（a）所示；而通过改变分割线的形状（如将直线改为曲线、折线等）能有效地解决这个问题，如图4-14（b）所示。需要注意的是，虽然两个版块在效果上呈现出曲线过渡，但实际上版块的形状依然是矩形，只是上方版块底部填充了白色的曲线形状。

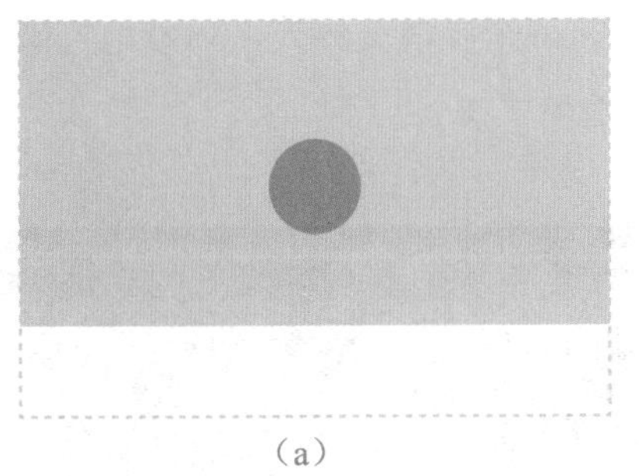

(a)

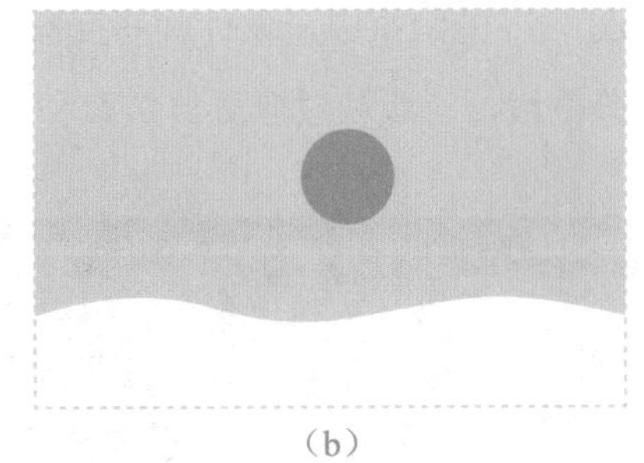

(b)

图 4-14　用直线和曲线分割版块

图4-15是一家教育机构网站页面，该页面用柔和的曲线分割版块，不但使版块之间的过渡更加自然，还充分体现了该教育机构的教育宗旨：让教育变得更加柔软和温暖。

图 4-15　采用曲线分割的版块布局

3．过渡

目前，对称型是比较流行的网页布局方式之一。采用对称型布局的界面简洁大气，能够有效避免因图片与文字叠加造成的混乱，但由于对称版块的颜色、样式不同，分割线会十分明显，导致版块间过渡生硬，如图4-16（a）所示。此时，可将与版块内容相关的元素置于两个版块之间，对版块进行过渡处理，如图4-16（b）所示。

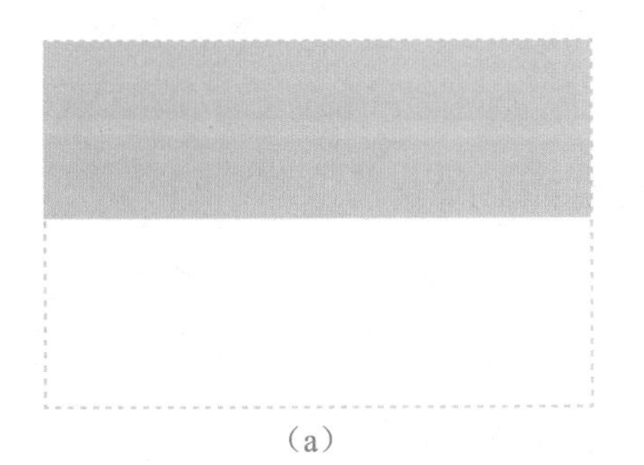

(a)

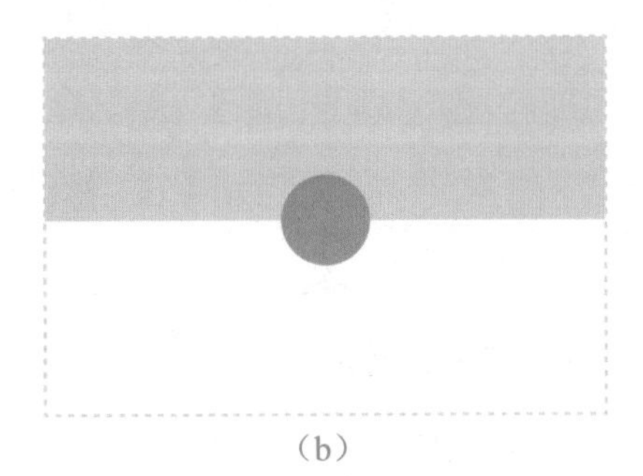

(b)

图 4-16　版块之间过渡生硬和过渡自然

图4-17的网页中，设计师将产品图片叠压在两个版块交界处，巧妙地打破了生硬的分割线，让版块过渡更自然柔和，为界面增加了活力。

图4-17　采用产品图片过渡的对称布局

4．隐藏

对于POP型界面布局来说，将图像中的所有信息集中放在版块中的某个位置会使页面显得小气、单薄，如图4-18（a）所示。而通过提炼信息内容，保留主要信息，隐藏次要信息，适当放大信息内容，则能使页面显得简洁、大气，如图4-18（b）所示。

图4-18　版块内容的全显和部分隐藏

图4-19是一家设计类网站界面，该界面以多个精简化的图片作为装饰元素，且图片只保留最具特色的部分，将重复、次要的部分置于屏幕外，从而更有利于突出重要信息，同时也让画面有一定的延伸感，看起来更加大气。

图 4-19　隐藏次要信息的 POP 型页面

5．层叠

网站的宣传版块通常采用图文结合的形式，而图文平铺是最基本的信息排列方式，它能使页面显得整洁利落，如图4-20（a）所示。如果将图片、文字等信息进行层叠，打破传统的左右、上下布局，则能增加画面的层次感，使枯燥的图文说明方式更具设计感，如图4-20（b）所示。

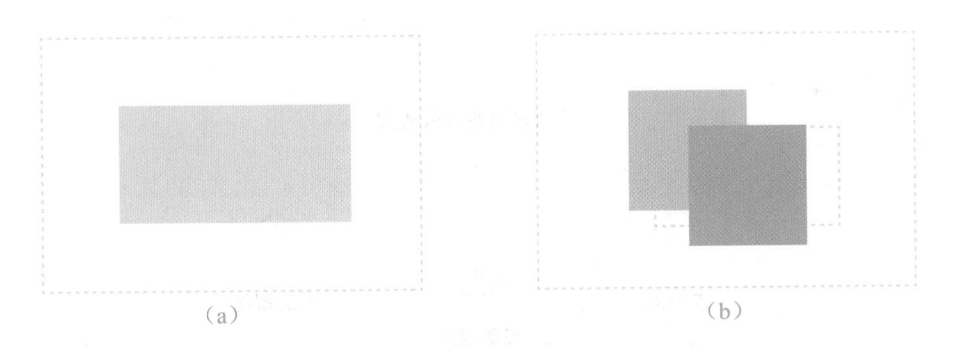

图 4-20　版块的平铺和层叠

图片和文字的层叠布局虽然可以让画面充满动感，但需要注意的是，层叠方法应做到“形散神不散”，页面看似随意，实际上是经过设计师精心设计的。如图4-21所示的页面中，人物图片与其顶部的文字是左对齐，蝴蝶图片（包括白色

图 4-21　采用图文版块层叠布局的效果

背景）与其右侧的文字是底对齐。

6．错位

在网页布局时通常会遇到级别相同的多个版块，可将这些版块一字排开，使它们保持相同的间距，这样能给人规矩、整齐的感觉，如图4-22（a）所示。如果稍加改变，将同级别的版块错位排列，则可提升页面的亲和力并增加动感，如图4-22（b）所示。

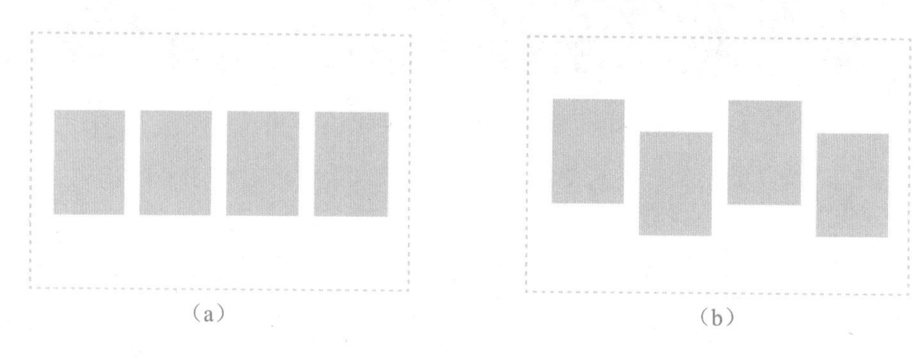

图 4-22　同级别版块的对齐和错位

图4-23的界面中，3个版块以波浪式错位排列，与一字排列版块的方式相比，虽然只是稍微改变了一个版块的位置，但是整个界面立刻充满了韵律感。

新科技改变办公模式

大数据
Big data

增强现实
Augmented reality

人工智能
Artificial Intelligence

图 4-23　采用版块错位排列的布局效果

4.1.4　网页界面设计的要点

网页界面的最终展示对象是网站浏览者，因此在设计网页时不能“埋头苦干”，而应该换位思考，根据网站的类型和定位，将自己想象成浏览者来设计作品。具体来说，网页界面设计的要点包括以下几点。

1．风格定位

网站风格指浏览者对网站的整体印象，它体现了网站的思想倾向和文化内涵。风格定位是网页设计的基础，恰当的风格有助于浏览者准确地解读信息。例如，图书类期刊网站一般给人严肃、庄重的感觉，娱乐休闲类网站则应给人活泼、热闹的感觉，如图4-24所示。

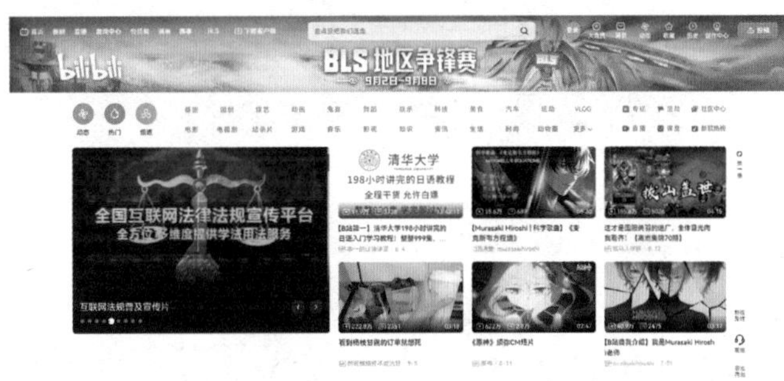

图4-24　不同风格的网页

需要注意的是，网站风格受配色的影响较大，UI设计师在与客户充分沟通，了解其定位需求后，首要任务是确定合适的配色。

2．整体统一

整体统一是一个网站展现自己独特风貌的重要手法。要保证网站整体的统一性，可以从页面布局和网页风格入手，使首页、栏目页、内容页等页面版式一致，且遵循统一的风格。例如，使用同样的背景颜色，页边距保持一致，图片之间的间距统一等，如图4-25所示。

3．重视浏览体验

网页最重要的功能就是传递信息，优秀的网页界面设计一般都会从浏览者的角度出发，尽可能地优化信息层级，减少过多炫酷、无实际作用的动效，从而提升浏览者的浏览体验。

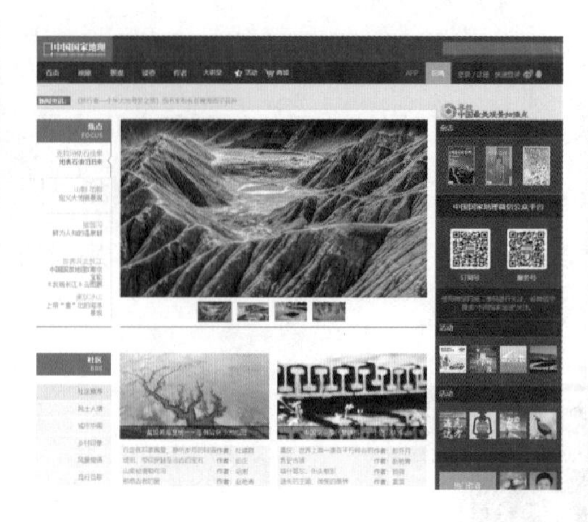

图 4-25　中国国家地理网站的首页和画廊页

4. 强调重点

为便于浏览者浏览，网页界面应干净整洁，信息也要条理分明。当有很多重要程度不同的内容需要展示在同一界面中时，UI设计师需要将它们分级，有意识地通过形态、大小、方向、疏密、色彩、质感等形成对比，强调重要内容，使其成为整个界面的焦点。

4.2　网页界面设计的规范

网页界面设计规范主要包括尺寸规范，以及字体、字号规范等。

4.2.1　尺寸规范

1. 网页尺寸

设置网页尺寸是网页设计的第一步。其中，网页的高度一般没有限制，可根据网页内容灵活设置，而网页的宽度主要分定宽和自适应两种模式。在定宽模式下，网页内容区域宽度固定；在自适应模式下，网页内容区域宽度跟随浏览器自动变化。此处仅针对定宽模式进行介绍。

与网页宽度息息相关的就是显示器宽度了，而显示器又有很多不同的尺寸，具体按照哪一种来设计呢？这就需要考虑显示器的应用情况了，UI设计师需要根据市场上不同分辨率的显示器占比情况来确定网页尺寸。根据百度统计的最新统计结果，当前占比最高的是分辨率为1920像素×1080像素的显示器（如图4-26所示），因此在设计一般网页时可以1920像素为依据设置网页宽度。

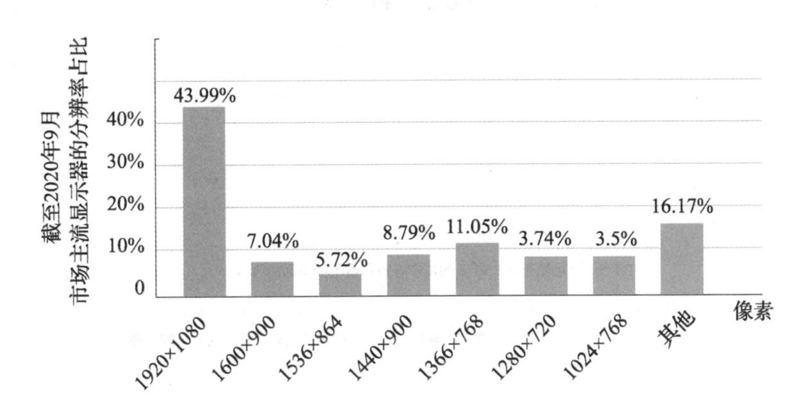

图 4-26　市场主流显示器的分辨率占比（数据来源：百度统计）

具体到不同类型的网站，其宽度设置也会不同。例如，为某企业设计Web管理系统时，如果其设备统一宽度是1440像素以上的，那么就要以这个宽度为标准设计页面；如果要设计像淘宝那样满足所有人的网站，那么就要从最低的1024像素开始支持。

在确定了显示器的支持起点后，接下来就要确定网页内容区域的宽度了（又称为安全宽度）。用过Word的朋友应该知道，我们会给文档页面设置页边距，以避免文字内容直接贴在纸张边缘上。同理，网页内容区域的宽度小于显示器宽时，才能使左右产生留白，如淘宝的宽度为950像素，天猫和京东的宽度均为990像素，这样即便在1024像素宽的显示器上也能完全显示。

2. 首屏高度

首屏是用户打开网页后第一眼看到的画面。调查显示，一个网页首屏的关注度是80.3%，而首屏以下内容的关注度只有19.7%，因此，一般网页中最重要的内容会安排在首屏。

考虑到不同浏览器的结构不同，以及浏览者的显示器分辨率不同，在设计首屏内容时，需要预设一个安全高度，确保图片的核心内容不会因屏幕太矮被裁掉，因此，根据市场主流显示器的分辨率占比，首屏高度可设为720像素，核心内容高度可设为580像素，如图4-27所示。

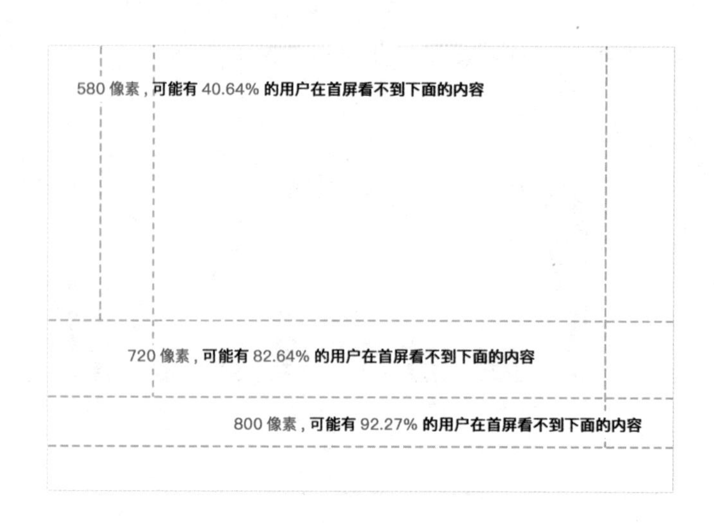

图 4-27　首屏高度

4.2.2　字体和字号

1. 常用字体

网页界面中常用的字体有微软雅黑、宋体、楷体和苹方等，英文和数字字体有Helvetica、Arial、Georgia、Times New Roman等。网页中的大段文字（不是图片上的文字）建议用默认字体（如宋体、黑体），否则缺少字体的用户可能会出现页面变形的情况。

2. 字号大小

与移动设备不同，用户在浏览网页时眼睛离显示器较远（通常以50 cm为佳），为便于浏览，常规文字的字号可设置为12像素、14像素、16像素、18像素等；标题、导航文字可设置为20像素、22像素、24像素等；大标题、横幅等可设置为30像素、36像素等。

4.3　案例实战——设计爱家网站页面

4.3.1　作品展示

本案例通过制作图4-28中的首页和商品详情页，介绍家居类购物网站页面的一般制作方法。

首页

商品详情页

图 4-28 爱家网站页面（部分）

4.3.2 设计思路

制作网站页面前，设计师首先要根据网站的基本结构图确定页面的数量和各页面之间的逻辑关系；然后根据网站定位和商品特点选择合适的风格和恰当的配色，规划页面的布局。

（1）分析基本结构图。图4-29为爱家网站的基本结构图。

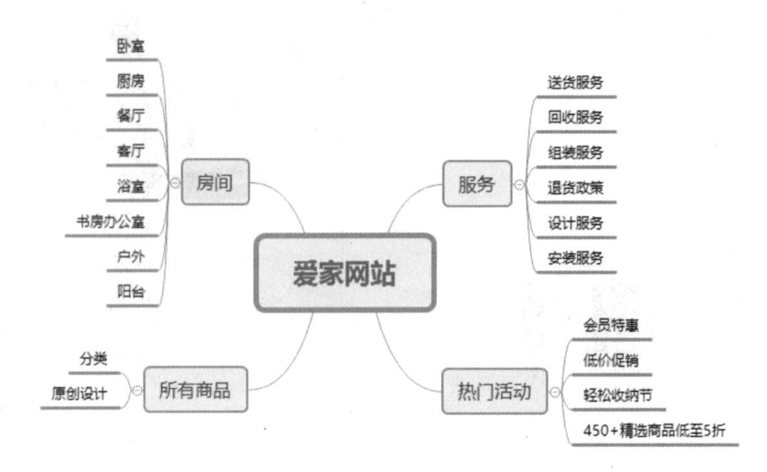

图4-29　爱家网站的基本结构图

（2）确定风格。爱家网站是一个出售高端家具，且可以提供优质售后服务的购物网站，因此网页界面风格确定为简约、清新。

（3）确定配色。网站Logo的颜色是深蓝色和黄色，因此网页的首选用色就是深蓝色和黄色，但考虑家庭是能给人带来温馨、安全、关爱的港湾，因此选择黄色（暖色）作为网页主色，深蓝色作为字体等装饰元素的颜色，以强调品牌颜色，加深用户对品牌的印象，渲染一种高端、大气又不失温度的页面效果。

（4）页面布局。首先利用网格系统将网页分为12列，确定安全宽度；然后采用工字型布局安排网页内容。

4.3.3　案例步骤

设计页首区和Banner

1．设计网站首页

由于页面较长，为便于教学和学习，此处将网站首页的制作分为页首区、Banner、其他内容区和页脚区四部分来讲解。

1）制作页首区

步骤1　启动Photoshop，单击“新建”按钮，在“新建文档”对话框中选择“Web”→“网页—大尺寸”选项，设置文档名为“首页”，高度为3880，取消勾选“画板”复选框，单击“创建”按钮新建文档，如图4-30所示。

步骤2　在菜单栏中选择“视图”→“新建参考线版面”选项，在“新建参考线版面”对话框中设置参数，然后单击“确定”按钮创建参考线，如图4-31所示。为防止误操作移动参考线，按“Ctrl+Alt+：”组合键锁定参考线。

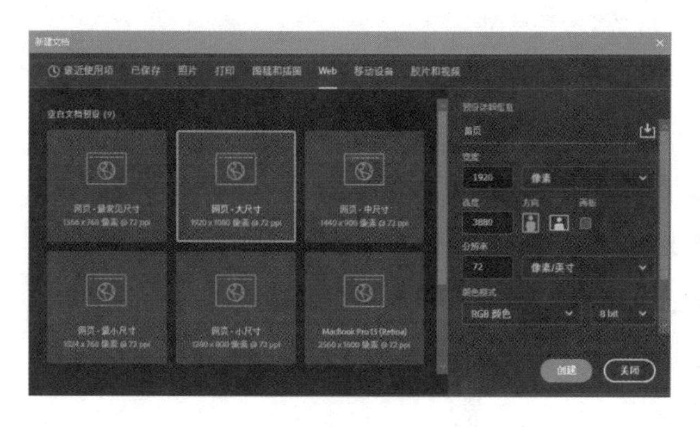

图4-30　创建“首页”文档

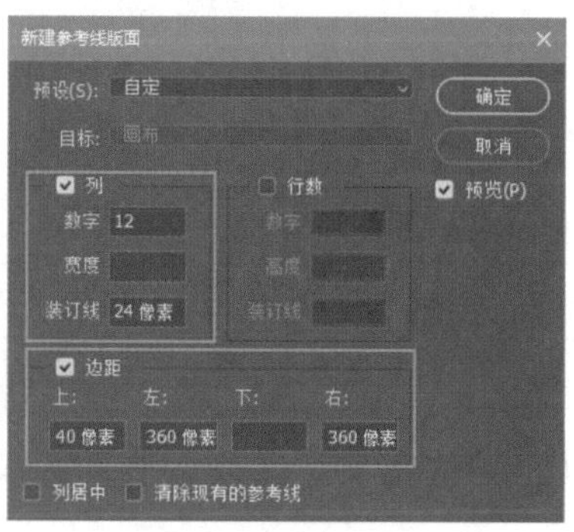

图4-31　设置参考线

步骤3　首先使用“横排文字工具”在页首依次输入文字“欢迎来到爱家”“注册”和“我的账户”，在“字符”面板中设置它们的参数；然后将后两项与最右侧的两条参考线右对齐，如图4-32（a）所示。

在水平参考线下方30像素处依次输入文字“所有商品”“房间”“热门活动”和“服务”，在“字符”面板中设置它们的参数，如图4-32（b）所示。

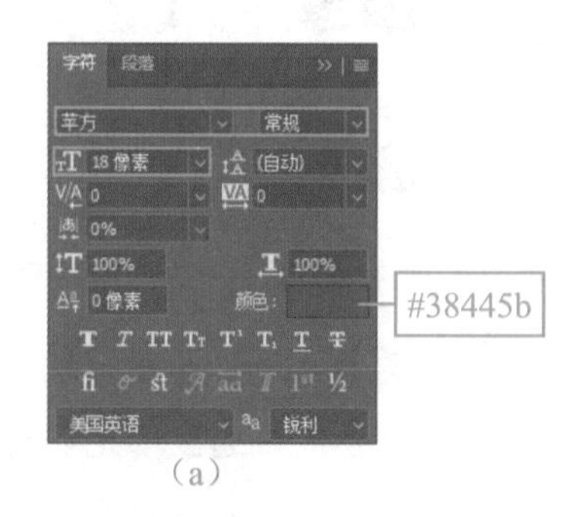

（a）

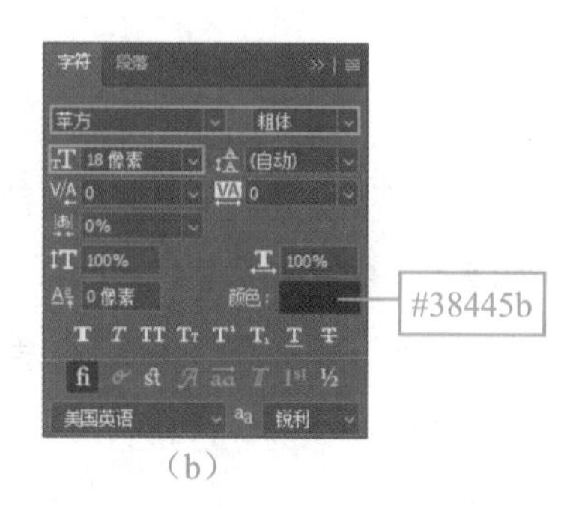

（b）

图4-32　输入页首文案

步骤4　使用“圆角矩形工具”在“所有商品”文字下方绘制一个大小为70像素×2像素，圆角半径为1像素，填充颜色为#ffd646的圆角矩形。

在“所有商品”文字右侧水平位置，贴近最右侧垂直参考线处绘制一个大小为130像素×24像素，圆角半径为12像素，无填充颜色，描边颜色为#333333，描边宽度为1像素的圆角矩形。

步骤5　首先按“Ctrl+O”组合键打开本书配套素材“素材与实例\Ch4\4.3\首页”文件夹中的“Logo.png”和“搜索.png”文件，使用“移动工具”将它们移至“首页”文档中合适位置，如图4-33所示；然后同时选中除“背景”图层外的所有图层，将它们编组并更改组名为“页首”。

图 4-33　导入素材并调整它们的位置

2）制作 Banner

步骤 1　使用“矩形工具”在黄色圆角矩形下方绘制一个大小为1920像素×584像素，填充颜色为#fafafa的矩形，然后打开本书配套素材“素材与实例\Ch4\4.3\首页”文件夹中的“家具.png”文件，将其移至“首页”文档中合适位置，如图 4-34 所示。

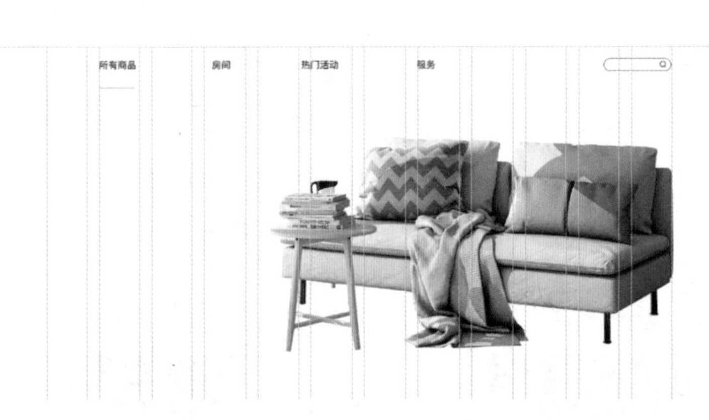

图 4-34　制作 Banner 背景并导入素材

步骤 2　选中“家具”图层，按“Ctrl+J”组合键复制“家具”图层，然后按住“Ctrl”键，单击“家具”图层缩览图，制作家具选区，接着再次选择“家具”图层，设置前景色为#333333，按“Alt+Delete”组合键为选区填充前景色，最后按“Ctrl+D”组合键取消选区。

步骤 3　选择“滤镜”→“模糊”→“高斯模糊”选项，在弹出的“高斯模糊”对话框中设置参数，然后单击“确定”按钮，接着使用“移动工具”将“家具”图层向下移动20像素，设置其不透明度为10%，最后将“家具”图层剪贴至“矩形1”图层中，如图 4-35 所示。

步骤 4　在“家具”图层上方新建图层，然后使用“钢笔工具”在家具区域绘制一个不规则的闭合路径，接着按“Ctrl+Enter”组合键将路径转换为选区。

首先选择“渐变工具”，单击工具属性栏中的渐变条，在弹出的“渐变编辑器”对话框中设置渐变参数；之后单击“确定”按钮；最后自下而上为选区填充渐变颜色，按“Ctrl+D”组合键取消选区，如图4-36所示。

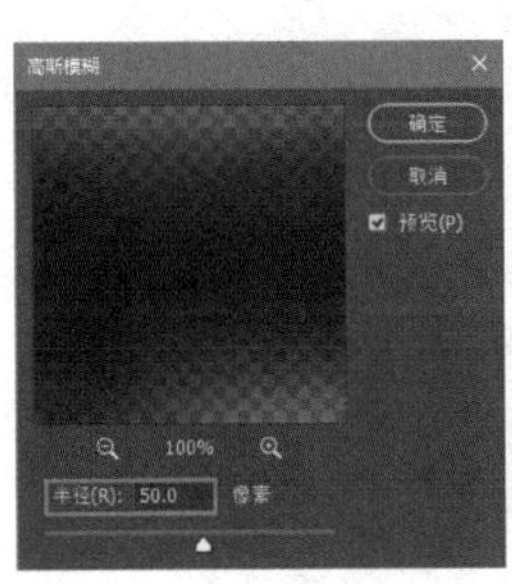
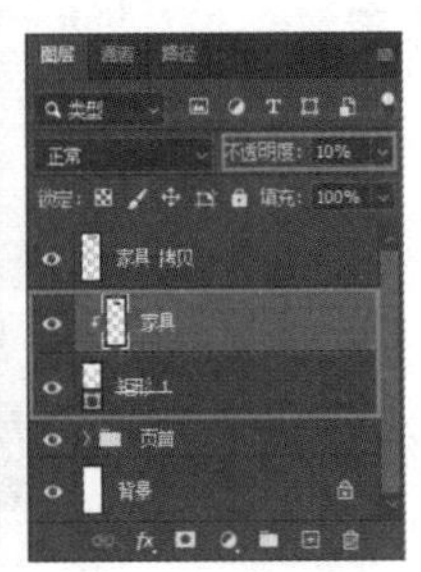

图4-35 制作沙发阴影

图4-36 制作渐变图形

提示

为什么在沙发后面添加不规则的渐变图形？原因有以下三点，一是该Banner内容较少，仅一个沙发素材会略显单薄；二是该形状与沙发阴影相似，可以丰富画面层次；三是该形状的颜色与网站Logo中的黄色相似，可以呼应网站Logo，强化用户对品牌的印象。

步骤5 使用“横排文字工具”在家具左侧贴近最左侧垂直参考线位置依次输入文字“北欧极简质感”（北欧文字后回行）和“针织亚麻纯天然材料”，然后在“字符”面板中设置它们的参数（除字号不同外，其余参数均相同），如图4-37所示。

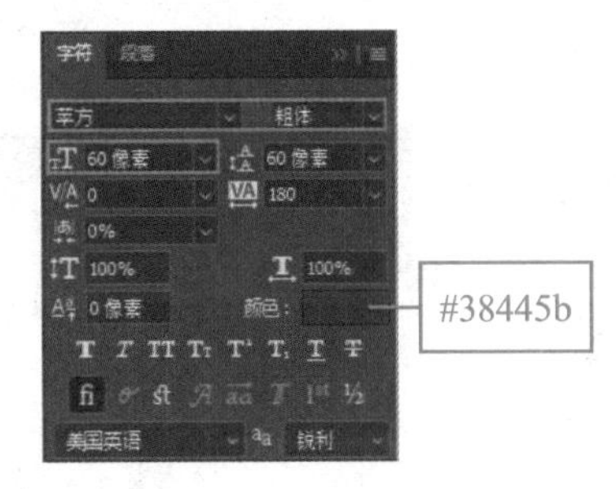

图4-37 输入Banner文案

步骤6　使用“圆角矩形工具”在文字“针织……”下方80像素处绘制一个大小为102像素×44像素，填充颜色为#897165的圆角矩形，然后新建图层，使用“横排文字工具”在圆角矩形上输入文字“了解一下”，在“字符”面板中设置参数，如图4-38所示。

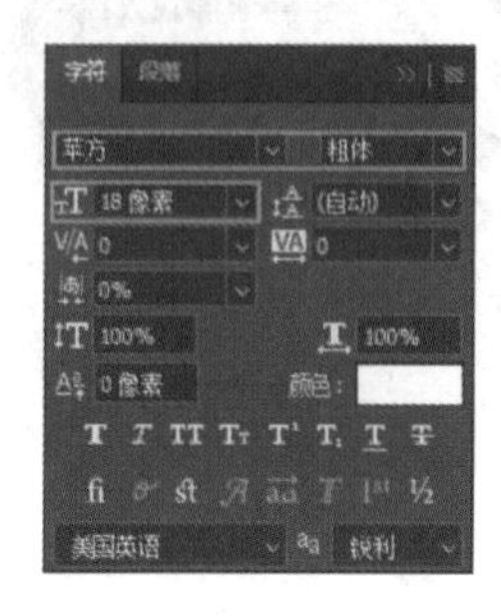

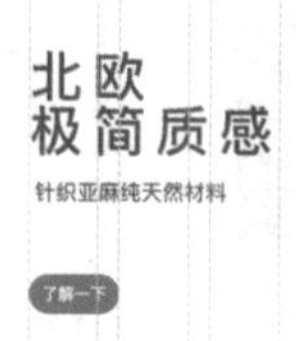

图4-38　制作按钮

为什么将按钮的颜色设置为#897165？原因有以下三点：一是该颜色吸取自图4-38左侧的红圈区域，按钮颜色与抱枕颜色能起到左右呼应的作用；二是该颜色属于暖色，符合网站风格和调性；三是该颜色与上方文字（北欧……）颜色形成冷暖对比，能起到相互衬托的作用。

步骤7　打开本书配套素材“素材与实例\Ch4\4.3\首页”文件夹中的“滚动点.png”文件，使用“移动工具”将其移至“首页”文档中合适位置，如图4-39所示。同时选中除“背景”图层和“页首”图层组外的所有图层，将它们编组并更改组名为“Banner”。

图4-39　导入并调整滚动点素材位置

3）制作其他内容区

设计其他内容区和页脚区

步骤1　制作分类图标。使用“椭圆工具”在“首页”文档中合适位置绘制一个直径为35像素，无填充颜色，描边颜色为#333333，描边宽度为2像素的圆形，然后按住“Alt”键，使用“矩形工具”在圆形下半部分位置绘制一个大小为46像素×20像素的矩形，如图4-40（a）和图4-40（b）所示。

步骤2　使用“移动工具”选中“椭圆1”图层，按“Ctrl+J”组合键复制该图层，然后按“Ctrl+T”组合键执行“自由变换”命令，右击变换框，在快捷菜单中选择“垂直翻转”选项，再按住“Shift”键适当等比例缩放圆形，按“Enter”键确定，如图4-40（c）和图4-40（d）所示。

步骤3　使用“矩形工具”在大半圆上方绘制一个大小为2像素×10像素的矩形，然后在小半圆下方绘制一个大小为2像素×5像素的矩形，如图4-40（e）所示。

步骤4　按“Ctrl+J”组合键复制“矩形3”图层，然后按“Ctrl+Alt+T”组合键执行“复制并变换”命令，按住“Alt”键，单击大半圆下边框的中心处，调整变换中心点的位置，如图4-40（f）所示。

将复制的矩形逆时针旋转36°，按“Enter”键确定，之后按8次“Alt+Ctrl+Shift+T”组合键复制并变换矩形，如图4-40（g）所示。

步骤5　使用“移动工具”选中多余矩形图层，按“Delete”键将它们删除，效果如图4-40（h）所示。

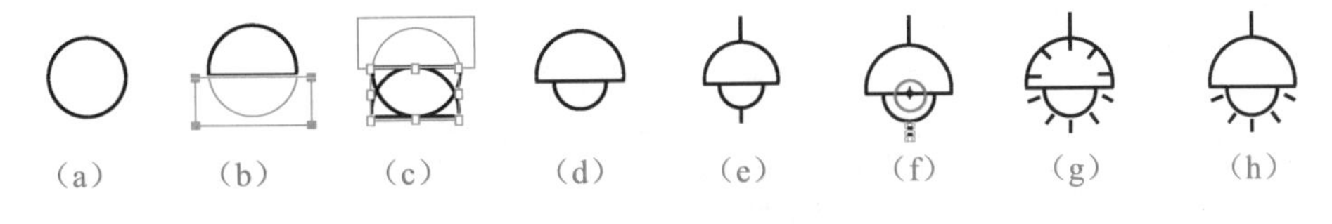

图4-40　制作灯具图标

步骤6　在“椭圆1”图层下方新建图层，使用“椭圆工具”在灯具图标右下角绘制一个直径为24像素，填充颜色为#e5e5e5的圆形，然后使用“横排文字工具”在灯具图标下方20像素处输入文字“灯具”，在“字符”面板中设置参数，如图4-41所示。

使用“移动工具”调整图层位置，最后将灯具相关图层编组并更改组名为“灯具”。

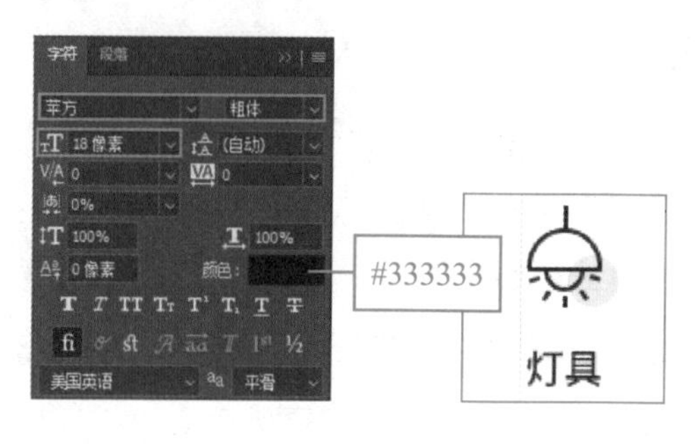

图 4-41　输入图标名称

步骤 7　打开本书配套素材“素材与实例\Ch4\4.3\首页”文件夹中的“橱柜.png”“单人椅.png”“沙发.png”“桌子.png”和“床具.png”文件，使用“移动工具”将它们移至“首页”文档中合适位置，如图 4-42 所示。最后同时选中分类相关图标，将它们编组并更改组名为“分类图标”。

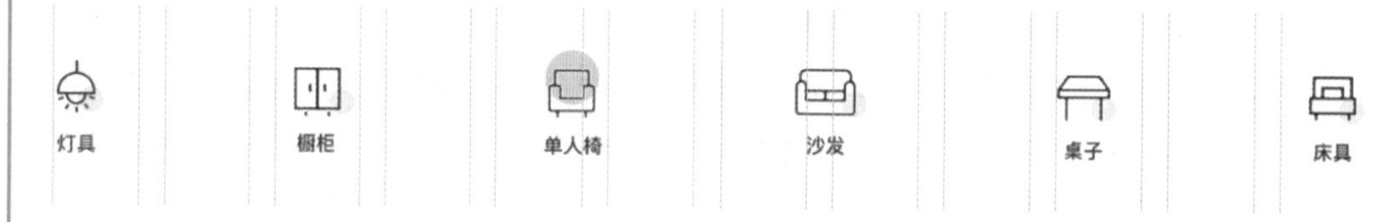

图 4-42　导入其他图标

步骤 8　制作分类版块内容。打开本书配套素材“素材与实例\Ch4\4.3\首页”文件夹中的“沙发 1.png”和“沙发 2.png”文件，使用“移动工具”将它们移至“首页”文档中合适位置，然后使用“横排文字工具”在合适位置输入文案，最后设置它们的参数（除字号外，其他参数相同），如图 4-43 所示。

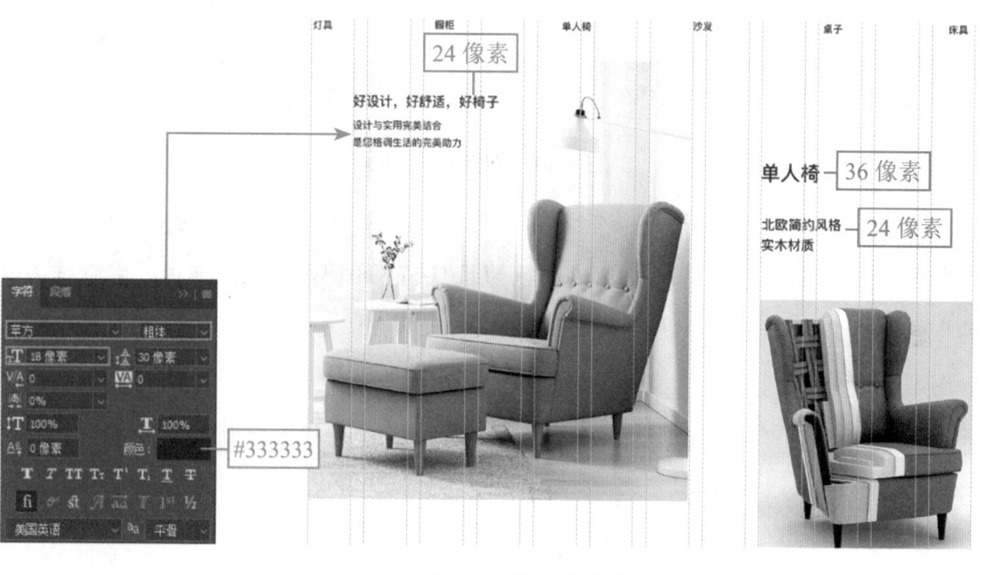

图 4-43　制作分类版块内容

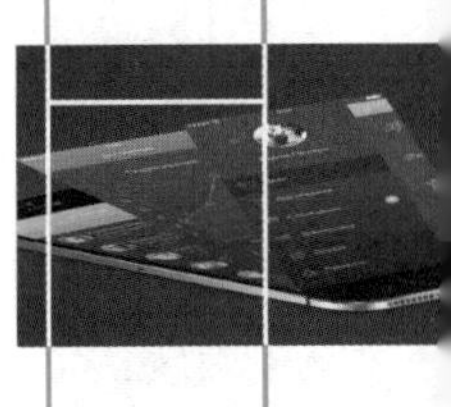

步骤9　在“沙发1”图层下方新建图层，然后使用“椭圆工具”在两个沙发图片之间绘制一个直径为600像素，无填充颜色，描边颜色为#ffd646，描边宽度为100像素的圆形，适当调整圆形位置后，设置其图层的不透明度为10%，如图4-44所示。最后同时选中分类版块相关图层，将它们编组并更改组名为“分类”。

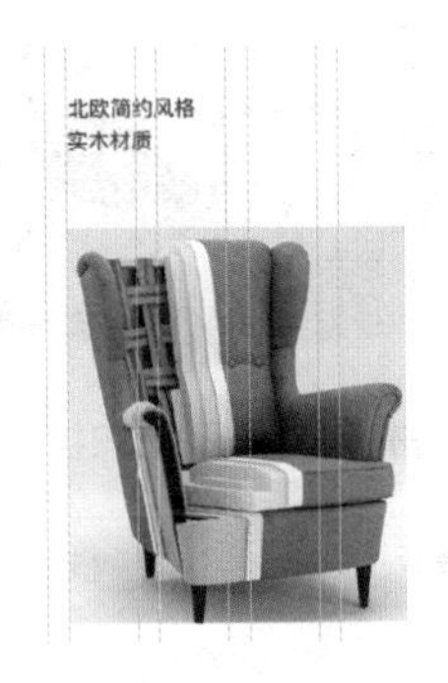

图4-44　制作背景装饰形状

提示　页面中的图片和文字间距较大，这样虽然能给人轻松、舒适的感觉，但也会给人松散、疏离，甚至是布局混乱的感觉。为此，可以适当添加符合网站调性的背景装饰图案，从而既起到装饰作用，又能将图片和文字联系起来，让页面散而不乱，进一步提升设计感。

步骤10　制作原创设计版块标题。使用“横排文字工具”在分类版块下方60像素处输入文字“原创设计”，然后在“字符”面板中设置字符参数，接着使用“矩形工具”在“原创设计”文字下方20像素处绘制一个大小为28像素×3像素，填充颜色为#333333的矩形，如图4-45所示。

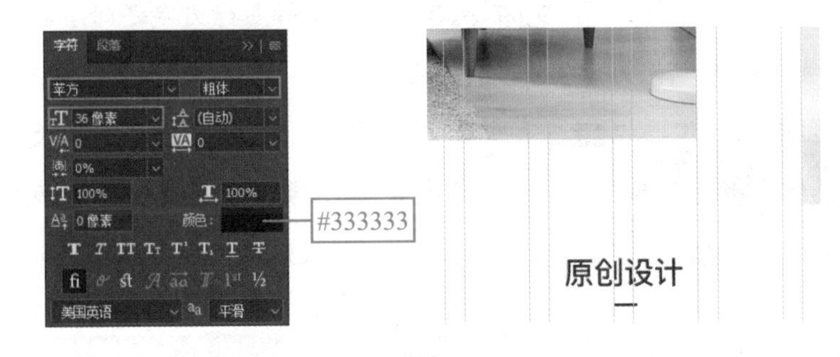

图4-45　制作原创设计版块标题

步骤11　打开本书配套素材“素材与实例\Ch4\4.3\首页”文件夹中的“长凳.png”和“斗柜.png”文件，使用“移动工具”将它们移至“首页”文档中合适位置（长凳图片距“矩形4”图形40像素，斗柜图片距长凳图片80像素），如图4-46所示。

图 4-46　导入素材并调整它们的位置

步骤 12　使用“横排文字工具”T在长凳图片右侧合适位置输入三组文案，然后分别设置它们的参数（第一行和第二行仅字号不同，其余参数均相同），最后使用“移动工具”调整各文字位置，使第一行与第二行文字相距30像素，第二行与第三行文字相距110像素，如图4-47所示。

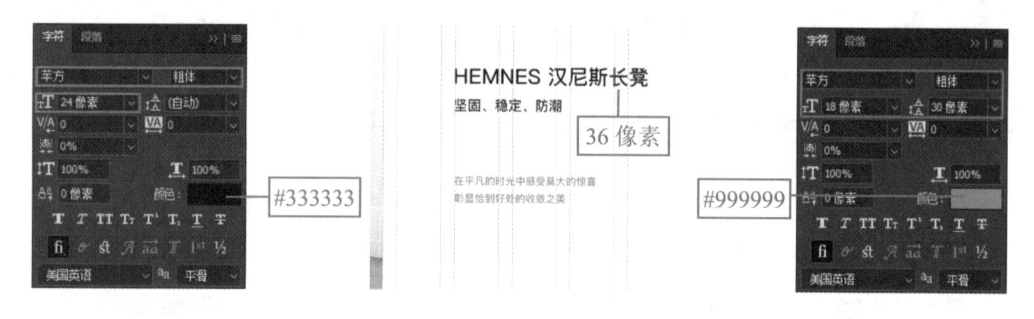

图 4-47　输入长凳文案

步骤 13　使用“矩形工具”在第二行文字和第三行文字之间绘制一个大小为3像素×62像素，填充颜色为#999999的矩形。

使用“圆角矩形工具”在第四行文字下方40像素处绘制一个大小为132像素×40像素，填充颜色为#d9bea3，圆角半径为20像素的圆角矩形。新建图层，使用“横排文字工具”T在圆角矩形上输入文字“加入购物车”并设置参数，如图4-48所示。

步骤 14　同时选中步骤12～步骤13中的图层，将它们编组并更改组名为“长凳文案”，然后使用“移动工具”同时选中“长凳文案”图层组和“长凳”图层，在工具属性栏中单击“垂直居中对齐”按钮调整文案位置。

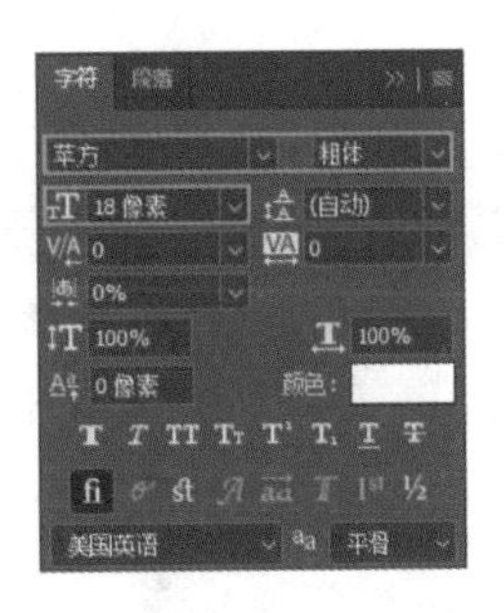

图 4-48　制作装饰形状和按钮

步骤15　选中“长凳文案”图层组，按住“Alt”键，使用“移动工具”向左下方拖动文案至斗柜图片左侧合适位置，释放鼠标左键复制长凳文案，然后修改文案内容，效果如图4-49所示。

图 4-49　制作斗柜文案

步骤16　打开本书配套素材“素材与实例\Ch4\4.3\首页”文件夹中的“柜子1.png”“柜子2.png”和“柜子3.png”文件，使用“移动工具”将它们移至“首页”文档中斗柜图片下方80像素处，并均匀分布在网页安全宽度内。

使用“横排文字工具”在各柜子图片下方40像素处输入文字，并设置它们的参数，如图4-50所示。

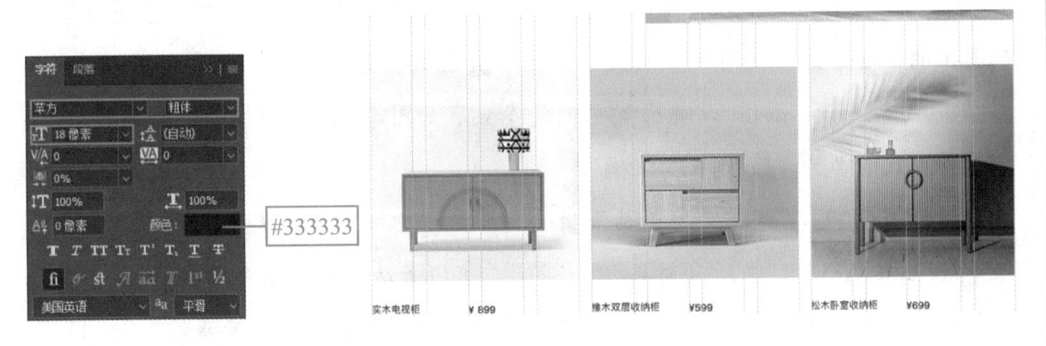

图 4-50　导入素材并输入文案

图 4-51　制作背景装饰形状

步骤17　参考分类版块中制作圆环背景图案的方法，使用“椭圆工具”在原创设计版块合适位置绘制两个大小不一的圆环，使它们连接图片和文案，如图4-51所示。同时选中原创设计版块相关图层，将它们编组并更改组名为“原创设计”。

4）制作页脚区

步骤1　使用“矩形工具”在原创设计版块下方60像素处绘制一个大小为1920像素×374像素，填充颜色为#fafafa的矩形。

打开本书配套素材“素材与实例\Ch4\4.3\首页”文件夹中的“桌面.png”文件，使用“移动工具”将其移至“首页”文档中刚绘制的矩形上，然后将“桌面”图层剪贴至“矩形6”图层中，并设置“桌面”图层的不透明度为20%，如图4-52所示。

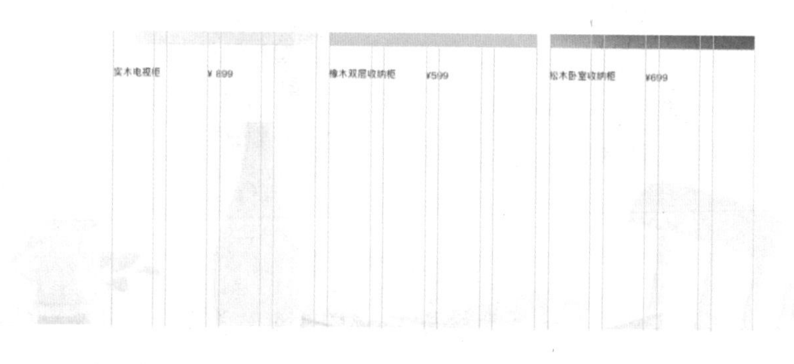

图 4-52　制作页脚底图

步骤2　打开本书配套素材“素材与实例\Ch4\4.3\首页”文件夹中的“Logo.png”和“二维码.png”文件，使用“移动工具”将它们移至“首页”文档中合适位置。

选中“二维码”图层，按“Ctrl+J”组合键复制二维码图层，并调整复制二维码图像的位置，最后使用“横排文字工具”在二维码图片上方20像素处分别输入文字“微博”和“微信”，并设置它们的参数，如图4-53所示。将本步骤相关图层编组并更改组名为“Logo和二维码”。

步骤3　使用“横排文字工具”在Logo右侧水平位置依次输入文字“网站导航”“NAVIGATION”“所有商品”“房间”“热门活动”和“服务”，并设置它们的参数，如图4-54所示。将本步骤相关图层编组并更改组名为“网站导航”。

图 4-53　制作 Logo 和二维码版块

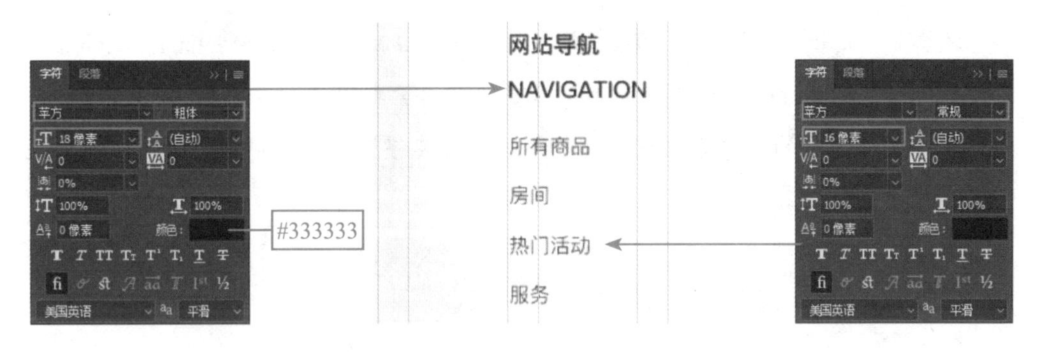

图 4-54　制作网站导航版块

步骤4　选择“网站导航”图层组，按两次“Ctrl+J”组合键，将该图层组复制两次，然后分别更改复制的内容和位置，接着在距页脚底部20像素处依次输入文字“© Inter……”和“隐私政策……”，并设置它们的参数（参数与步骤3中的小字相同），效果如图4-55所示。将页脚相关图层编组并更改组名为“页脚”。

图 4-55　输入页脚文案

2. 设计网站商品详情页

由于页面较长，为便于教学和学习，此处将网站商品详情页的制作分为页首和Banner区、“商品详情”区，以及“相似商品”和“大家都在看”版块三部分来讲解。

1）制作页首和 Banner 区

设计网站商品详情页

步骤1　参考“设计网站首页”中步骤1～步骤3的操作，首先创建一个大小为1920像素×5000像素，名称为“商品详情页”的文档，然后设置相同的参考线，最后打开本书配套素材“素材与实例\Ch4\4.3\商品详情页”文件夹中的“页首.png”文件，使用“移动工具”将其移至“商品详情页”文档中合适位置。

步骤2　使用“矩形工具”在页首图像下方绘制一个大小为1920像素×310像素，填充颜色为#fafafa的矩形，然后打开本书配套素材“素材与实例\Ch4\4.3\商品详情页”文件夹中的“组合沙发.png”文件，将其移至“商品详情页”文档中合适位置，如图4-56所示。

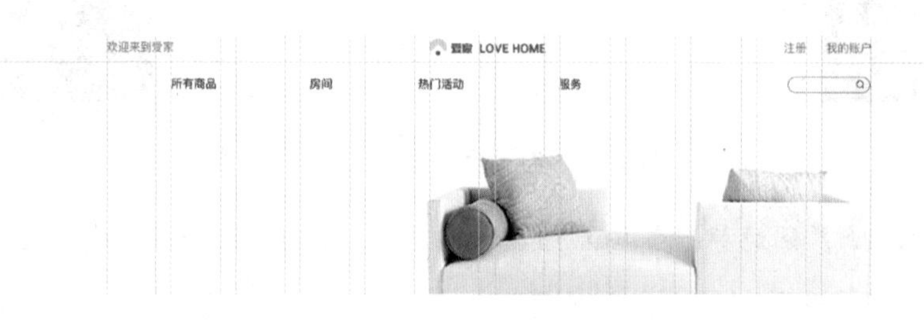

图 4-56　制作 Banner 背景并导入素材

步骤3　使用“横排文字工具”在组合沙发左侧合适位置依次输入文字“极致简约美”“Selected home furnishing products”和“精选家居良品 优质生活轻松拥有”（第三行文字除颜色外，其余参数与第二行文字相同），然后在“字符”面板中设置它们的参数，如图4-57所示。

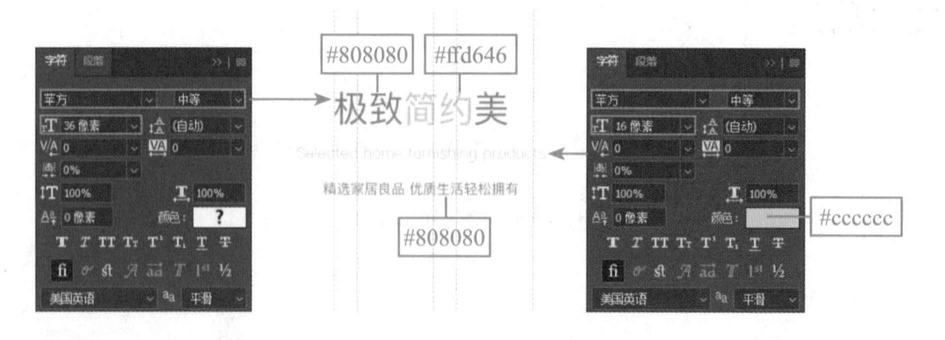

图 4-57　输入 Banner 文案

步骤4　使用“圆角矩形工具”在文字“精选家居……”下方30像素处绘制一个大小为90像素×36像素，无填充颜色，描边颜色为#c9ad9a，描边宽度为1像素，圆角半径为18像素的圆角矩形。

新建图层，使用“横排文字工具”T在圆角矩形上输入文字“更多”，并在“字符”面板中设置参数，如图4-58所示。同时选中Banner相关图层将它们编组并更改组名为“Banner”。

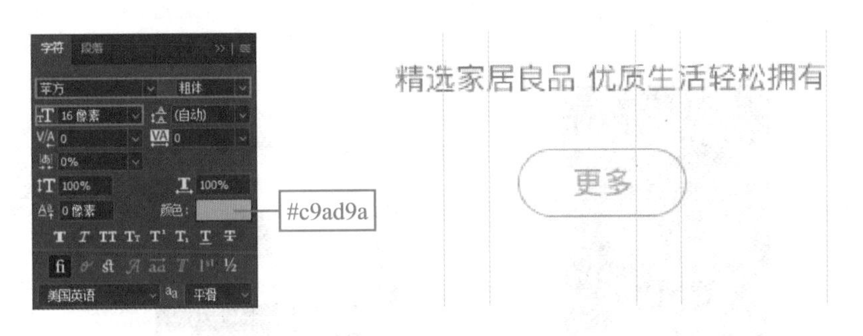

图4-58 制作“更多”按钮

2）制作“商品详情”区

步骤1 使用“横排文字工具”T在Banner下方40像素处依次输入文字“所有商品”“沙发”和“商品详情”，并在“字符”面板中设置参数。

打开本书配套素材“素材与实例\Ch4\4.3\商品详情页”文件夹中的“下一项.png”文件，使用“移动工具”将其移至“商品详情页”文档中“所有商品”和“沙发”文字之间，然后复制一个“下一项”图层，并将其向右移至“沙发”文字右侧，如图4-59所示。将本步骤中所有图层编组并更改组名为“面包屑导航”。

图4-59 制作面包屑导航

面包屑导航的作用是告诉浏览者他们目前在网站中的位置及如何返回。

步骤2 打开本书配套素材“素材与实例\Ch4\4.3\商品详情页”文件夹中的

"沙发主图.png"文件，使用"移动工具"将其移至"商品详情页"文档中面包屑导航下方30像素处。

使用"矩形工具"绘制一个大小为510像素×510像素，填充颜色为#fafafa的矩形，然后使用"移动工具"调整矩形至沙发主图右下方合适位置，最后在"图层"面板中调整图层顺序，效果如图4-60所示。

图4-60　导入素材并绘制形状

步骤3　使用"横排文字工具"在沙发主图右侧合适位置输入文字"NORSBORG……""双人沙发……"和"座位宽大……"，并在"字符"面板中设置参数，然后使用"移动工具"调整三组文字的位置，使它们彼此相距30像素，如图4-61所示。

图4-61　输入商品详情文案

步骤4　使用"横排文字工具"在第四行文字下方80像素处输入文字"颜色"，然后在"字符"面板中设置参数。

打开本书配套素材"素材与实例\Ch4\4.3\商品详情页"文件夹中的"黑色沙发.png""灰色沙发.png""绿色沙发.png"和"米色沙发.png"文件，使用"移动工具"将它们移至"商品详情页"文档中合适位置，如图4-62所示。

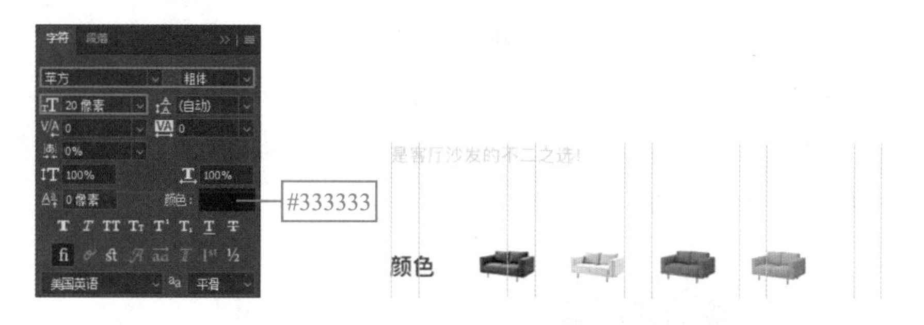

图 4-62　制作颜色版块

步骤5　使用“圆角矩形工具”在灰色沙发上绘制一个大小为62像素×62像素，无填充颜色，描边颜色为#808080，描边宽度为1像素，圆角半径为6像素的圆角矩形，然后同时选中“颜色”文字一行的相关图层，将它们编组并更改组名为“颜色”。

步骤6　使用“横排文字工具”在“颜色”文字下80像素处输入文字“数量”（参数与“颜色”相同），然后在“数量”文字后输入文字“1”，并设置其字号为36像素。

打开本书配套素材“素材与实例\Ch4\4.3\商品详情页”文件夹中的“加号.png”和“减号.png”文件，使用“移动工具”将它们移至“商品详情页”文档中合适位置，如图4-63所示。将“数量”文字一行的相关图层编组并更改组名为“数量”。

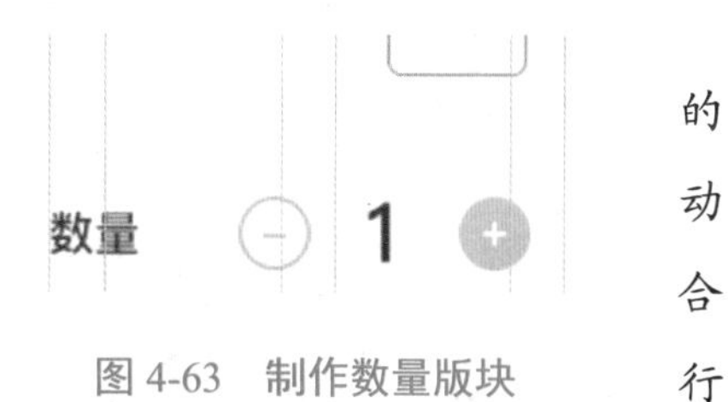

图 4-63　制作数量版块

步骤7　使用“横排文字工具”在“数量”文字下方输入文字“¥”和“2,999”，并分别设置参数。

打开本书配套素材“素材与实例\Ch4\4.3\商品详情页”文件夹中的“立即购买.png”和“加入购物车.png”文件，使用“移动工具”将它们移至“商品详情页”文档中合适位置（注意与左侧浅灰色大矩形底对齐），如图4-64所示。将商品及简介相关图层编组并更改组名为“商品及简介”。

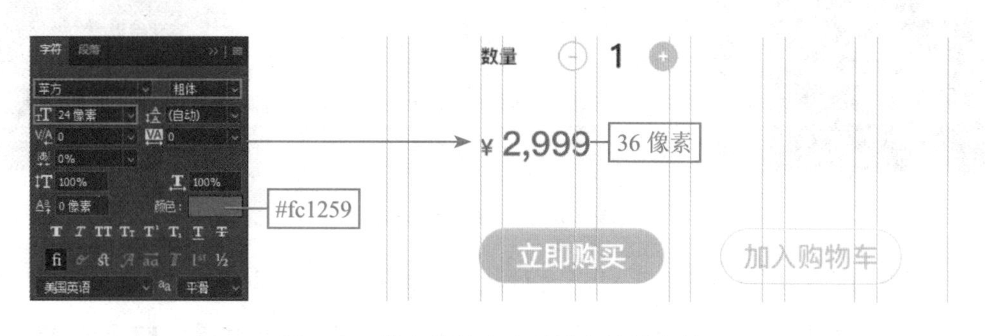

图 4-64　输入价格文字并导入按钮素材

步骤8　使用“横排文字工具”在“商品及简介”版块下方60像素处输入文字“商品详情”，然后在“字符”面板中设置参数，接着使用“矩形工具”在“商品详情”文字下方20像素处绘制一个大小为28像素×3像素，填充颜色为#333333的矩形，效果如图4-65所示。

图4-65　制作商品详情版块标题

图4-66　导入靠枕素材

步骤9　打开本书配套素材“素材与实例\Ch4\4.3\商品详情页”文件夹中的“靠枕.png”文件，使用“移动工具”将其移至“商品详情页”文档中“矩形3”形状下方40像素处，如图4-66所示。

步骤10　使用“横排文字工具”在靠枕图片右侧合适位置依次输入三组文案（第一行和第二行仅字号不同，其余参数均相同），然后使用“矩形工具”在第二行和第三行文字之间绘制一个矩形，如图4-67所示。最后将本步骤中所有图层编组并更改组名为“沙发靠枕”。

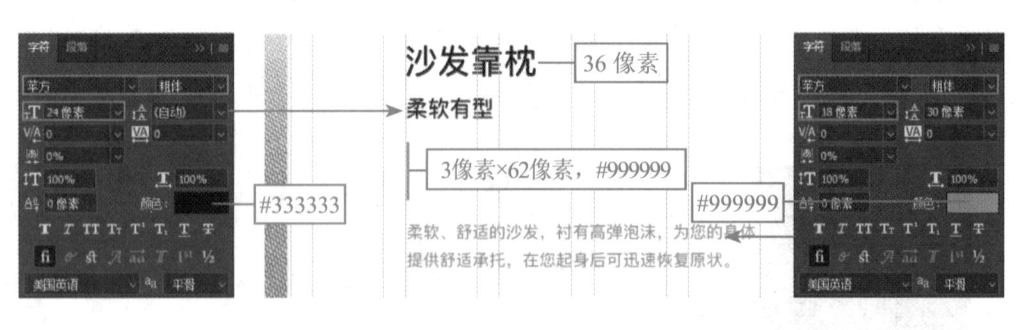

图4-67　制作靠枕文案

步骤11　打开本书配套素材“素材与实例\Ch4\4.3\商品详情页”文件夹中的“拉链.png”“沙发腿.png”和“侧兜.png”文件，使用“移动工具”将它们移至

“商品详情页”文档中合适位置，然后复制3次“沙发靠枕”图层组，更改复制的文案内容并调整它们的位置，完成商品详情其他内容的设置，效果如图4-68所示。

步骤12　在“图层”面板中选择“商品详情”图层，然后新建图层，使用“椭圆工具”在原创设计版块合适位置绘制三个大小不一的圆环，使它们连接图片和文案，效果如图4-69所示。同时选中商品详情版块相关图层，将它们编组并更改组名为“商品详情”。

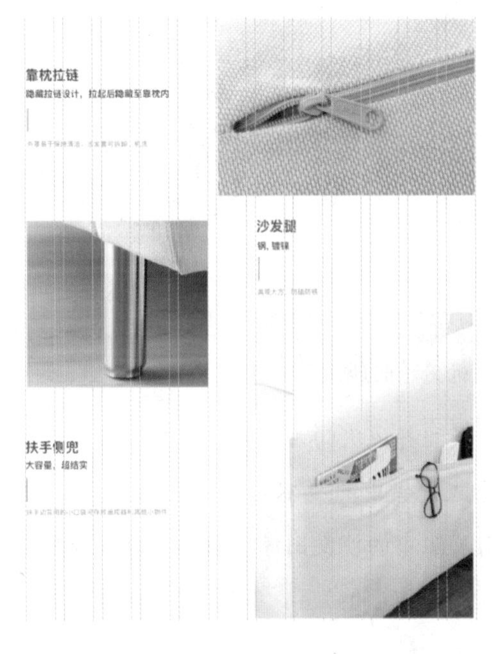

图4-68　制作商品详情其他内容

图4-69　制作背景装饰形状

3）制作“相似商品”和“大家都在看”版块

步骤1　首先在“商品详情”图层组中，同时选中“商品详情”和“矩形3”图层，按“Ctrl+J”组合键将它们复制；然后将复制的图层向上移出“商品详情”图层组；接着使用“移动工具”调整复制内容的位置至商品详情版块下方60像素处，并更改文字内容为“相似商品”，如图4-70所示。

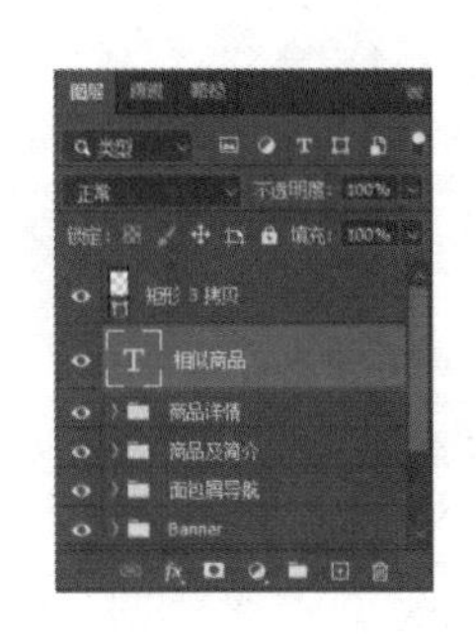

图4-70　制作相似商品版块标题

步骤2　打开本书配套素材“素材与实例\Ch4\4.3\商品详情页”文件夹中的“双人沙发1.png”文件，使用“移动工具”将其移至“商品详情页”文档中“矩形3拷贝”形状下方20像素处。

使用“横排文字工具”在双人沙发图片下方10像素处输入文案，并在“字符”面板中设置参数，效果如图4-71所示。将双人沙发1版块相关图层编组并更改组名为“双人沙发1”。

图 4-71　制作双人沙发 1 版块

步骤3　首先复制两个“双人沙发1”图层组并依次向右排开；然后打开本书配套素材“素材与实例\Ch4\4.3\商品详情页”文件夹中的“双人沙发2.png”和“双人沙发3.png”文件，分别替换复制的两个图层组中的沙发图像；最后替换复制图层组中的文本，并使用“移动工具”调整各个图层组的位置，如图4-72所示。

图 4-72　制作“相似商品”版块的其他区域

步骤4　使用“矩形工具”在双人沙发版块下方40像素处绘制两个长矩形，然后使用“移动工具”调整它们的位置，效果如图4-73所示。将相似商品版块相关图层编组并更改组名为“相似商品”。

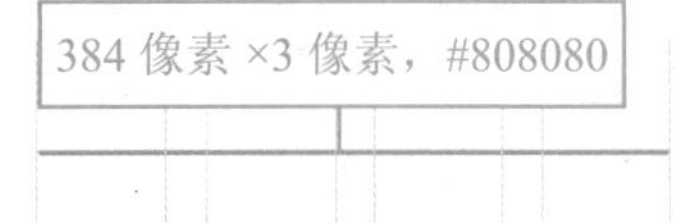

图 4-73　绘制切换条

步骤 5　参考步骤 1～步骤 4 的操作，制作“大家都在看”版块。复制相似商品版块，更改文案内容，然后打开本书配套素材“素材与实例\Ch4\4.3\商品详情页”文件夹中的“沙发床.png”“脚轮边桌.png”“厨房岛台.png”和“收纳盒.png”文件，替换对应图片，效果如图 4-74 所示。

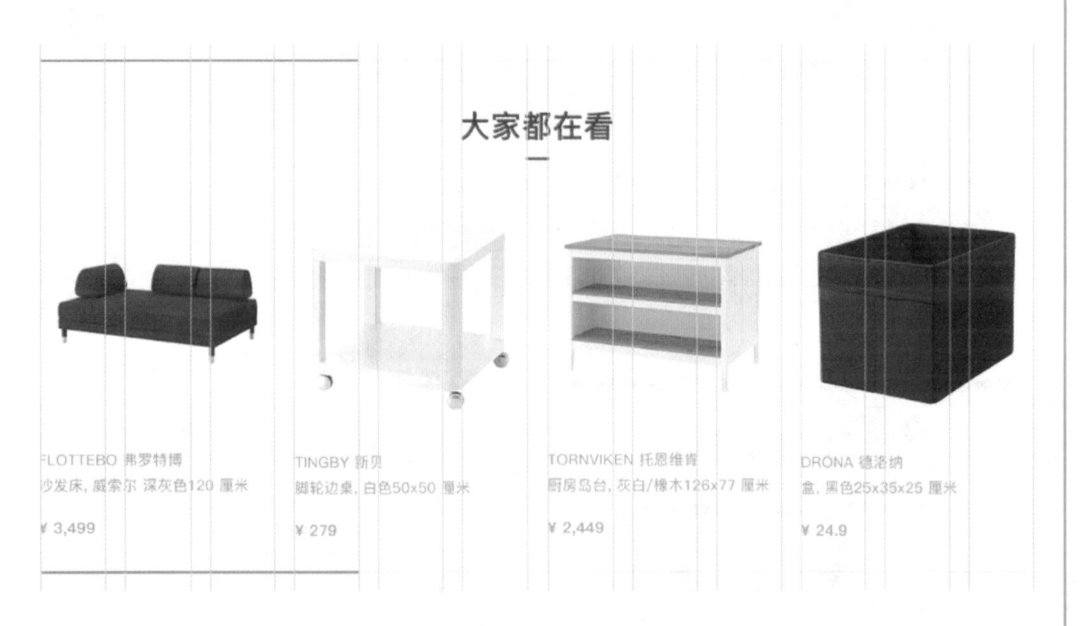

图 4-74　制作“大家都在看”版块

步骤 6　打开本书配套素材“素材与实例\Ch4\4.3\商品详情页”文件夹中的“页脚.png”文件，使用“移动工具”将其移至页面底部。

本章总结

本章主要介绍了网页界面设计的基础知识和设计规范，读者在学完本章内容后应重点掌握以下知识。

- 常见的网页界面布局有工字型、国字型、POP 型、对称型和分割型等。
- 常见的网页布局技巧有延伸、曲线、过渡、隐藏、层叠和错位。
- 设计网页界面时，应首先确定网站的风格、配色，然后设计各页面，并在设

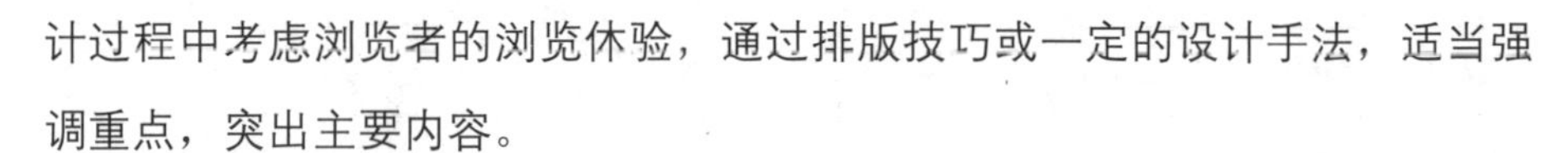

计过程中考虑浏览者的浏览体验，通过排版技巧或一定的设计手法，适当强调重点，突出主要内容。

- 对于一般网页，可以1920像素为依据设置网页宽度，而高度一般没有限制，可根据网页内容灵活设置。网页的安全宽度可根据需要设置为1200像素、990像素、950像素等，首屏高度可设置为720像素，核心内容的安全高度可设置为580像素。
- 网页界面中常用的中文字体有微软雅黑、宋体、楷体和苹方等，英文和数字字体有Helvetica、Arial、Georgia、Times New Roman等。常规文字的字号可设为12像素、14像素、16像素、18像素；标题、导航文字可设为20像素、22像素、24像素；大标题、横幅等可设为30像素、36像素等。

本章实训——设计电子商城网站页面

本实训设计电子商城网站页面，效果如图4-75所示。

首页

企业介绍页

图4-75　盛腾网站页面（部分）

设计思路

设计网页界面前，首先要根据网站的基本结构图确定页面的数量和各页面之间

的逻辑关系，然后根据网站特点选择恰当的配色，并规划页面的布局和细节元素。

（1）分析基本结构图。如图4-76所示为盛腾网站基本结构图。

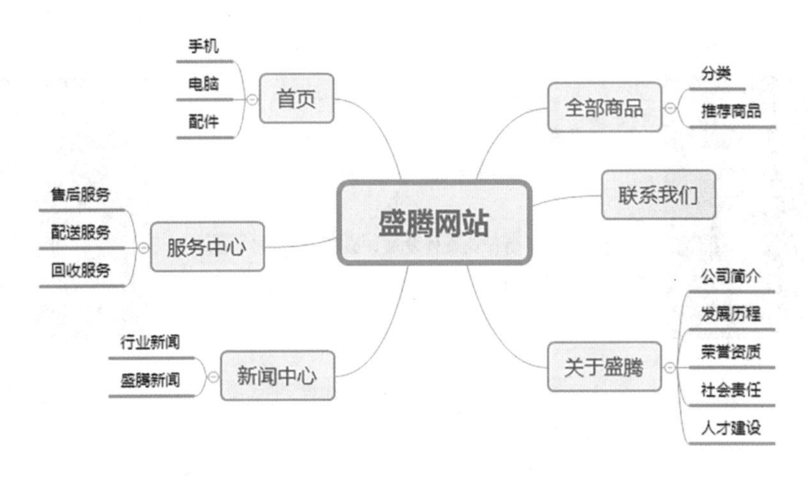

图4-76 盛腾网站基本结构图

（2）确定配色。网站主要出售电子科技类商品，因此可选择象征简洁、科技、高端的黑色、白色和灰色作为页面主要颜色。

（3）页面布局。网站主要经营电子科技类商品，且大的品类不多，但细分内容较多，如配件类中可分为耳机、充电线、音响、鼠标等，为了能清晰地向浏览者展示商品，首页可采用卡片式布局，将商品内容安排在一张张卡片上，从而使页面效果看起来整齐大方，便于浏览。

案例提示

本实训的难点主要在于如何清晰工整地排列多行文案。当多行文字重要程度不同时，可通过颜色、字号进行区分，如商品标题、价格和详细介绍，可将标题字号设置得大一些，将价格以醒目的颜色突出显示，而详细介绍则用一般字体和颜色，这样浏览者将优先看到标题和价格，最后看到介绍的内容，如图4-77所示。

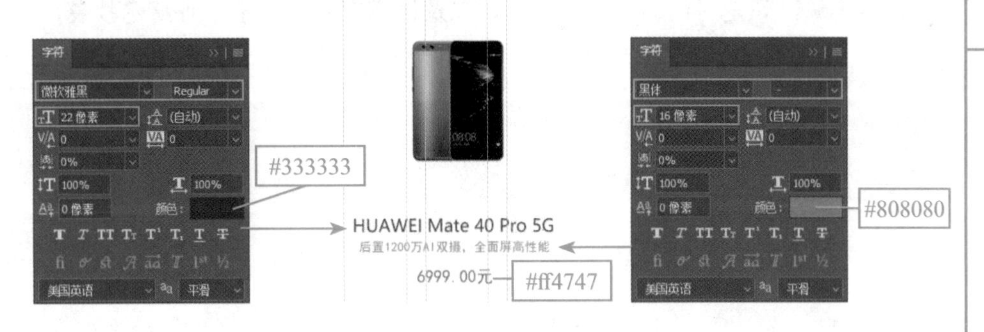

图4-77 利用字号和颜色区分主次

当处理多行文字时，可通过控制行高和字体样式来突出关键内容，增加用户浏览的舒适度，如图4-78所示。

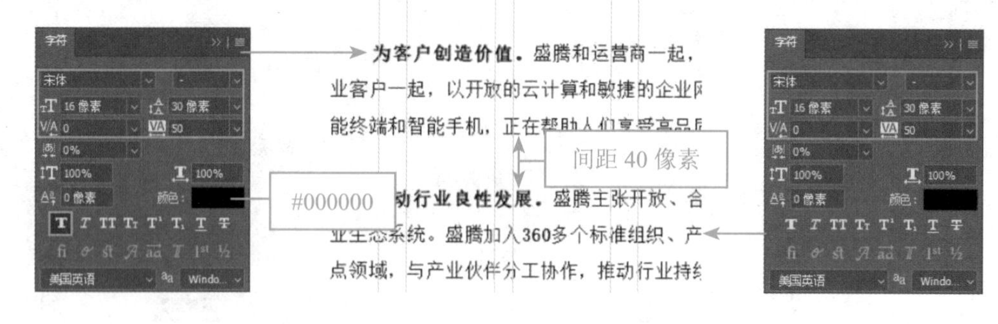

图 4-78　多行文字的处理方式

德育讲堂

在数字经济时代，大多数版权作品都已实现数字化，这极大地方便了作品的使用和传播，但数字技术的发展也使得侵权成本大幅下降，从而刺激侵权现象的激增。近年来，设计圈的抄袭事件频繁发生。为保护创作者权益，国家发布并修订了《中华人民共和国著作权法》和《中华人民共和国反不正当竞争法》。两者有着不同的立法目的，《中华人民共和国著作权法》主旨在于维护和鼓励文学艺术创作，对于受著作权法保护的作品有独创性高的要求，而《中华人民共和国反不正当竞争法》的立法目的在于规范竞争秩序。对于网页界面之类难以归为著作权法保护范围内的独创性作品，也不可任意抄袭与剽窃，如果损害到整体竞争秩序，可能会违反《中华人民共和国反不正当竞争法》。

我们在设计网页界面时，要有自己的想法与创意，不管是网页的内容来源，还是对网站的功能规划，以及网页布局等，都不可随意抄袭。

05

第5章 软件界面设计

章前导读

随着软件数量的增加和用户审美的提高，功能已经不再是衡量软件好坏的唯一标准，流畅的交互体验和优美的界面正逐渐成为衡量软件好坏的重要指标。本章首先介绍软件界面设计的基础知识和设计规范，然后通过实战案例讲解软件界面的一般设计方法和技巧。

素质目标

- 加强基础知识的学习，养成脚踏实地、精益求精的良好品质。
- 不断实践练习，逐步提高自身的动手能力和创新能力。

学习目标

- 了解常见软件界面的布局。
- 了解软件的基本界面。
- 了解软件界面设计的要点。
- 了解软件界面设计的尺寸规范。
- 了解软件界面设计的字体运用。
- 掌握软件界面的一般设计方法。

5.1 软件界面设计的基础知识

软件界面是软件与用户沟通、交互的桥梁，一个友好、美观的界面会给用户带来舒适的视觉享受，给用户留下良好的第一印象。本节主要介绍软件界面设计的基础知识。

5.1.1 软件界面的布局

为了降低用户的学习成本，让软件更容易上手，许多软件界面都参考传统的Windows操作系统中资源管理器的布局方式，将界面分成标题栏、主菜单区、工具栏区、功能树、状态信息区和内容展示/操作区，如图5-1所示。这样既保证了软件的易用性，又兼顾了界面的美观性。目前，这种布局方式已经被广大用户熟悉和接纳，用户即使面对功能较多的新软件也能很快上手。如图5-2所示是模仿Windows系统资源管理器布局的Word 2013软件界面。

根据实际情况，软件界面的布局也可在上述布局的基础上适当调整，如合并标题栏、主菜单区和工具栏区，或者将功能树区域向下延伸至界面底部等，如图5-3所示。

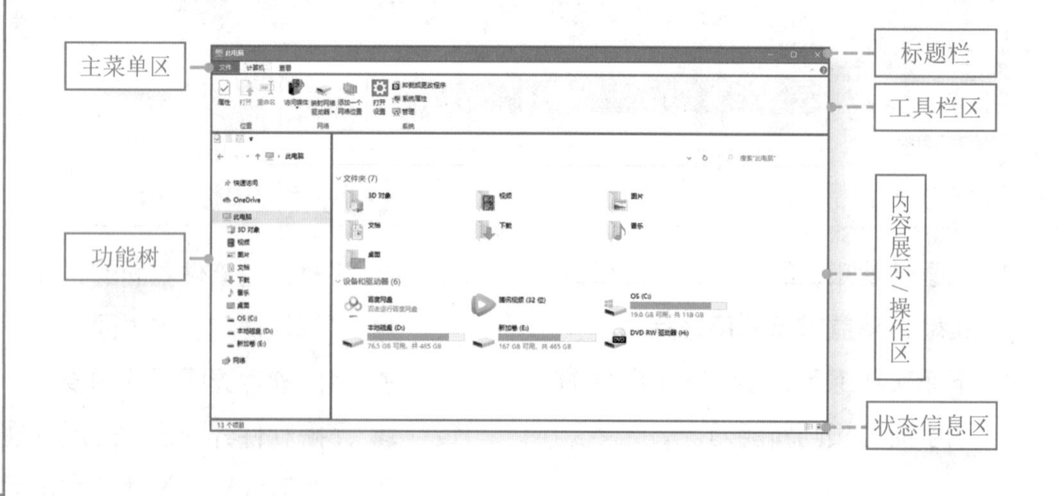

图 5-1　软件界面布局

图 5-2　Word 2013 软件界面

图 5-3　优酷软件界面

5.1.2　软件的基本界面

软件的功能和用途不同，界面的尺寸和呈现的效果也不同，但几乎所有软件都包括启动页、安装引导页、登录/注册页、主/细节页和详细信息页等基本界面。

1. 启动页

在启动大型制图或办公软件时往往需要花费一些时间（远长于App的启动时间），一般软件都会利用启动页来缓解用户因等待而产生的焦虑，提升用户对软件的好感。区别于App中的启动页，PC端应用软件的启动页通常不向用户展示广告，仅展示软件的Logo、版权信息、版本号和意向图片等内容，如图5-4所示。

图 5-4　Photoshop 软件的启动页

2. 安装引导页

软件的安装引导页会在用户安装软件时出现，其作用是介绍软件的主要功能及显示软件的安装进度。引导页的尺寸没有具体规范，设计时可根据需要自由安排，如图5-5所示。

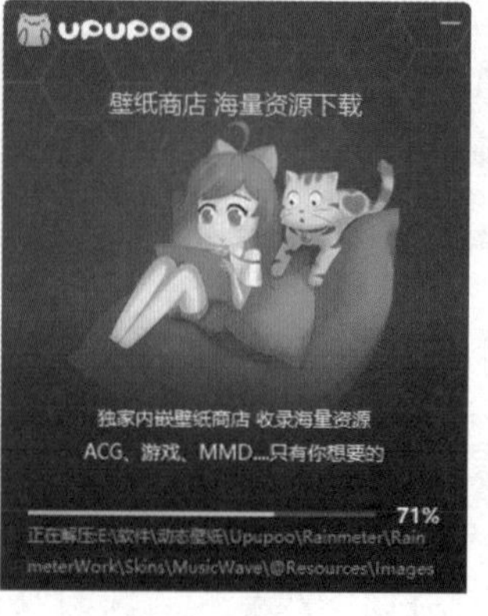

图 5-5　upupoo 软件的安装引导页

3. 登录/注册页

社交类、网盘类等软件只对注册用户开放，用户如果想要使用，就必须在登录/注册页完成登录或注册。区别于App界面，在PC端软件的登录/注册页中，用户不但可以使用账号密码和第三方账号登录，还可通过扫描二维码登录，如图5-6所示。

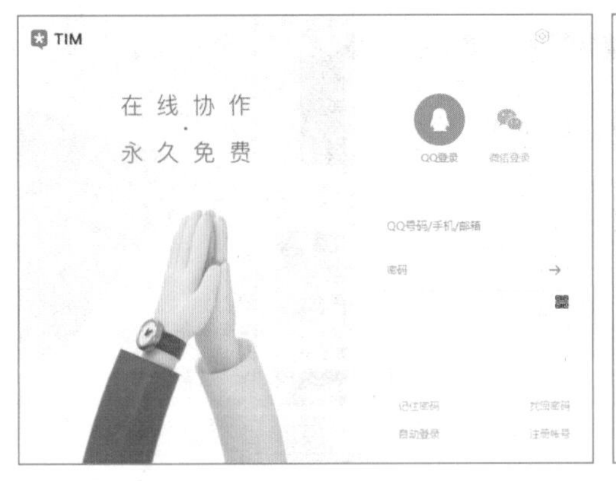

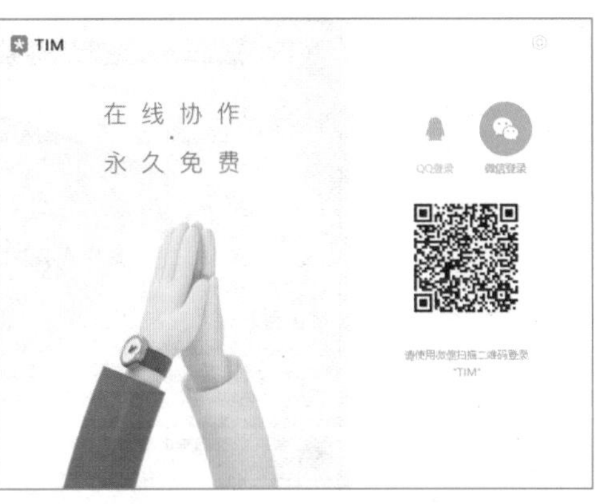

图 5-6　TIM 软件的登录/注册页

4. 主/细节页

主/细节页的布局基本符合软件界面的常规布局方式，其中主区域（指功能树区）和细节区域（指内容展示/操作区）彼此相连，内容较多时可垂直滚动，当用户切换主区域导航项时，细节区域的内容会随之改变，如图5-7所示。

图 5-7　QQ 音乐软件的主/细节页

5. 详细信息页

详细信息页是专门显示某一特定信息的页面。当用户需要查看详细信息时，可单击对应按钮，此时会弹出一个独立的页面（即详细信息页），如图5-8所示。

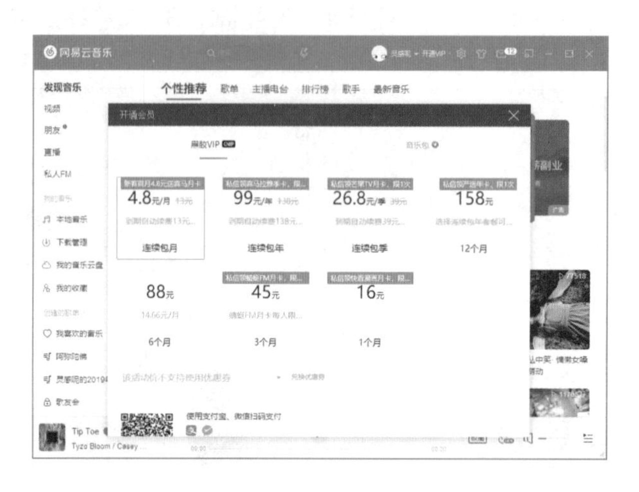

图5-8 网易云音乐软件的详细信息页

5.1.3 软件界面设计的要点

软件界面设计应该以方便用户操作、浏览为基本原则，具体来说，应做到用词简练易懂、版块位置安排合理、界面整体配色舒适和关键内容位置固定。

1. 用词简练易懂

软件的导航项和按钮名称要简练、易懂，尽量使用“登录”“打开”“关闭”“领取”等一目了然的词语，不能使用模棱两可的词语，如图5-9所示。

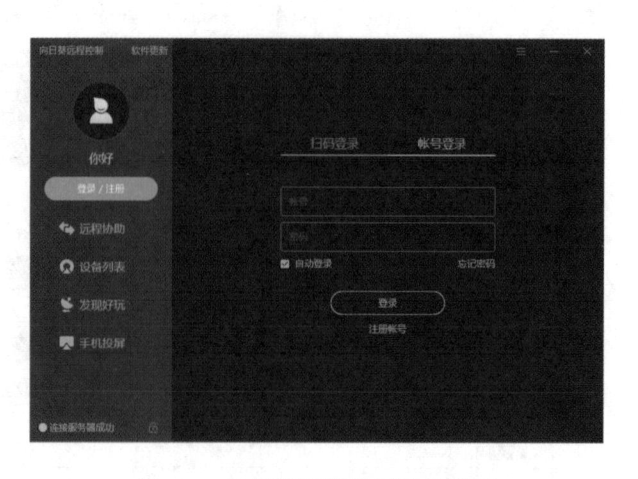

图5-9 向日葵远程控制软件界面

2. 版块位置安排合理

通常界面中心位置和正上方四分之一处是最容易吸引用户注意力的区域，导航栏或Banner等重要内容应安排在此处，如图5-10所示。

图 5-10 WeGame 网站首页

3. 界面整体配色舒适

软件界面的配色可以根据用户群体及软件功能来确定，总体要求是主色最好不要超过三种，不宜太过花哨鲜艳。

对于用户长时间使用的大型制图软件或办公软件等，为了避免用户视觉疲劳，界面整体配色尤其不能太过艳丽、花哨，建议使用深浅不一的灰色作为界面主色，或选择符合软件调性的中性色，如图5-11所示。

图 5-11 Adobe Illustrator 软件界面

4. 关键内容位置固定

PC端软件的内容和界面较多，设计时各界面要保持风格统一，导航栏、关键按钮的位置要固定，不可忽左忽右，尽量不要因内容调整关键按钮的位置，避免增加用户学习和使用软件的时间成本，如图5-12所示。

图 5-12　百度网盘软件界面

5.2　软件界面设计的规范

软件界面设计规范主要包括尺寸规范和字体运用两方面。

5.2.1　尺寸规范

PC端软件的尺寸比较自由，不同软件有不同的尺寸规范，如前面提到的网易云音乐软件，其界面最小尺寸为1022像素×670像素，而QQ音乐软件为1022像素×690像素。在实际应用中，考虑用户可自由调整界面的大小和显示内容的多少，设计前UI设计师可以与开发人员确定好界面的最小尺寸，然后以最小尺寸进行设计。

5.2.2 字体运用

在软件界面设计中，常用的中文字体有微软雅黑和苹方等，英文和数字字体有Arial、Calibri、Consolas、Segoe UI、Georgia、Times New Roman等。需要注意的是，软件界面内不宜使用过多字体（一般控制在3种左右），同类用途的字体应当一致，且颜色不宜过多。

软件与网页都是通过显示器显示的，因此字号大小可参考网页的规范控制在12～24像素，但根据界面效果，也可将字号设置得更大一些。

5.3 案例实战——设计迷影视频页面

5.3.1 作品展示

本案例通过制作图5-13中的精选频道页、个人中心页和视频播放页，介绍视频娱乐类软件页面的一般制作方法。

精选频道页

电影频道页

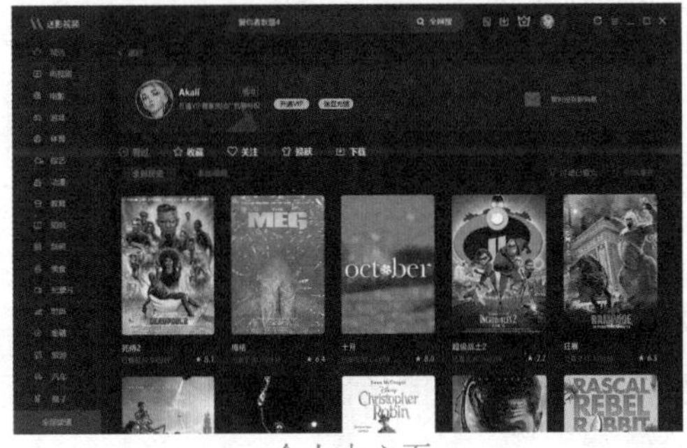

个人中心页

视频播放页

图 5-13 迷影视频界面（部分）

5.3.2 设计思路

制作软件界面前，设计师首先要根据软件的基本结构图确定页面的数量和各页面之间的逻辑关系，然后根据软件定位和主要功能选择合适的风格和恰当的配色，并规划页面布局。

（1）分析基本结构图。与移动端App不同，PC端软件的内容更庞杂，功能也更强大，往往一个页面中包含几个甚至十几个功能按钮或版块。因此本案例在分析基本结构图时，仅将主要功能罗列出来作为参考，如图5-14所示。

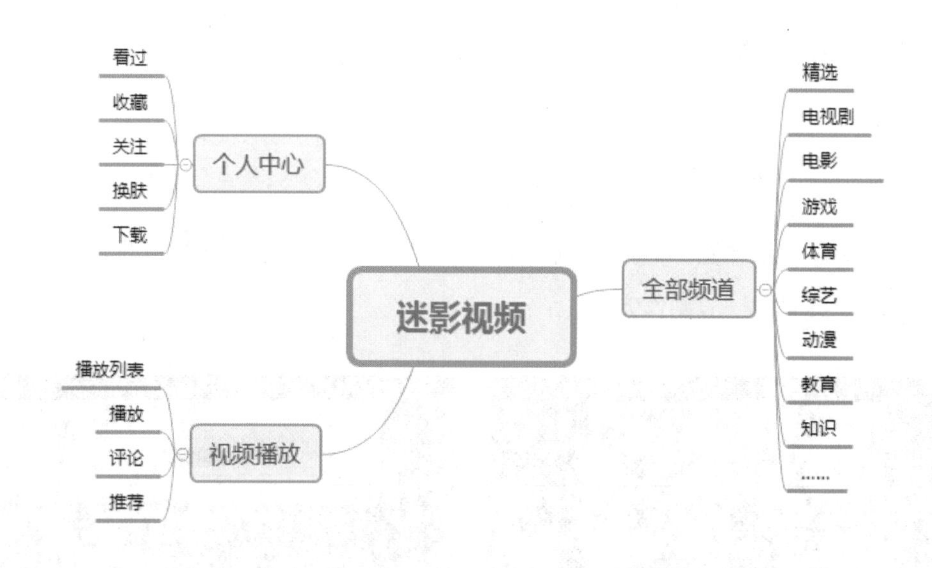

图5-14　迷影视频软件的基本结构图

（2）确定风格。迷影视频软件是一款PC端综合类视频娱乐软件，能为用户提供丰富的影视资源。考虑到界面中必然会展示大量影视海报、视频截图等内容，为避免界面过于花哨，降低用户浏览体验，整体采用简洁的设计风格。

（3）确定配色。软件的配色比较简单，只有深灰色、红色和金色几种颜色。其中，深灰色作为背景颜色，可以衬托视频内容，并容易使用户在浏览视频时沉浸其中；红色作为Logo的颜色，可以运用到当前导航项的文字中，起到突出导航项和呼应Logo的作用；金色仅用在会员相关的图标或按钮中，以突显会员用户的尊贵。

（4）确定布局。软件的功能较多，为便于用户浏览和使用，大部分界面都在相同位置安排了横向和纵向导航栏，做到了界面布局的一致性，便于用户更快上手软件。

5.3.3 案例步骤

设计精选频道页

1．设计精选频道页

步骤1 启动Photoshop，单击“新建”按钮，在“新建文档”对话框中选择“最近使用项”→“自定”选项，设置文档名为“精选频道”，宽度为1440像素，高度为900像素，取消勾选“画板”复选框，单击“创建”按钮新建文档，如图5-15所示。

步骤2 在菜单栏中选择“视图”→“新建参考线版面”选项，在“新建参考线版面”对话框中设置参数，然后单击“确定”按钮创建参考线，如图5-16所示。为防止误操作移动参考线，按“Ctrl+Alt+；”组合键锁定参考线。

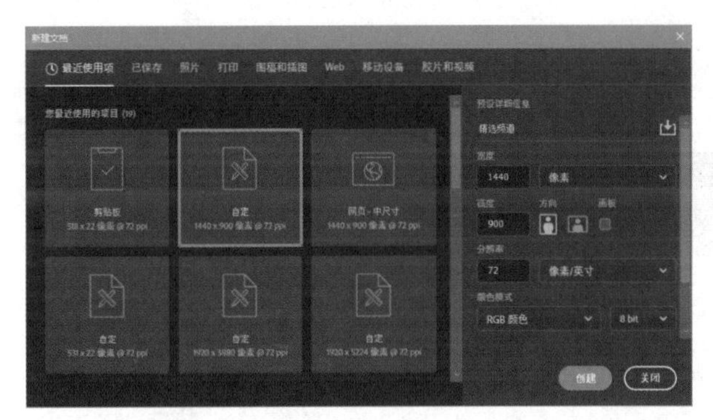

图5-15 创建“精选频道”文档

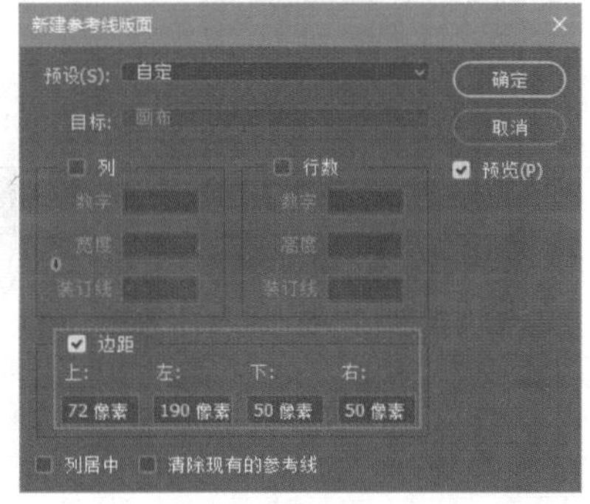

图5-16 设置参考线

步骤3 制作横向导航栏。设置前景色为#151518，按“Alt+Delete”组合键为“背景”图层填充前景色，然后打开本书配套素材“素材与实例\Ch5\5.3\精选频道”文件夹中的“Logo.png”文件，使用“移动工具”将其移至“精选频道”文档中的左上角。

步骤4 使用“圆角矩形工具”在Logo右侧合适位置绘制一个大小为512像素×46像素，圆角半径为23像素，填充颜色为#212123的圆角矩形。

按“Ctrl+J”组合键复制该圆角矩形，设置复制的圆角矩形宽度为118像素，填充颜色为#28282c，左上角半径和左下角半径为0像素，最后使用“移动工具”调整其位置，如图5-17所示。

步骤5 打开本书配套素材“素材与实例\Ch5\5.3\精选频道”文件夹中的“搜索.png”文件，使用“移动工具”将其移至“精选频道”文档搜索框中合适位置。

使用“横排文字工具”在搜索框中输入文字“复仇者联盟4”和“全网搜”，

并分别设置它们的参数，如图5-18所示。将搜索框相关图层编组并更改组名为“搜索框”。

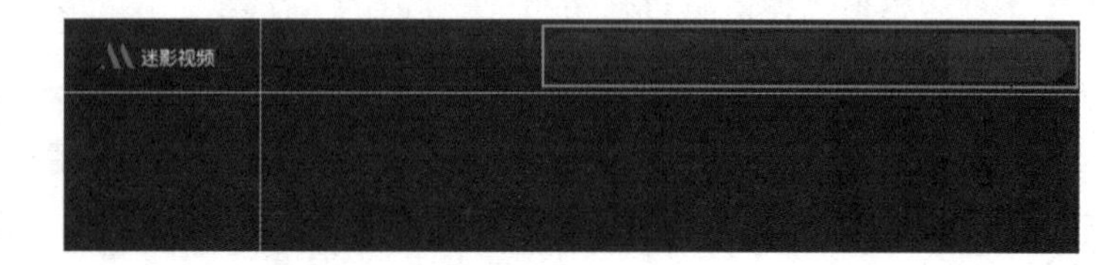

图5-17　制作搜索框

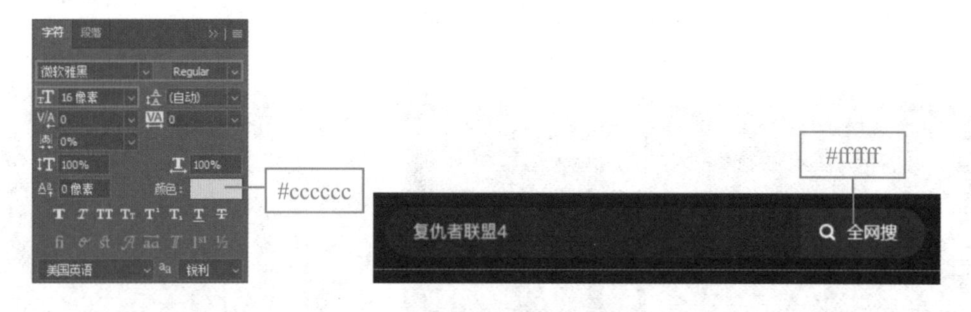

图5-18　制作搜索框内容

步骤6　打开本书配套素材“素材与实例\Ch5\5.3\精选频道”文件夹中的“看过.png”“下载.png”“VIP.png”“头像.png”“刷新.png”“列表.png”“最小化.png”“最大化.png”和“关闭.png”文件，使用“移动工具”将它们移至“精选频道”文档搜索框右侧合适位置。

使用“椭圆工具”在头像区域绘制一个直径为30像素，填充颜色为黑色，描边颜色为#808080，描边宽度为1像素的圆形，最后将“头像”图层剪贴至“椭圆1”图层中，效果如图5-19所示。将除“背景”图层外的所有图层编组并更改组名为“横向导航栏”。

图5-19　导入功能按钮并制作头像

步骤7　制作纵向导航栏。选中“背景”图层，然后使用“矩形工具”在画布左侧绘制一个大小为190像素×900像素，填充颜色为#1d1d21的矩形。

打开本书配套素材“素材与实例\Ch5\5.3\精选频道”文件夹中的“精选.png”“电视剧.png”……“亲子.png”文件，使用“移动工具”将它们移至“精选频道”文档左侧合适位置，然后使用“横排文字工具”在各图标右侧20像素处依次输入对应文字，字符参数如图5-20（a）所示。

步骤8　在“图层”面板中依次选中图标和对应文字，将它们两两编组，然后使用“移动工具”调整“精选”和“亲子”图层组的位置，接着同时选中纵向导航栏内的所有图层组，单击“垂直分布”按钮和“左对齐”按钮精确调整各导航项位置，如图5-20（b）所示。

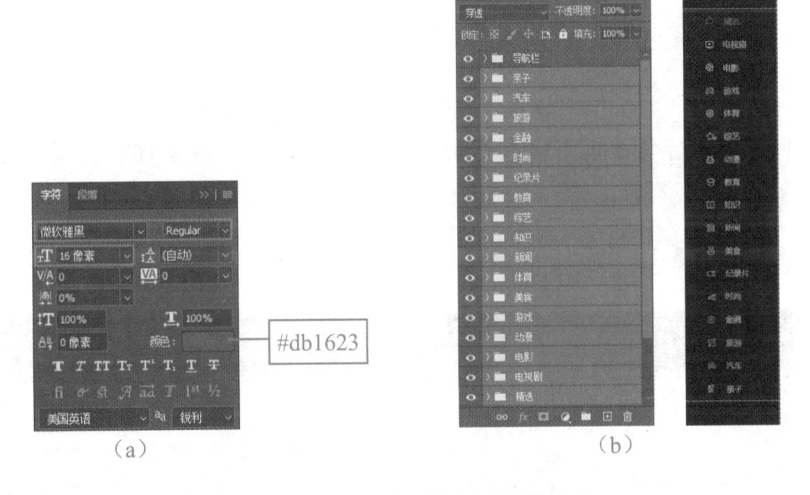

图5-20　制作纵向导航栏的导航项

步骤9　在“图层”面板中选中“矩形1”图层，然后使用“矩形工具”在纵向导航栏的顶部和底部各绘制一个矩形，接着新建图层，使用“横排文字工具”在底部矩形上输入文字“全部频道”，如图5-21所示。将纵向导航栏相关图层编组并更改组名为“纵向导航栏”。

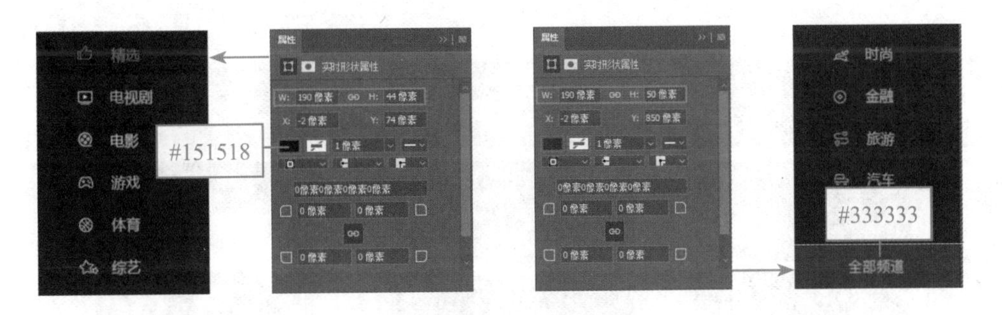

图5-21　制作当前导航项效果

步骤10　制作内容区。打开本书配套素材“素材与实例\Ch5\5.3\精选频道”文件夹中的“Banner.png”和“滚动点.png”文件，使用“移动工具”将它们移至“精选频道”文档中合适位置，效果如图5-22所示。将“Banner”相关图层编组并更改组名为“Banner”。

图5-22　制作Banner

步骤11　使用“横排文字工具”在Banner下方30像素处输入文字“猜你在追”和“1/3”，然后打开本书配套素材“素材与实例\Ch5\5.3\精选频道”文件夹中的“后退.png”和“前进.png”文件，使用“移动工具”将它们移至文字“1/3”的左右两侧，如图5-23所示。

图5-23　制作“猜你在追”版块标题

步骤12　打开本书配套素材“素材与实例\Ch5\5.3\精选频道”文件夹中的“海绵宝宝.png”文件，使用“移动工具”将其移至文字“猜你在追”下方20像素处。

使用“横排文字工具”在图片下方12像素处依次输入文字“海绵宝宝：营救大冒险”和“观看至21分钟”，并分别设置它们的参数，如图5-24所示。将“海绵宝宝”相关图层编组并更改组名为“猜你1”。

图5-24　制作“猜你1”视频版块

步骤13　复制4个“猜你1”图层组并依次向右排开至最右侧参考线，然后打开本书配套素材“素材与实例\Ch5\5.3\精选频道”文件夹中的“血族·第四季.png”“半泽直树2.png”“非自然死亡.png”和“隐秘的角落.png”文件，分别替换复制的4个图层组中的图像。

替换复制图层组的文本，并使用“移动工具”调整各图层的位置，如图5-25所示。将“猜你在追”相关图层编组并更改组名为“猜你在追”。

图5-25　制作其他“猜你”系列版块

步骤14　复制一个“猜你在追”图层组，修改文字“猜你在追”为“高分热剧”，“1/3”为“1/10”。

参考“步骤13”的操作，打开本书配套素材“素材与实例\Ch5\5.3\精选频道”文件夹中的“万物既伟大又渺小.png”“蓝色星球2.png”“虫师.png”“我们与恶的距离.png”和“星球大战.png”文件，分别替换复制图层组中的图像及对应文字，效果如图5-26所示。

图5-26　制作“高分热剧”版块

2．设计个人中心页

步骤1　参考设计精选频道页中步骤1～步骤2的操作，创建一个大小为1440像素×900像素，名称为“个人中心”的文档，并设置相同的参考线。

设计个人中心页

打开本书配套素材“素材与实例\Ch5\5.3\个人中心”文件夹中的“导航栏.png”文件，使用“移动工具”将其移至文档中合适位置。

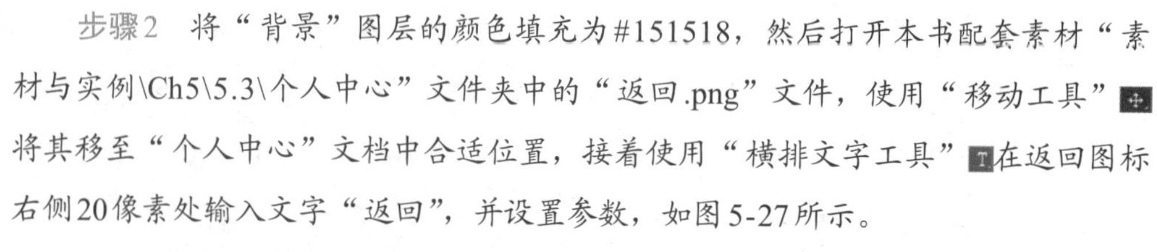

步骤2　将“背景”图层的颜色填充为#151518，然后打开本书配套素材“素材与实例\Ch5\5.3\个人中心”文件夹中的“返回.png”文件，使用“移动工具”将其移至“个人中心”文档中合适位置，接着使用“横排文字工具”在返回图标右侧20像素处输入文字“返回”，并设置参数，如图5-27所示。

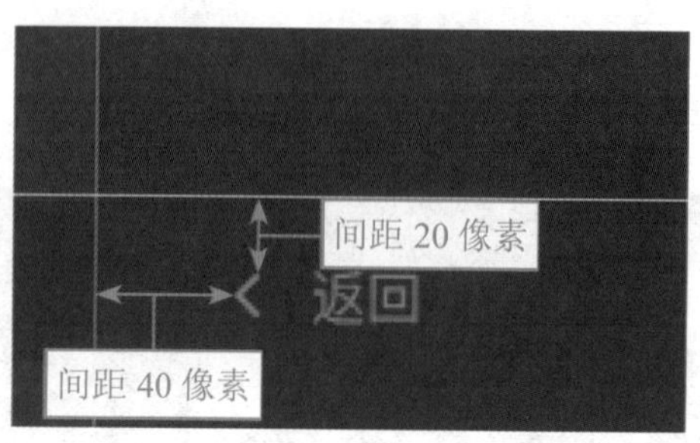

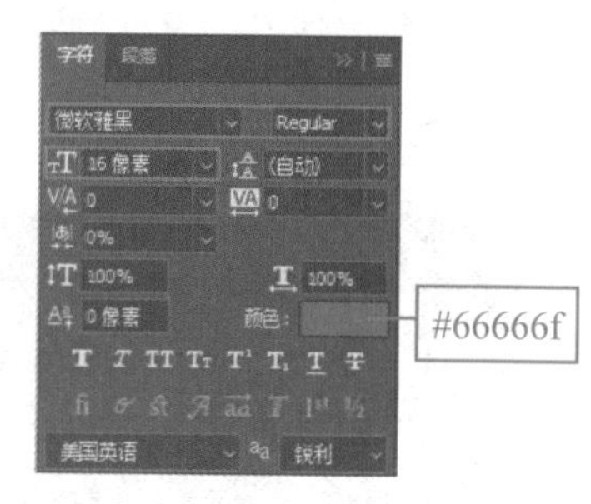

图5-27　制作“返回”按钮

步骤3　制作头像栏。使用“圆角矩形工具”在“返回”文字下方20像素处绘制一个大小为1160像素×140像素，圆角半径为4像素，填充颜色为#1d1d21的圆角矩形，然后使用“椭圆工具”在圆角矩形上绘制一个直径为80像素，填充颜色和描边颜色均为白色，描边宽度为1像素的圆形，如图5-28所示。

图5-28　制作头像栏和头像的底部形状

步骤4　打开本书配套素材“素材与实例\Ch5\5.3\个人中心”文件夹中的“头像.png”文件，使用“移动工具”将其移至“个人中心”文档中的白色圆形上，并将其剪贴至“椭圆1”图层中。

使用“横排文字工具”在头像右侧12像素处输入文字“Akali”“退出”和“开通VIP尊享关闭广告等特权”，并分别设置它们的参数，如图5-29所示。

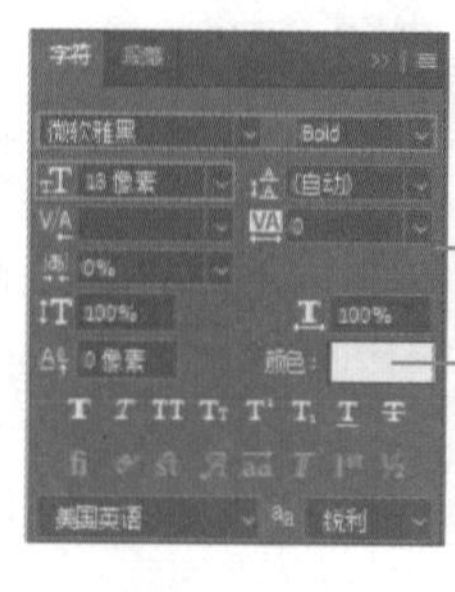

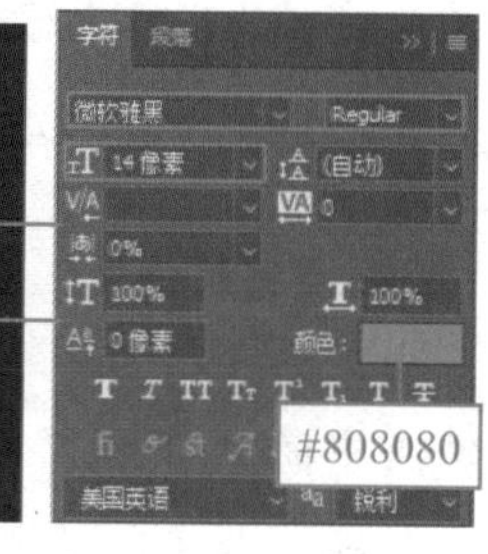

图5-29　制作头像并输入文案

步骤5　使用“矩形工具”在“退出”文字处绘制一个大小为40像素×20像素，填充颜色为无，描边颜色为#44444f，描边宽度为1像素的矩形，然后使用“圆角矩形工具”在“开通VIP……特权”文字右侧30像素处绘制一个大小为72像素×22像素，填充颜色为#e1b355，圆角半径为11像素的圆角矩形，如图5-30所示。

步骤6　新建图层，使用“横排文字工具”在金色圆角矩形上输入文字“开通VIP”，并设置参数，然后同时选中“开通VIP”和“圆角矩形2”图层，将它们复制并向右移动20像素，最后替换复制的文字内容为“迷豆充值”，如图5-31所示。

图5-30　制作按钮底部形状

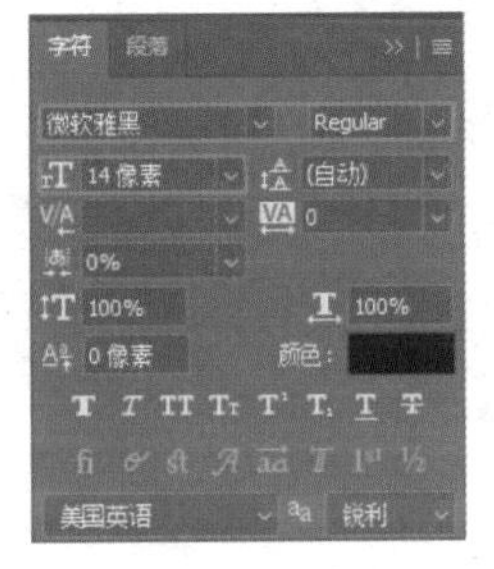

图5-31　制作按钮

步骤7　使用“矩形工具”在“迷豆充值”按钮右侧合适位置绘制一个大小为2像素×100像素，填充颜色为#808080的矩形，作为分割线，将该版块分为左右两块。

打开本书配套素材“素材与实例\Ch5\5.3\个人中心”文件夹中的“信封.png”文件，将其移至分割线右侧合适位置，最后使用“横排文字工具”在信封右侧输入文字“暂时没有新消息”，并设置参数，如图5-32所示。

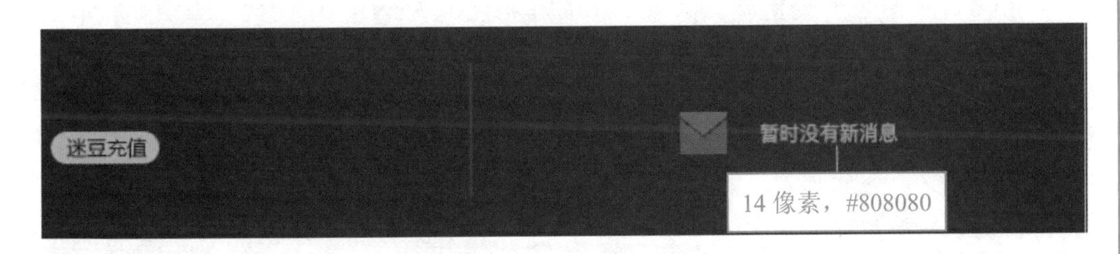

图5-32　制作新消息版块

步骤8　为头像栏添加装饰图案。选中“圆角矩形1”图层，然后打开本书配套素材“素材与实例\Ch5\5.3\个人中心”文件夹中的“星星.png”“3d眼镜.png”“游戏手柄.png”“吃豆人.png”和“胶卷.png”文件，使用“移动工具”将它们移至“个人中心”文档中头像栏区域内，并复制两个星星图像。

步骤9　首先使用“移动工具”调整各图像位置，并配合使用“自由变换”命令调整各图像的旋转角度，使它们错落排列；然后同时选中这些图像，设置它们的不透明度为10%，并剪贴至“圆角矩形1”图层中，如图5-33所示。同时选中头像栏相关图层，将它们编组并更改组名为“头像栏”。

图5-33　导入并调整素材

步骤10　制作个人中心导航。打开本书配套素材“素材与实例\Ch5\5.3\个人中心”文件夹中的“看过.png”“收藏.png”“关注.png”“换肤.png”和“下载.png”文件，使用“移动工具”将它们移至头像版块下方30像素处，并横向等距排开。

使用“横排文字工具”在图标间隔处输入对应文字，并设置参数，如图5-34所示。将本步骤中的图层编组并更改组名为“个人中心导航”。

图5-34　制作“个人中心导航”

步骤11　制作次级导航。使用“圆角矩形工具”在“看过”文字下方20像素处绘制一个大小为120像素×32像素，圆角半径为16像素，填充颜色为#222227的圆角矩形。

新建图层，首先使用“横排文字工具”在圆角矩形上输入文字“全部历史”；然后在其右侧依次输入文字“本地视频”“过滤已看完”和“全部清空”，并分别设置参数，如图5-35所示。

步骤12　首先打开本书配套素材“素材与实例\Ch5\5.3\个人中心”文件夹中的“过滤已看完.png”和“全部清空.png”文件；然后使用“移动工具”将它们移至“个人中心”文档中对应文字的左侧10像素处，如图5-36所示；最后将次级导航的相关图层编组并更改组名为“次级导航”。

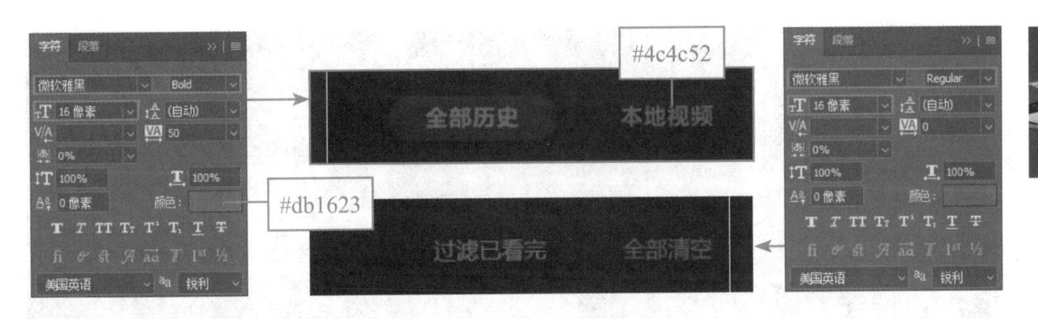

图 5-35　制作次级导航

图 5-36　导入并调整素材位置

步骤 13　制作全部历史版块。打开本书配套素材“素材与实例\Ch5\5.3\个人中心”文件夹中的“死侍2.png”文件，使用“移动工具”将其移至“个人中心”文档的“全部历史”按钮下方30像素处。

首先使用“横排文字工具”在图片下方20像素处输入文字“死侍2”，在文字“死侍2”下方10像素处输入“已看至30.03分钟”和“8.1”，并设置参数；然后复制一个“星星”图像，调整其大小、角度和不透明度，并将其移至文字“8.1”左侧10像素处，如图5-37所示；最后将“死侍2”相关图层编组并更改组名为“历史1”。

图 5-37　制作“历史 1”视频版块

步骤 14　首先复制9次“历史1”图层组并使用“移动工具”调整它们的位置；然后打开本书配套素材“素材与实例\Ch5\5.3\个人中心”文件夹中其余的电影海报文件，分别替换复制的9个图层组中的图像及对应文字，效果如图5-38所示；最后将全部历史相关图层组编组并更改组名为“全部历史”。

图 5-38　制作其他“历史”系列版块

3．设计视频播放页

步骤1　参考设计精选频道页中步骤1的操作，创建一个大小为1440像素×900像素，名称为“视频播放”的文档。

设计视频播放页

将“背景”图层的颜色填充为#151518，在菜单栏中选择“视图”→“新建参考线版面”选项，在打开的“新建参考线版面”对话框中设置参数，单击“确定”按钮设置参考线，如图5-39所示。

步骤2　首先使用“矩形工具”在画布顶部绘制一个大小为1440像素×72像素，填充颜色为#1d1d21的矩形；然后使用“圆角矩形工具”在画布左上角绘制一个大小为136像素×32像素，填充颜色为#151518，圆角半径为16像素的圆角矩形，如图5-40所示。

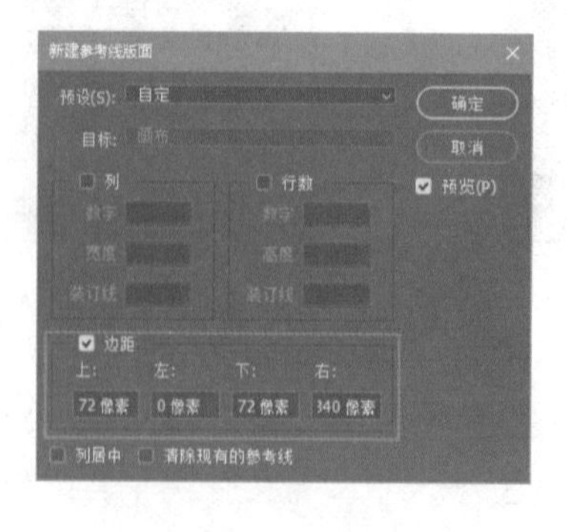

图 5-39　设置参考线

图 5-40　制作按钮底部形状

步骤3　打开本书配套素材“素材与实例\Ch5\5.3\视频播放”文件夹中的“主

界面.png”“置顶.png”“最小化.png”“最大化.png”和“关闭.png”文件，使用“移动工具”将它们移至“视频播放”文档中合适位置。

使用“横排文字工具”在“主界面”图标右侧10像素处输入文字“打开主界面”，在右侧合适位置输入“复仇者联盟”，如图5-41所示。将步骤2～步骤3中的图层编组并更改组名为“主菜单”。

打开主界面　复仇者联盟　微软雅黑，16像素，Regular

图5-41　制作“主菜单”

步骤4　打开本书配套素材“素材与实例\Ch5\5.3\视频播放”文件夹中的“钢铁侠.png”文件，使用“移动工具”将其移至“视频播放”文档中。

首先选择“矩形选框工具”，根据参考线绘制播放视频区域的选区；然后选中“钢铁侠”图层；再选择“移动工具”，在工具属性栏中分别单击“水平居中对齐”按钮和“垂直居中对齐”按钮；最后按“Ctrl+D”组合键取消选区。

步骤5　使用“矩形工具”在视频播放区域内贴近右侧参考线绘制一个大小为30像素×100像素，填充颜色为黑色，不透明度为70%的矩形，然后打开本书配套素材“素材与实例\Ch5\5.3\视频播放”文件夹中的“展开.png”文件，使用“移动工具”将其移至刚绘制的矩形上。

步骤6　制作进度条。使用“矩形工具”在视频播放区域的底部绘制一个大小为1100像素×2像素，填充颜色为#3b3b3b的矩形。

首先按“Ctrl+J”组合键复制一个矩形，更改复制矩形的大小为886像素×2像素，填充颜色为#c10e1c，并移至合适位置，如图5-42所示（为便于观察，暂时隐藏底部参考线）；然后将视频播放区域的图层编组并更改组名为“视频播放区”。

图5-42　制作视频播放区内容

步骤7　打开本书配套素材“素材与实例\Ch5\5.3\视频播放”文件夹中的“播放.png”“快进.png”“弹幕.png”“音量.png”“设置.png”“缩放.png”和“全屏.png”文件，使用“移动工具”将它们移至“视频播放区”下方合适位置。

使用“横排文字工具”输入文字“01:56:42/02:17:07”“倍速”和“超清”，并使用“移动工具”调整它们的位置，如图5-43所示。将本步骤的相关图层编组并更改组名为“控制区”。

图 5-43 制作控制区内容

步骤8 制作侧面信息区。使用“矩形工具”在视频播放区右侧绘制一个大小为340像素×754像素，填充颜色为#2e2e36的矩形。

首先新建图层，使用“横排文字工具”依次输入文字“视频”“评论”“推荐”和“复仇者联盟”；然后使用“移动工具”调整它们的位置，使“视频”文字距左侧参考线16像素，距上方参考线30像素，“复仇者联盟”距“视频”文字26像素，如图5-44所示。

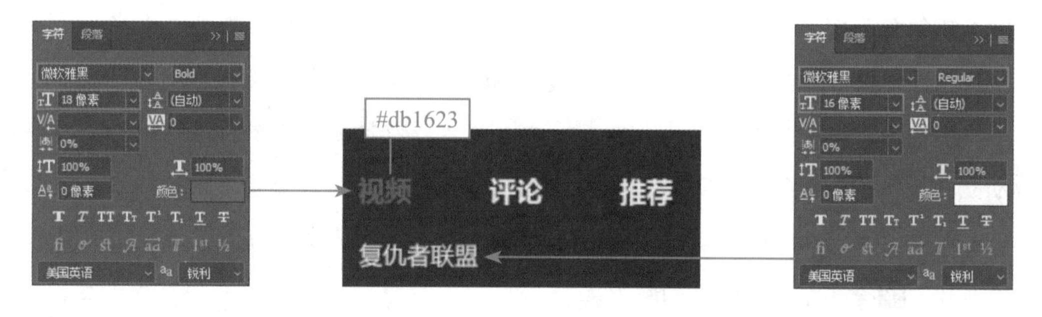

图 5-44 制作侧面信息标题文案

步骤9 使用“横排文字工具”在“复仇者联盟”文字下方20像素处输入文字“热度1514 • 美国/动作/奇幻”和“简介”，然后在“热度1514……”下方20像素处输入文字“9.0”“183.7万人已评”和“我的评分”。

打开本书配套素材“素材与实例\Ch5\5.3\视频播放”文件夹中的“热度.png”“展开.png”和“星星.png”文件，将它们移至“视频播放”文档中合适位置，如图5-45所示。将步骤8～步骤9的文字和图标图层编组并更改组名为“视频基础内容”。

图 5-45 制作侧面信息内容文案

步骤10　首先使用“横排文字工具”T在“9.0”文字下方40像素处输入文字“精彩花絮”；然后打开本书配套素材“素材与实例\Ch5\5.3\视频播放”文件夹中的“鹰眼.png”文件，使用“移动工具”将其移至“精彩花絮”文字下方20像素处，如图5-46所示。

图5-46　制作“精彩花絮”的标题并导入素材

步骤11　使用“横排文字工具”T在“鹰眼”图片右侧输入文字“鹰眼手把手教你打怪兽”和“热度76”，并设置参数（仅颜色不同）。

在“图层”面板中选中“热度”图层，将其复制一个，使用“移动工具”将“热度拷贝”图标移至“热度76”文字左侧合适位置，如图5-47所示。将“鹰眼”花絮版块相关图层编组并更改组名为“花絮1”。

图5-47　制作“花絮1”版块

“精彩花絮”版块由多个视频版块纵向排列而成，为了避免视频版块上下距离太近造成文字信息混淆，可调整文字的位置，使它们距离参考线10像素（为便于观察，暂时为鹰眼图片添加两条水平参考线）。

步骤12　首先复制4个“花絮1”图层组并使用“移动工具”分别调整它们的位置；然后打开本书配套素材“素材与实例\Ch5\5.3\视频播放”文件夹中“绿巨人.png”“复联3.png”“反派.png”和“奇异博士.png”文件，分别替换复制的4个图层组中的图像及对应文字。

使用“横排文字工具”![T]在第5个视频下方20像素处输入文字“查看更多（16）”，并设置参数，如图5-48所示。将“精彩花絮”相关图层编组并更改组名为“精彩花絮”。

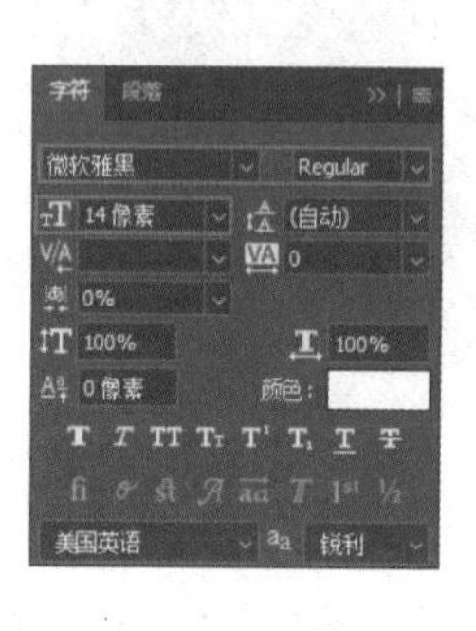

图 5-48　制作其他花絮版块

步骤13　制作“写评论”版块。首先使用“矩形工具”在“精彩花絮”版块下方绘制一个大小为340像素×72像素，填充颜色为#1d1d21的矩形；然后再绘制一个大小为132像素×36像素，填充颜色为#373737的矩形（注意与上方视频图片左对齐），如图5-49所示。

步骤14　首先打开本书配套素材“素材与实例\Ch5\5.3\视频播放”文件夹中“写评论.png”“收藏.png”“关注.png”“下载.png”和“分享.png”文件，将它们移至“视频播放”文档中合适位置；然后使用“横排文字工具”在“写评论”图标右侧10像素处输入文字“写评论”，并设置参数，如图5-50所示。

将“写评论”相关图层编组并更改组名为“写评论”，将“侧面信息区”相关图层编组并更改组名为“侧面信息区”。

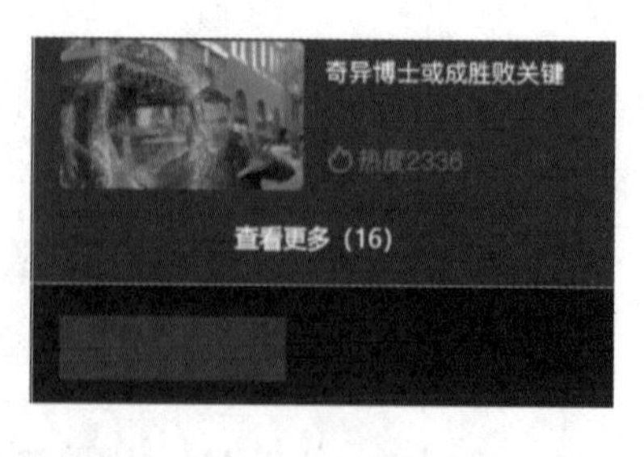

图 5-49　制作写评论版块形状

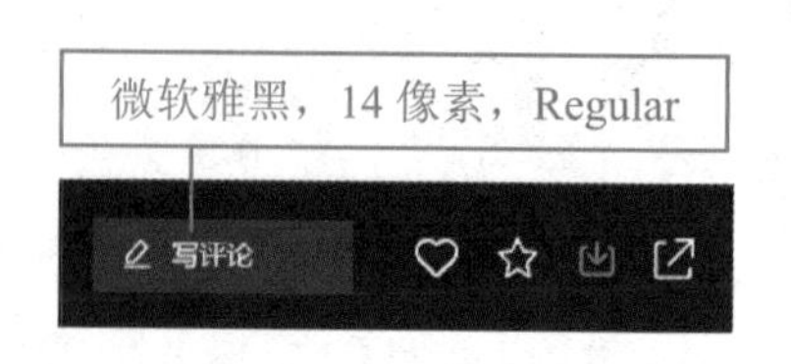

图 5-50　导入素材并输入文案

本章总结

本章主要介绍了软件界面设计的基础知识和设计技巧，读者在学完本章内容后，应重点掌握以下知识。

- 软件界面的布局可参考传统的Windows操作系统中资源管理器的布局，将界面分成标题栏、主菜单区、工具栏区、功能树、状态信息区和内容展示/操作区。
- 软件的基本界面包括启动页、安装引导页、登录/注册页、主/细节页和详细信息页等。
- 软件界面设计应做到用词简练易懂、版块位置安排合理、界面整体配色舒适和关键内容位置固定。
- 软件界面设计中常用的中文字体有微软雅黑和苹方等，英文和数字字体有Arial、Calibri、Consolas、Segoe UI、Georgia、Times New Roman等。

本章实训——设计杀毒软件页面

本实训是设计杀毒软件页面，效果如图5-51所示。

系统修复页

木马查杀进程页

功能大全页

反馈建议页

图5-51　杀毒软件页面（部分）

设计思路

制作软件前，首先要根据软件的基本结构图确定页面的数量和各页面之间的逻辑关系；然后根据软件特点选择恰当的配色，并规划页面布局。

（1）分析基本结构图。如图5-52所示为杀毒软件基本结构图。

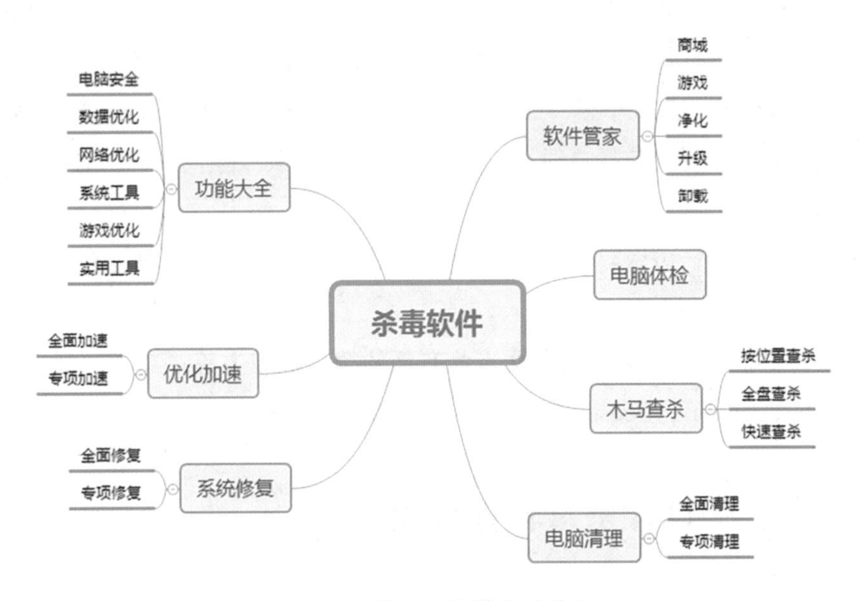

图5-52　杀毒软件基本结构图

（2）确定配色。该软件是用来保障电脑安全的高效杀毒软件，因此根据软件的定位，可选择象征理性、科技、高效的蓝色作为主色，通过大面积白色和蓝色对比，给用户清爽、舒适的感觉。

（3）页面布局。软件主要有电脑体检、木马查杀、电脑清理、系统修复、优化加速、功能大全和软件管家七大功能，设计时将软件的功能图标安排在工具栏区（即界面正上方四分之一处），以方便用户选择所需功能，当切换功能时，下方的内容展示区会随之改变。

案例提示

杀毒软件是常用软件之一，具有体积小，界面简洁优美的特点。为了做到小而精，简约而不简单，设计师要重点把握界面的细节。在设计“木马查杀进程”页面时，考虑到查杀木马病毒需要用户等待一段时间，因此为了缓解用户因等待产生的焦虑，设计时可在工具栏区添加大小不一，方向各异，不透明度为10%的白色三角形作为底纹装饰（实际应用时此处为动态效果），以表现筛查文件的过程。另外，在该栏下方制作木马查杀的进度条，让用户明确木马查杀的进度，如图5-53所示。

图 5-53　界面的细节

页面内容的多少与页面功能有关，在安排其中的内容时应做到少则突出重点，兼顾界面的工整；多则排列清晰，便于浏览。例如，设计系统修复页时，由于内容展示区的内容较少，因此可采用图文搭配的形式进行设计，并且为了突出页面中“一键修复”按钮，可优先调整其位置至页面的水平中心，再确定周围其他文字、配图和图标的位置，如图5-54所示；设计功能大全页时，由于内容展示区的内容较多，因此可通过控制文字间距、字体大小来控制页面的整体效果，如图5-55所示。

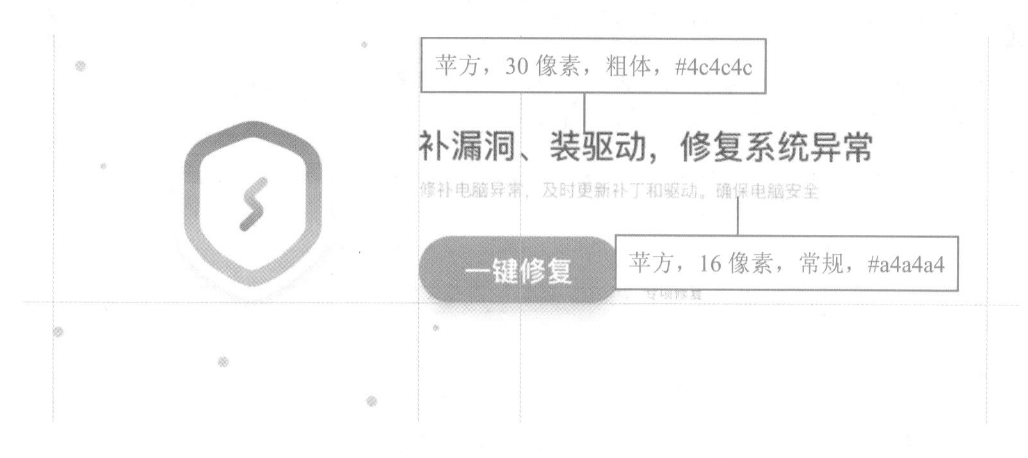

图 5-54　调整按钮、图片和文案的位置

图 5-55　调整文字间距和大小

2021年10月11日至17日，以“网络安全为人民，网络安全靠人民”为主题的2021年国家网络安全宣传周活动在我国各地开展，进一步提升了广大群众的网络安全法治观念、防护意识和防护能力。

网络安全为人民，就要强化信息安全保障，强化数据安全，维护广大人民群众在网络空间的合法权益。而要做到这些，除了要提升群众的安全防范意识，依法严厉打击网络黑客、电信网络诈骗、侵犯知识产权等违法犯罪行为外，还要加强对病毒消杀类软件的开发，形成全场景的有效防御覆盖与可信场景构造能力、深度的威胁监测与检测能力，使综合安全防护能力不断优化提升。除此外，对杀毒软件的界面设计也应该不断创新与优化，突出软件的主要功能，使用户可以简单有效地使用软件清理网络病毒。另外要注意使用美观的界面吸引用户，给用户留下良好的印象，从而有效推广杀毒软件，提高杀毒软件使用频率。

06

第6章 游戏界面设计

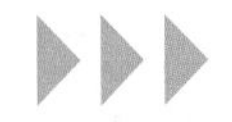

章前导读

随着科学技术的发展和人们对精神生活的追求不断提高，我国已进入了游戏产业的蓬勃发展时期，各种界面美观、功能清晰的端游、页游和手游都如雨后春笋般涌现出来。那么如何设计出优秀的游戏界面呢？本章首先介绍游戏界面设计的基础知识和规范，然后通过实战案例讲解游戏界面的一般设计方法和技巧。

素质目标

- 探究应用实践背后的技术原理，培养钻研精神，激发学习兴趣和创新思维。
- 发扬精益求精的工匠精神，养成严谨认真的工作态度。

学习目标

- 了解游戏的基本界面。
- 了解游戏界面的布局。
- 了解游戏界面的风格。
- 掌握游戏界面设计的要点。
- 了解游戏界面设计的规范。
- 掌握游戏界面的一般制作方法。

6.1 游戏界面设计的基础知识

一般来说，游戏界面设计是指对游戏软件中人机交互、操作逻辑和界面等的整体设计。UI设计师在游戏界面设计中主要负责把控界面的布局，包括艺术字、图标、交互按钮等视觉元素的设计。相对其他类型的UI设计师来说，游戏UI设计师的岗位要求更高，除了必须热爱游戏外，还要具备一定的美术基础。

游戏中造型复杂、质感细腻的人物和背景是由原画师完成的，当界面中需要展示相关素材时，UI设计师可与原画师沟通。

6.1.1 游戏的基本界面

常见游戏的基本界面有启动界面、主菜单界面、关卡界面、操作界面、胜利/失败界面、商店界面和背包界面等。

1. 启动界面

启动界面是玩家启动游戏时第一眼看到的画面，常用于展示游戏人物或游戏场景等，可以为动画或静态图片，如图6-1所示。启动界面决定了玩家对游戏的第一印象，优秀的启动界面不仅可以牢牢抓住玩家的眼球，还可以将玩家快速带入游戏世界。

图6-1 《原神》启动界面

2．主菜单界面

主菜单界面是玩家进入游戏后看到的第一个画面，游戏的活动、玩法、设置、公告、资源等内容集中展示于此。由于内容较多，设计时要分清主次，一般重点展示人物或活动内容，其余内容则以按钮或文字形式展示在界面的左右两侧，如图6-2所示。

图6-2　《战双帕弥什》主菜单界面

3．关卡界面

关卡界面是玩家开始游戏前展示游戏进度的界面，可以让玩家清楚地了解当前的游戏进度，如图6-3所示。

图6-3　《保卫萝卜3》关卡界面

4．操作界面

操作界面是游戏的核心界面，玩家可以在该界面体验游戏的乐趣，因此在设计时，无论是操作方式还是界面效果，都应尽可能地满足玩家的心理预期，给玩家良好的游戏体验，如图6-4所示。

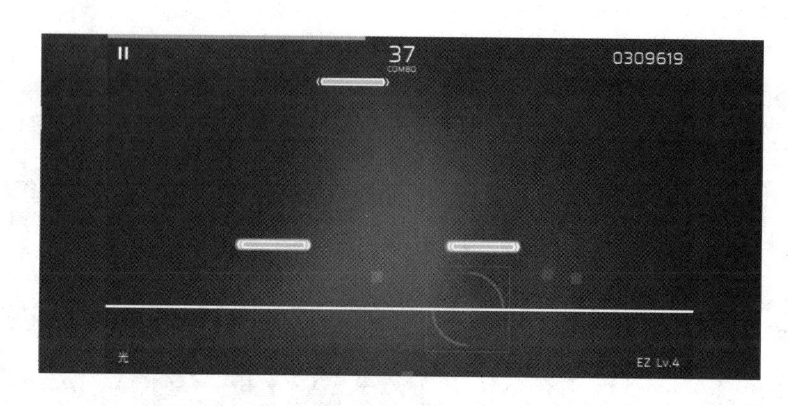

图6-4　《Phigros》操作界面

5．胜利 / 失败界面

胜利者往往会有获胜奖励，并且胜利是一件让人高兴的事儿，所以该页面应该能让玩家产生愉悦感；而失败界面最好能提供几种提升思路，帮助玩家快速成长，如图6-5所示。

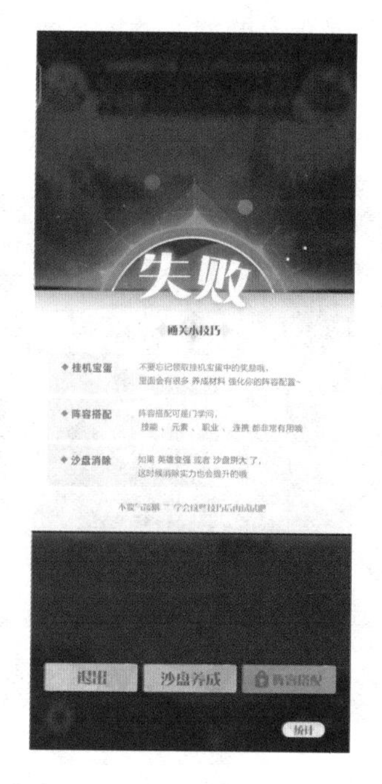

图6-5　《召唤与合成2》胜利 / 失败界面

6. 商店界面

商店界面的主要作用是罗列商品，方便玩家挑选和购买。设计时，可根据商品特点分类展示，不同类别的商品界面，布局应当一致，如图6-6所示。

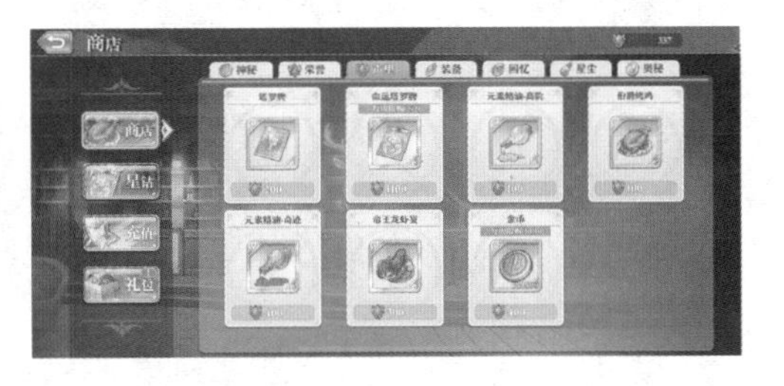

图 6-6　《启源女神》商店界面

7. 背包界面

背包界面是用来整合玩家道具的界面，设计时，除了要安排物品展示区域和物品介绍区域外，还应根据物品的类别在合适位置添加纵向或横向导航栏，将物品分门别类整理清楚，以便玩家快速查看，如图6-7所示。

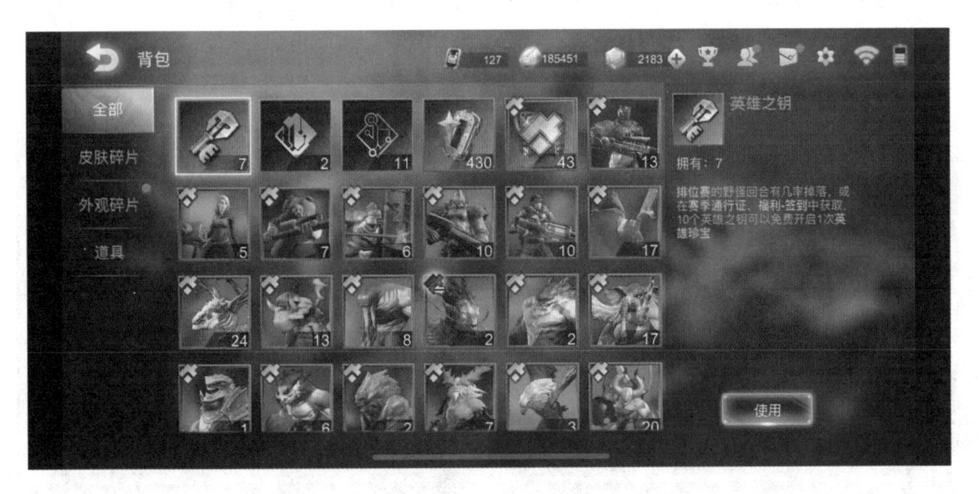

图 6-7　《无限进化》背包界面

6.1.2　游戏界面的布局

依据玩家对界面中不同区域注意力的不同，可将游戏界面划分为主要视觉区域、次要视觉区域和弱视区域。通常，主要视觉区域集中在界面中心，次要视觉区域集中在界面的左侧和右侧，弱视区域集中在界面的顶部和底部，如图6-8所示。需要注意的是，游戏界面一般是全屏的，因此设计界面顶部的弱视区域内容时，无须安排状态栏。

弱视区域
次要视觉区域
主要视觉区域
次要视觉区域
弱视区域

图 6-8 《崩坏 3》主菜单界面

6.1.3 游戏界面的风格

常见的游戏界面风格有写实风格、卡通风格、日韩风格、欧美风格和像素风格等。

1．写实风格

写实风格的游戏画质细腻、精美，从人物到场景都贴近现实，玩家甚至可以看到木门的纹理和墙面的裂纹，如图6-9所示。这种风格能给予玩家极强的代入感，更容易让玩家沉浸其中，充分地享受游戏带来的真实感，但这种游戏开发成本较高，需要投入大量人力、物力和财力，并且绝大多数游戏的体积非常大，玩家下载和更新会花费较长时间。

图 6-9 《迷雾》游戏界面

2．卡通风格

卡通风格是将游戏人物和场景等内容卡通化处理，游戏中的人物多为Q版的二头身、三头身，游戏场景则可能是一幅插画或均匀排列的几何图形，如图6-10所示。这种风格的游戏一般内容简单，具有体积较小，对设备要求不高，玩家容易上手等优点，但不足的是，游戏界面往往缺少质感，图标、场景、人物造型等偏扁平化，因此除非游戏的玩法吸引人，否则不容易维持玩家黏性。

图 6-10　《保卫萝卜 4》游戏界面

3．日韩风格

在日韩风格的游戏中，人物无论男女，均眉目清秀，体型健美，服饰搭配精致，这种风格比较符合东方人的审美。近年来，该风格的游戏凭借其唯美的画风、绚丽的色彩，已成为国内手游的主要风格，如图6-11所示。UI设计师在设计这类风格的游戏界面时，交互按钮的配色可首选浅色，外形要尽量避免带有尖角。

图 6-11　《恋与制作人》游戏界面

4．欧美风格

欧美风格的游戏界面用色丰富、夸张，常采用大面积的色块对撞，视觉冲击力较强。该风格的游戏角色表情丰富，体型一般非常夸张，拥有强健的肌肉或健美的身材（如图6-12所示），游戏场景偏写实，标题字体一般用粗体。

图6-12　《街霸：对决》界面

5．像素风格

像素风格的物体轮廓分明，颜色对比强烈，强调颗粒感，造型偏卡通风格，如图6-13所示。在设计这类风格的游戏界面时，需要将图标、血条等一并设计为像素风格，以呼应主题，但用于解释说明的文案不可像素化。

图6-13　《元气骑士》游戏界面

6.1.4　游戏界面的设计要点

一款成功的游戏，不光要有好玩有趣的功能，还要有精致、优美的界面。为保证游戏界面的质量，设计时需要注意以下几点。

1．界面风格契合游戏主题

游戏界面的整体风格应该与游戏主题相契合，如Q版可爱的游戏界面常使用粉色、黄色等暖色，图标外形常采用圆形、椭圆形、圆角矩形等形状；而荒诞恐怖的游戏界面常使用黑色、紫色、深蓝色等颜色，图标外形常采用带有尖角的形状，如图6-14所示。

图 6-14　《月圆之夜》游戏界面

2．突出界面主体内容

在设计界面时，UI设计师应明确界面内容的主次，并站在玩家的角度考虑界面内容的实用性和可操作性。例如，在游戏结算界面中，多数玩家会查看战绩，只有少数玩家才会分享战绩或查看本局游戏的战斗数据，因此UI设计师可将战绩作为展示的重点，将分享战绩和查看数据功能以按钮的形式安排在战绩下方，玩家若有需要，可点击相应按钮，进入二级页面浏览，以确保当前界面的主体内容是战绩而非其他功能，如图6-15所示。

3．界面效果简洁易操作

UI设计师可通过轮廓对比、色相对比、明度对比、虚实对比、主次对比、疏密对比等手法提高界面的视觉清晰度，通过隐藏或删除可有可无的功能，让界面更加清爽、整洁、便于操作，如图6-16所示。

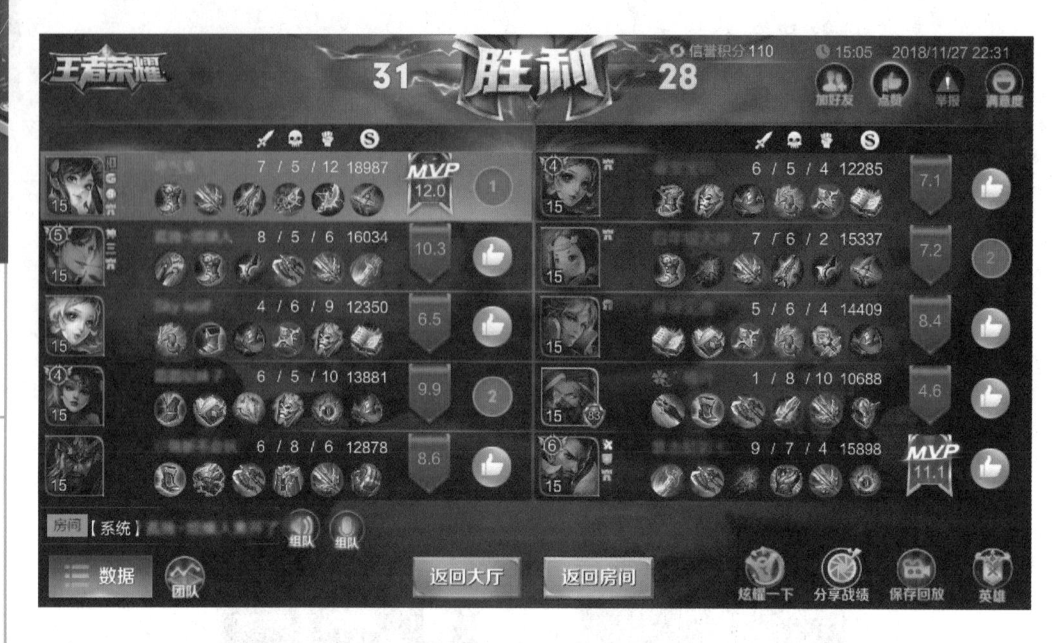

图 6-15　《王者荣耀》结算界面

图 6-16　《深空之眼》主界面

4．按钮表意明确

优秀的游戏界面设计会通过易理解、表意准确的按钮将功能清晰地表达出来。例如，《战双帕弥什》游戏将“刀”和“跑步”图标安排在界面的右下角，即使是新玩家也能明白按钮的含义，便于玩家快速适应游戏操作，进入游戏状态，如图6-17所示。

图 6-17　《战双帕弥什》战斗界面

5. 转化需求，为界面效果加分

在整个游戏设计过程中，一般由游戏策划统筹并给UI设计师分配任务，由于他们不参与界面的制作，其给出的需求有时会不符合界面的视觉美感。例如，制作胜利界面时，策划要求加入“过关”文字表示玩家获胜，而在实际界面中，两个字符的“过关”会使界面略显单薄，此时UI设计师可与游戏策划沟通，将“过关”改为“成功过关”，这样文字意思没有变，但整个界面会更加饱满，如图6-18所示。

图 6-18　《开心消消乐》结算界面

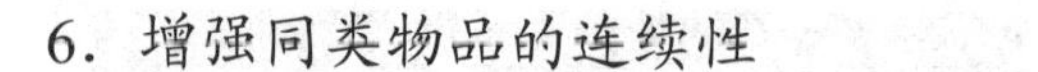

6. 增强同类物品的连续性

设计一组有关联的物品时，可在原有物品的基础上加强质感、完善造型和丰富色彩，让玩家感觉确实是物品升级了，而非获得了一件新物品，如图6-19所示。

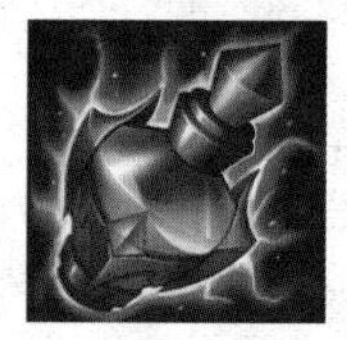

图6-19　游戏物品设计

6.2　游戏界面的设计规范

游戏界面设计规范主要包括尺寸规范和字体运用两方面。

6.2.1　尺寸规范

游戏主要可分为手机游戏、平板游戏、网页游戏和电脑游戏等。不同种类的游戏，其界面尺寸及单位与其对应的载体相同，而App、网页和软件等尺寸前面均已介绍，读者可参考前面的内容决定游戏界面的尺寸。

6.2.2　字体运用

游戏界面中，正文可根据应用平台（如iOS、Android、PC端等）的规定选择对应的字体和字号，而标题可根据需要选择特殊字体或单独设计字体，字号可适当夸张放大，如图6-20所示。

图6-20　《仙侠世界》网站宣传页

6.3 案例实战——设计《吃鸡小分队》游戏界面

6.3.1 作品展示

本案例通过制作图6-21中的主菜单界面和关卡详情界面，介绍PC端游戏界面的一般制作方法。

主菜单界面

仓库界面

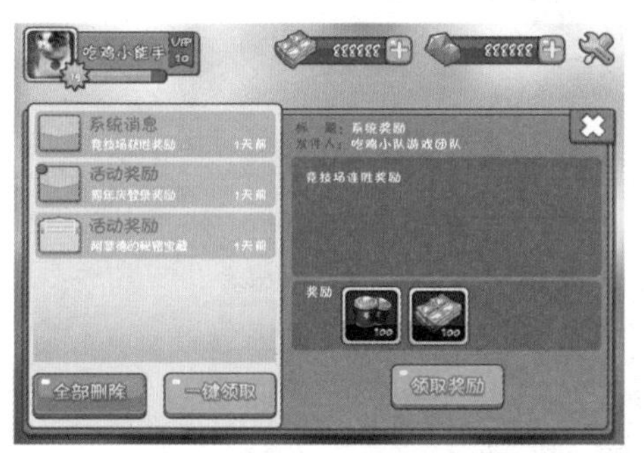

消息界面

关卡详情界面

图6-21 《吃鸡小分队》游戏界面（部分）

6.3.2 设计思路

制作游戏界面前，设计师首先要根据游戏的基本结构图确定界面的数量和各界面之间的逻辑关系；然后根据游戏定位选择合适的风格和恰当的配色，并规划页面的布局。

（1）分析基本结构图。游戏的主要功能都集中在进入游戏后的主菜单界面，因此基本结构图以主菜单界面为起点，如图6-22所示。

（2）确定风格。《吃鸡小分队》是一款PC端射击类游戏，游戏采用卡通风格，画面整体和谐自然，界面中的元素均设置投影和高光，以突出立体感。鲜亮的颜色使按钮和导航项如同果冻般剔透，突出了卡通风格的特点。

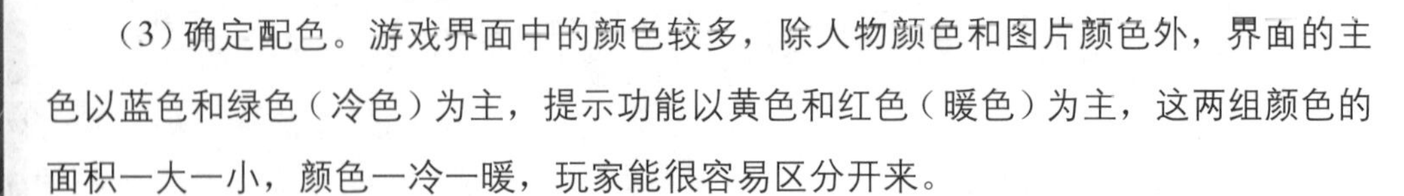

（3）确定配色。游戏界面中的颜色较多，除人物颜色和图片颜色外，界面的主色以蓝色和绿色（冷色）为主，提示功能以黄色和红色（暖色）为主，这两组颜色的面积一大一小，颜色一冷一暖，玩家能很容易区分开来。

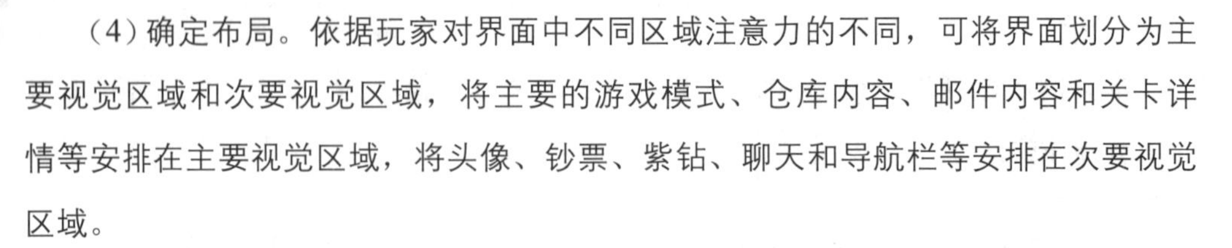

（4）确定布局。依据玩家对界面中不同区域注意力的不同，可将界面划分为主要视觉区域和次要视觉区域，将主要的游戏模式、仓库内容、邮件内容和关卡详情等安排在主要视觉区域，将头像、钞票、紫钻、聊天和导航栏等安排在次要视觉区域。

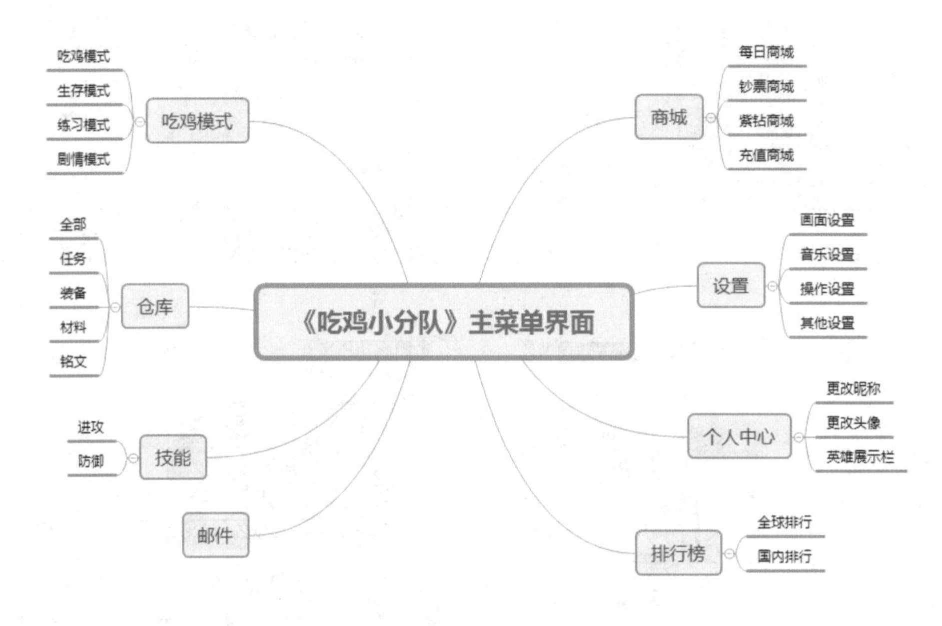

图 6-22 《吃鸡小分队》游戏的基本结构图

6.3.3 案例步骤

1．设计主菜单界面

为便于教学和学习，此处将主菜单界面的制作分为页首区、内容区和页尾区三部分来讲解。

1）设计页首区

设计页首区

步骤1 启动Photoshop，单击“新建”按钮，在“新建文档”对话框中选择“最近使用项”→“自定”选项，设置文档名为“主菜单”，宽度为1334像素，高度为900像素，取消勾选“画板”复选框，单击“创建”按钮新建文档，如图6-23所示。

步骤2　首先在菜单栏中选择“视图”→“新建参考线版面”选项，在“新建参考线版面”对话框中设置参数；然后单击“确定”按钮创建参考线，如图6-24所示。为防止误操作移动参考线，一般按“Ctrl+Alt+;”组合键来锁定参考线。

步骤3　制作背景。首先打开本书配套素材“素材与实例\Ch6\6.3\主菜单”文件夹中的“底图.jpg”文件，使用“移动工具”将其移至“主菜单”文档中；然后选择“滤镜”→“模糊”→“高斯模糊”选项，在“高斯模糊”对话框中设置参数；最后单击“确定”按钮，如图6-25所示。

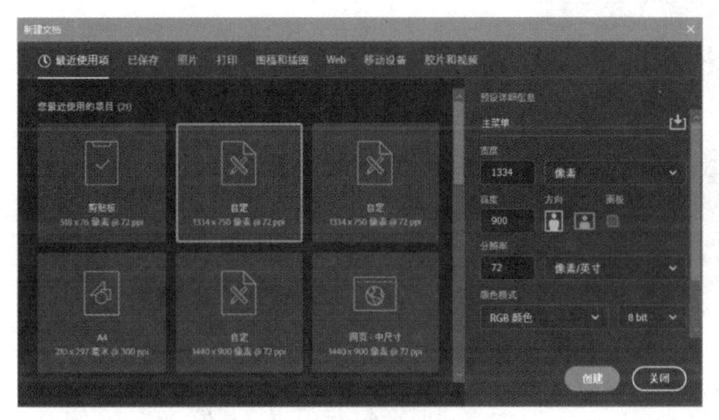

图6-23　创建“主菜单”文档

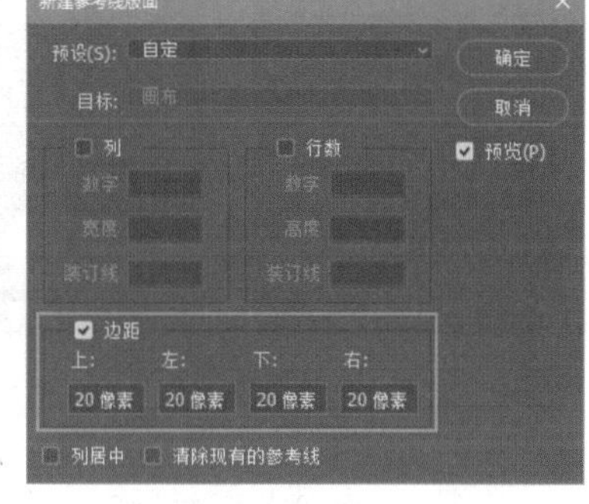

图6-24　设置参考线

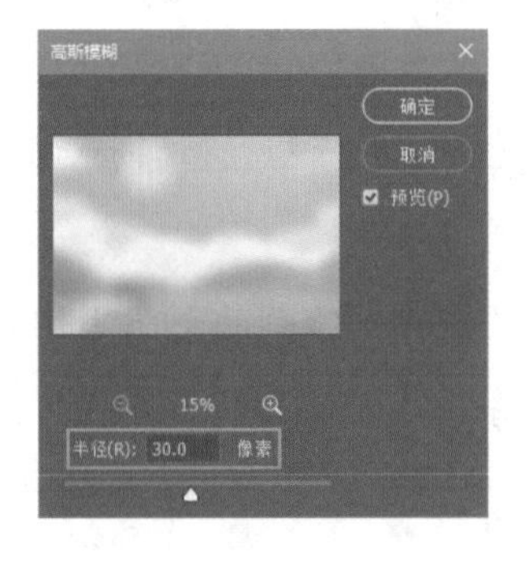

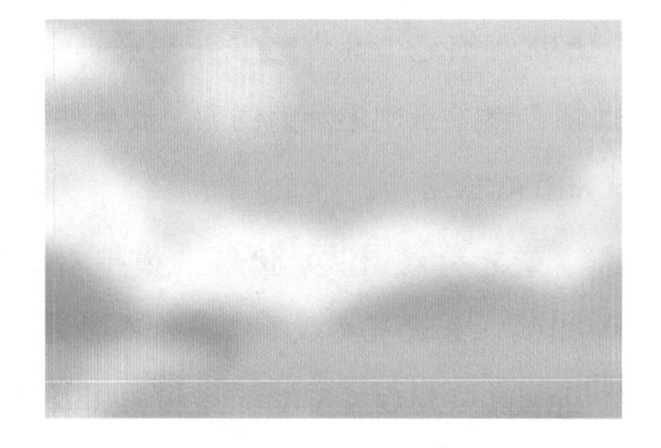

图6-25　制作界面底图

步骤4　制作头像版块。使用“圆角矩形工具”在界面左上角绘制一个大小为280像素×88像素，圆角半径为12像素，填充颜色为#609ffa的圆角矩形。

首先按“Ctrl+J”组合键复制一个圆角矩形，更改其填充颜色为#4683db；然后按“Ctrl+T”组合键执行“自由变换”命令；再按住“Shift”键，向下调整变换框顶部锚点，将复制的圆角矩形适当缩小；最后按“Enter”键确定，如图6-26所示。

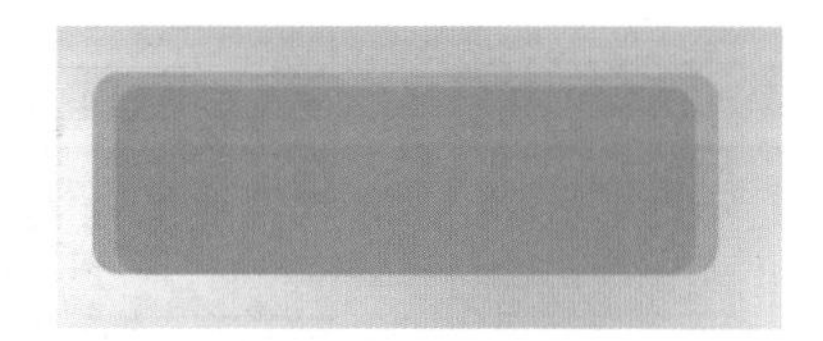

图6-26　制作圆角矩形

第6章　游戏界面设计

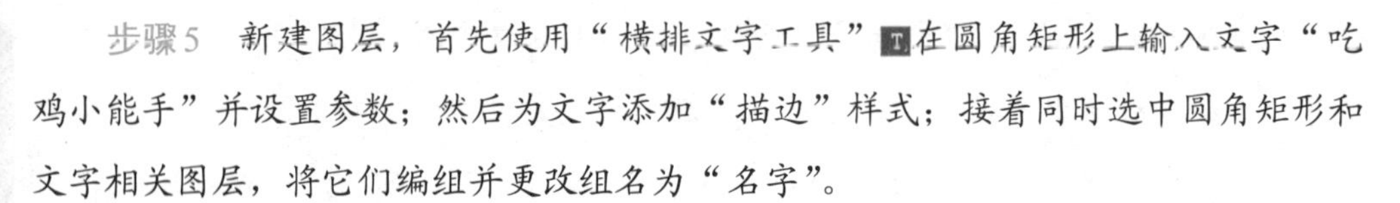

步骤5　新建图层，首先使用“横排文字工具”在圆角矩形上输入文字“吃鸡小能手”并设置参数；然后为文字添加“描边”样式；接着同时选中圆角矩形和文字相关图层，将它们编组并更改组名为“名字”。

首先右击“吃鸡小能手”图层，在快捷菜单中选择“拷贝图层样式”选项；然后右击“名字”图层组，在快捷菜单中选择“粘贴图层样式”选项，将“描边”样式应用到“名字”图层组，如图6-27所示。

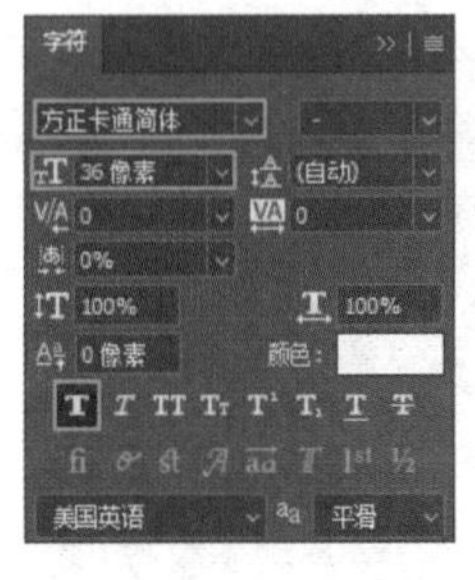

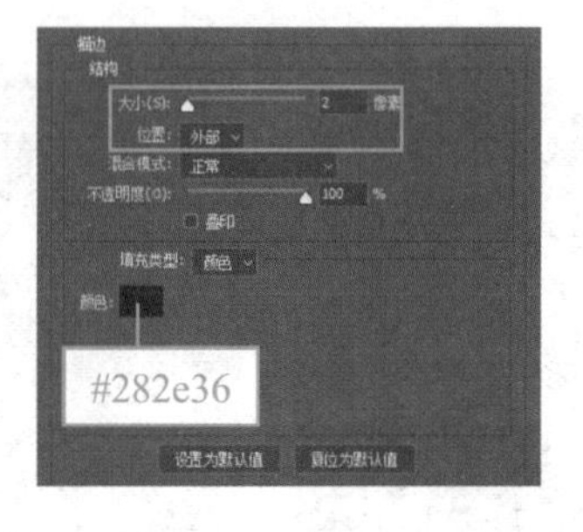

图 6-27　输入文字并为“名字”图层组添加“描边”样式

步骤6　制作VIP标签。使用“矩形工具”绘制一个大小为56像素×76像素，填充颜色为#b64924，描边颜色为#282e36，描边宽度为2像素的矩形。

首先使用“钢笔工具”在矩形底部中间位置单击添加一个锚点；然后使用“转换点工具”单击刚添加的锚点；最后按“Shift+↑”组合键，将该锚点向上移动10像素，如图6-28所示。

步骤7　首先新建图层，使用“横排文字工具”在刚绘制的形状上输入文字“VIP”和“10”，并设置参数（仅字号不同）；然后分别为它们添加“名字”图层组的“描边”样式；最后将VIP标签相关图层编组并更改组名为“VIP”，如图6-29所示。

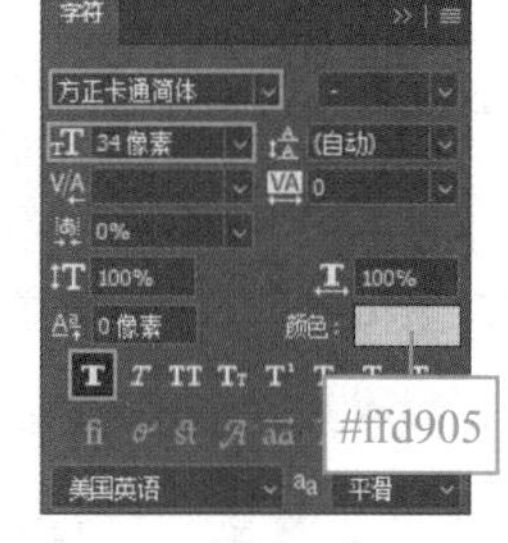

图 6-28　制作 VIP 标签底部形状

图 6-29　制作 VIP 标签文案

步骤8　制作头像。使用“圆角矩形工具”在蓝色圆角矩形左侧绘制一个大小为114像素×114像素，圆角半径为12像素，填充颜色为#b7b7b7的圆角矩形。

按“Ctrl+J”组合键复制一个圆角矩形，更改复制圆角矩形的填充颜色为#f1edea，然后执行“自由变换”命令，向上移动变换框底部控制点，调整圆角矩形的高度为72像素，按“Enter”键确定，如图6-30所示。

步骤9　首先打开本书配套素材“素材与实例\Ch6\6.3\主菜单”文件夹中的“头像.png”文件，使用“移动工具”将其移至“主菜单”文档头像底部形状上；然后将头像相关图层编组并更改组名为“头像”；接着为该图层组添加“名字”图层组的“描边”样式，如图6-31所示。

图6-30　制作头像底部形状

图6-31　制作头像效果

步骤10　制作经验条。使用“圆角矩形工具”在“名字”版块下方绘制一个大小为194像素×24像素，圆角半径为12像素，填充颜色为#33508a的圆角矩形。

按“Ctrl+J”组合键复制一个圆角矩形，更改复制圆角矩形的填充颜色为#f1a820，宽度为160像素，右上角半径和右下角半径为0像素，如图6-32所示。

步骤11　首先按“Ctrl+J”组合键复制“圆角矩形3拷贝”图层；然后更改复制形状的填充颜色为#f1c720，高度为8像素，并移至原矩形中上位置；接着将经验条相关图层编组并更改组名为“经验条”；最后为其添加“名字”图层组的“描边”样式，效果如图6-33所示。

图6-32　制作经验条底部形状

图6-33　制作高光效果并为经验条添加图层样式

步骤12　制作“等级”形状。首先使用“多边形工具”单击头像区域，在弹出的“创建多边形”对话框中设置参数，单击“确定”按钮；然后设置多边形的填充颜色为渐变色，描边颜色为#282e36，描边宽度为2像素。

新建图层，使用“横排文字工具”在多边形上输入文字“19”，并设置参数，如图6-34所示；最后将本步骤中的图层编组并更改组名为“等级”，将除“背景”和“底图”外的图层编组并更改组名为“头像版块”。

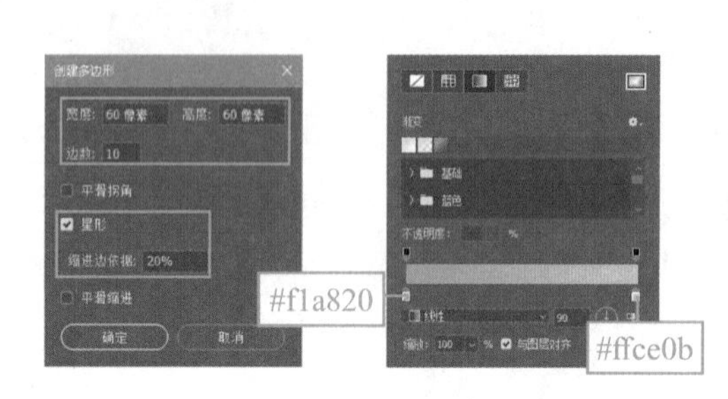

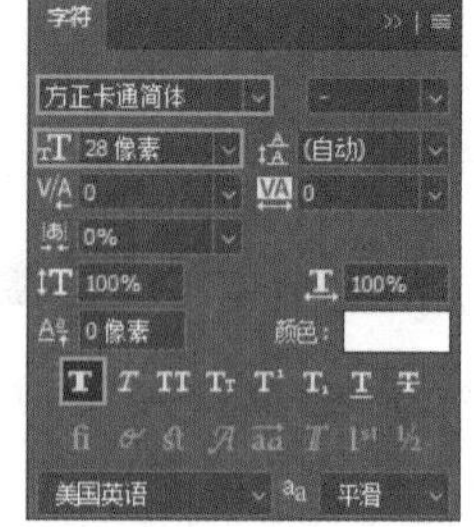

图6-34 制作“等级”形状

步骤13 制作钞票版块。首先使用“圆角矩形工具”在头像版块右侧绘制两个圆角矩形；然后设置它们的参数；接着新建图层，使用“横排文字工具”在圆角矩形上输入文字“888888”，并设置参数；最后为文字888888图层添加“名字”图层组的“描边”样式，如图6-35所示。

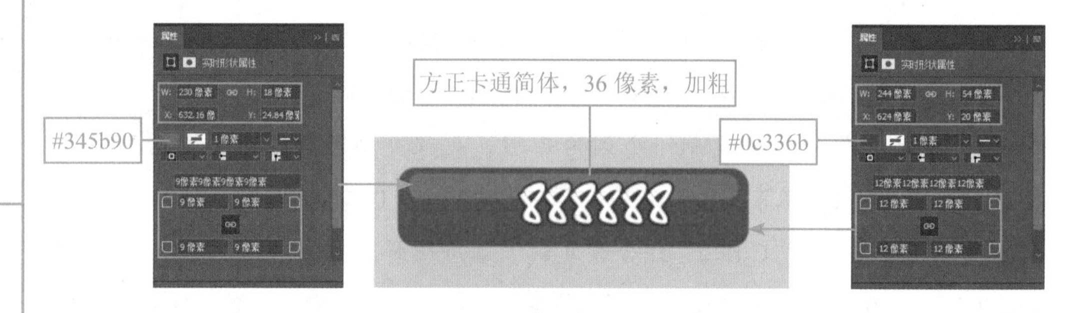

图6-35 制作钞票金额

步骤14 制作加号图标。使用“圆角矩形工具”在数字“888888”右侧绘制一个大小为54像素×54像素，圆角半径为12像素，填充颜色为#347b1b的圆角矩形。

按两次“Ctrl+J”组合键复制两个圆角矩形，设置第一个复制的圆角矩形填充颜色为#7acf3e，高度为50像素（利用“自由变换”命令调整高度），设置第二个复制的圆角矩形填充颜色为#9cfd4f，高度为26像素，如图6-36所示。

步骤15 首先使用“圆角矩形工具”在复制的圆角矩形上绘制一个大小为10像素×6像素，圆角半径为3像素，填充颜色为#fffad1的圆角矩形；然后再绘制一个大小为40像素×10像素，圆角半径为4像素，填充颜色为#f9ff9c的圆角矩形。

按“Ctrl+J”组合键复制一个圆角矩形，执行“自由变换”命令将复制的圆角矩形逆时针旋转90°，按“Enter”键确定；最后同时选中“圆角矩形8”和“圆角矩形8拷贝”图层，按“Ctrl+E”组合键将它们合并为一个图层，如图6-37所示。

图 6-36　制作加号图标底部形状

图 6-37　制作加号图标

步骤 16　为“圆角矩形 7 拷贝”图层添加“描边”和“内阴影”样式；然后将加号相关图层编组并更改组名为“加号”；接着右击“加号”图层组，为其添加“名字”图层组的“描边”样式。

打开本书配套素材“素材与实例\Ch6\6.3\主菜单”文件夹中的“钞票.png”文件，使用“移动工具”将其移至“主菜单”文档钞票金额左侧合适位置，如图 6-38 所示。将钞票版块相关图层编组并更改组名为“钞票版块”。

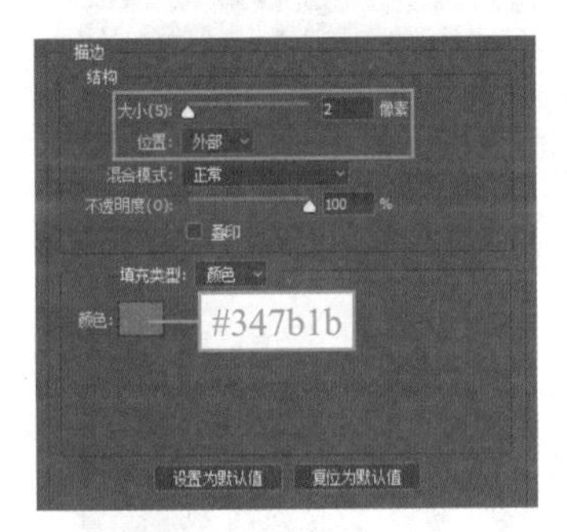

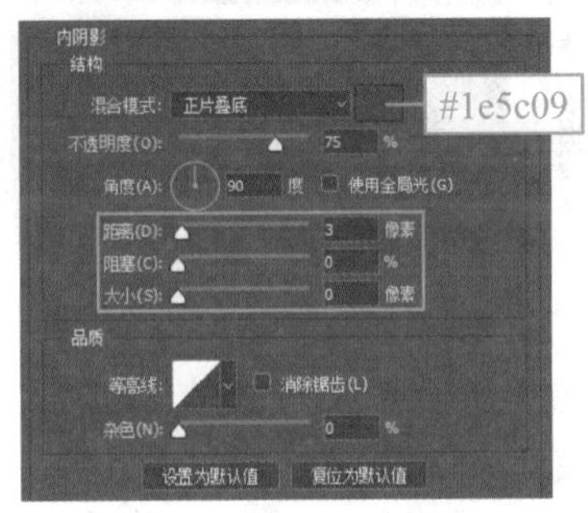

图 6-38　制作“钞票版块”

步骤 17　制作紫钻版块和“设置”图标。首先向右复制一个钞票版块，并删除复制的钞票图像；然后打开本书配套素材“素材与实例\Ch6\6.3\主菜单”文件夹中的“紫钻.png”和“设置.png”文件，使用“移动工具”将它们移至“主菜单”文档中合适位置，如图 6-39 所示。

将“头像版块”“钞票版块”“紫钻版块”和“设置”图层编组并更改组名为“页首区”。

图 6-39　制作紫钻版块和“设置”图标

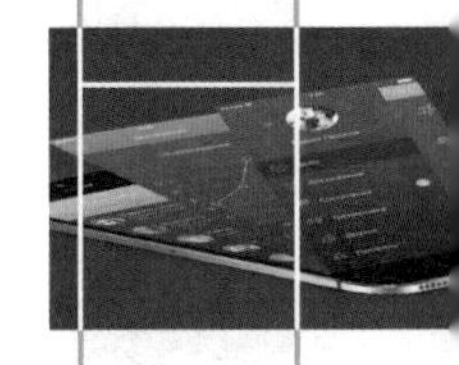

2）设计内容区

设计内容区

步骤1　首先打开本书配套素材“素材与实例\Ch6\6.3\主菜单”文件夹中的“吃鸡模式.png”文件，使用“移动工具”将其移至“主菜单”文档中距头像版块60像素，距左侧参考线30像素的位置；然后为其添加“斜面和浮雕”“描边”与“投影”样式，如图6-40所示。

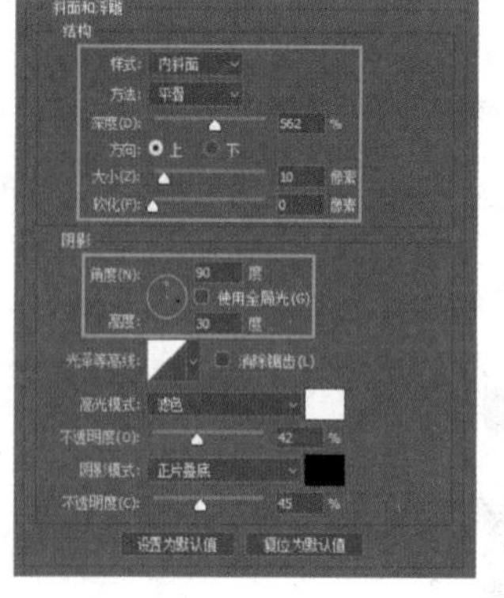

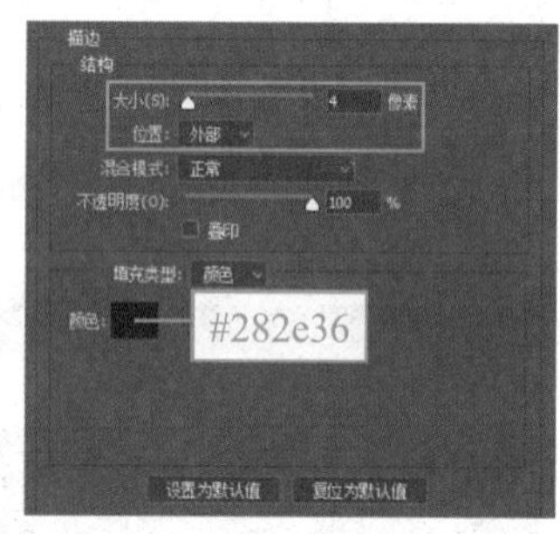

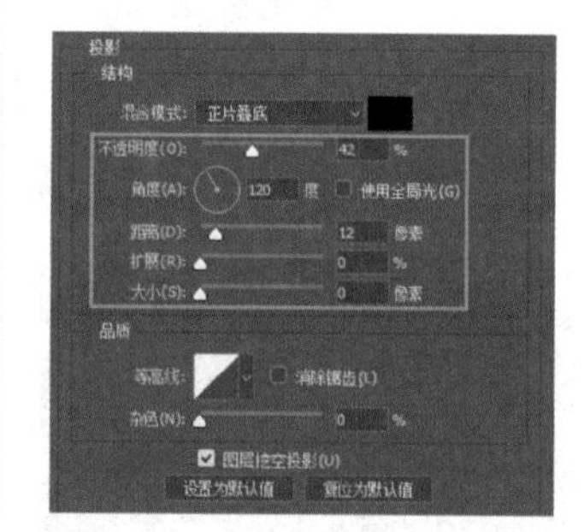

图6-40　导入素材并添加图层样式

步骤2　首先使用“圆角矩形工具”在图片左上角绘制一个大小为9像素×136像素，圆角半径为4像素，填充颜色为白色的圆角矩形；然后按“Ctrl+J”组合键复制一个圆角矩形，调整复制圆角矩形的高度为23像素，并使用“移动工具”将其向上移动至合适位置，如图6-41所示。

图6-41　制作高光效果

步骤3　新建图层，首先选择“钢笔工具”，设置填充颜色为#a1354e；然后在“吃鸡模式”图片上绘制一个不规则形状，作为文案的底部形状，如图6-42所示。

步骤4　首先按“Ctrl+J”组合键复制刚绘制的形状，并更改填充颜色为#e04e72；然后按“Ctrl+T”组合键执行“自由变换”命令，适当降低形状高度，按“Enter”键确定；接着使用“直接选择工具”适当调整各锚点位置；最后将“形状1”和“形状1拷贝”图层剪贴至“吃鸡模式”图层中，如图6-43所示。

步骤5　新建图层，首先使用“横排文字工具”在标题底部形状上输入文字“吃鸡模式”，并设置参数；然后为文字图层添加“描边”“渐变叠加”和“投影”样式，如图6-44所示。

图 6-42　制作版块标题底部形状

图 6-43　复制并调整形状

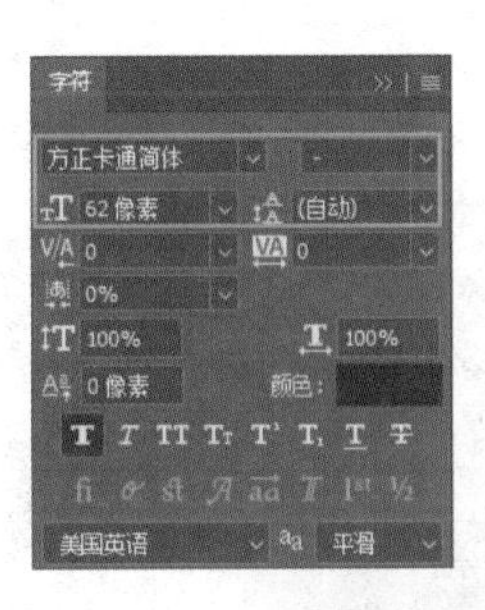

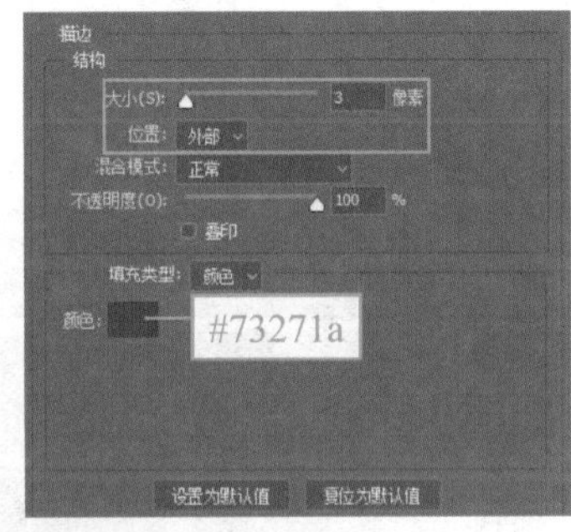

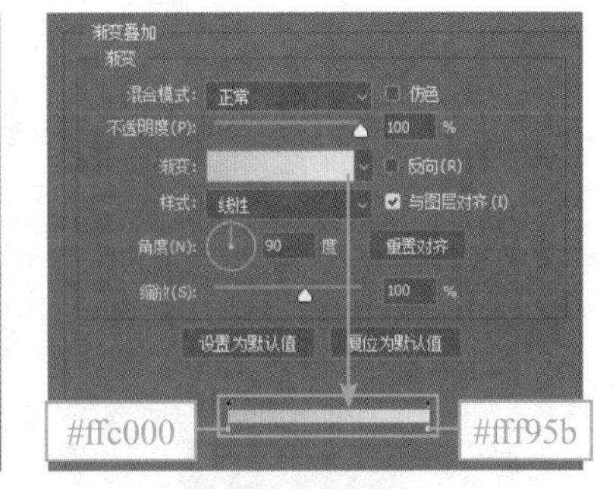

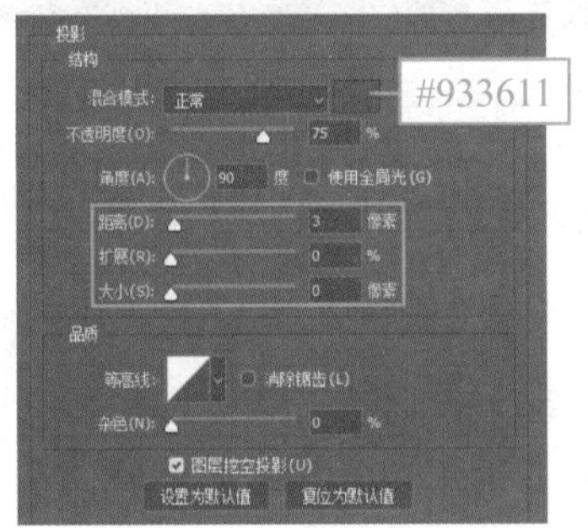

图 6-44　制作标题文字

步骤 6　首先执行“自由变换”命令，逆时针适当旋转标题文字（约 10°），按“Enter”键确定；然后按住“Alt”键，使用“移动工具”向下拖动标题文案，释放鼠标复制文案；接着更改复制文案的内容为“排位赛”，并调整字号为 48 像素，如图 6-45 所示。将吃鸡模式相关图层编组并更改组名为“吃鸡模式”。

图 6-45　调整标题文字并输入副标题文字

步骤7　首先打开本书配套素材“素材与实例\Ch6\6.3\主菜单”文件夹中的“剧情模式.png”文件，使用“移动工具”将其移至“主菜单”文档“吃鸡模式”版块右侧30像素处；然后拷贝“吃鸡模式”图层的样式，粘贴至“剧情模式”图层中，如图6-46所示。

步骤8　在“图层”面板中同时选中“圆角矩形8”和“圆角矩形8拷贝2”图层，按住“Alt”键，使用“移动工具”向上拖动两个图层至“剧情模式”图层上方，然后分别执行“自由变换”命令，调整两个圆角矩形的位置和高度，如图6-47所示。

图6-46　导入素材并为其添加图层样式

图6-47　制作版块高光效果

步骤9　首先使用“圆角矩形工具”在剧情模式图片左下方位置绘制一个大小为280像素×66像素，圆角半径为12像素，填充颜色为#920101，不透明度为60%的圆角矩形；然后将其剪贴至“剧情模式”图层中，作为标题底板。

首先单击“添加图层蒙版”按钮，为“圆角矩形7”图层添加图层蒙版；接着选择“渐变工具”，在工具属性栏中设置渐变参数；之后从右至左在刚绘制的圆角矩形上制作渐变效果，如图6-48所示。

图6-48　制作标题底板

步骤10　首先新建图层，使用“横排文字工具”在标题底板上输入文字“剧情模式”，并设置其参数；然后为其添加“描边”和“投影”样式，如图6-49所示。将“剧情模式”相关图层编组并更改组名为“剧情模式”。

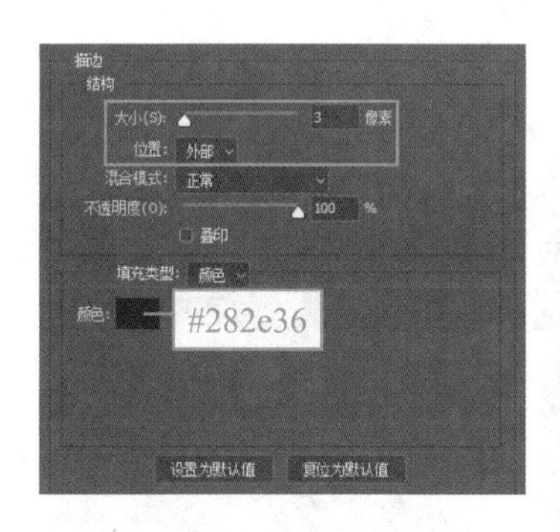

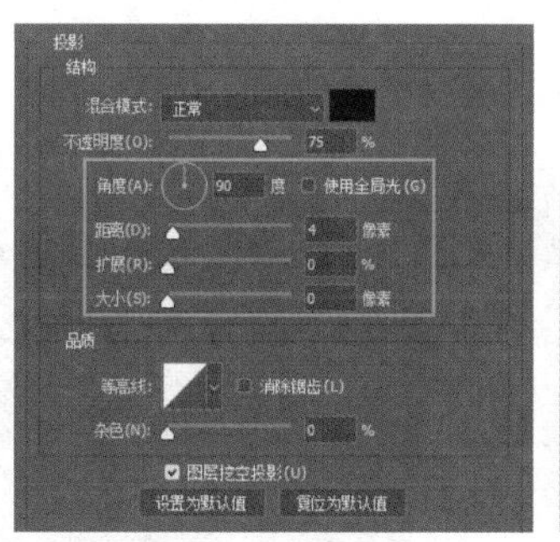

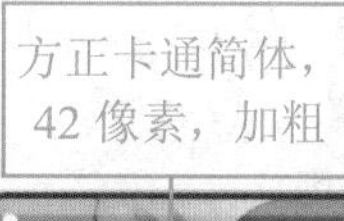

图 6-49　制作标题文案添加图层样式

步骤 11　参考“吃鸡模式”版块和“剧情模式”版块的制作方法，制作“练习模式”和“生存模式”版块，效果如图 6-50 所示。

图 6-50　制作“练习模式”和“生存模式”版块

3）设计页尾区

设计页尾区

步骤 1　制作消息按钮。首先使用“椭圆工具”在画面左下方沿参考线绘制一个直径为 105 像素，填充颜色为 #599fed 的圆形；然后为其添加“斜面和浮雕”“描边”与“投影”样式，如图 6-51 所示。

步骤 2　首先打开本书配套素材“素材与实例\Ch6\6.3\主菜单”文件夹中的“聊天.png”文件，使用“移动工具”将其移至步骤 1 绘制的圆形上；然后使用“横排文字工具”在图标下方输入文字“聊天”，并设置参数；最后依次为文字添加“描边”（与步骤 1 中的参数相同）“渐变叠加”和“投影”样式，如图 6-52 所示。

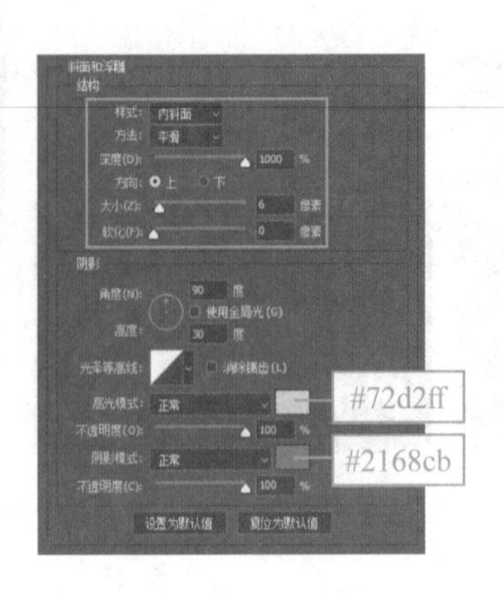

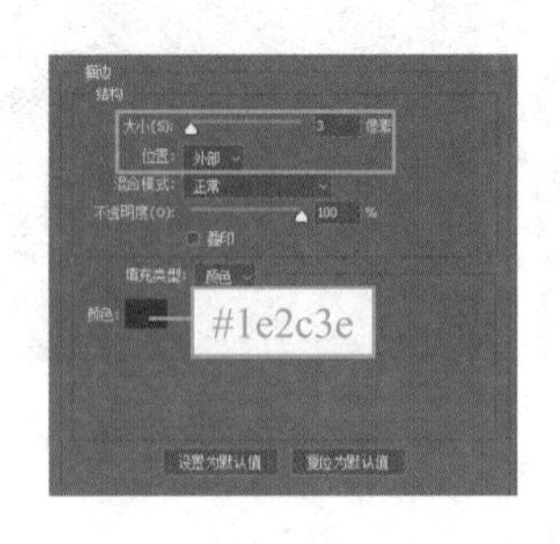

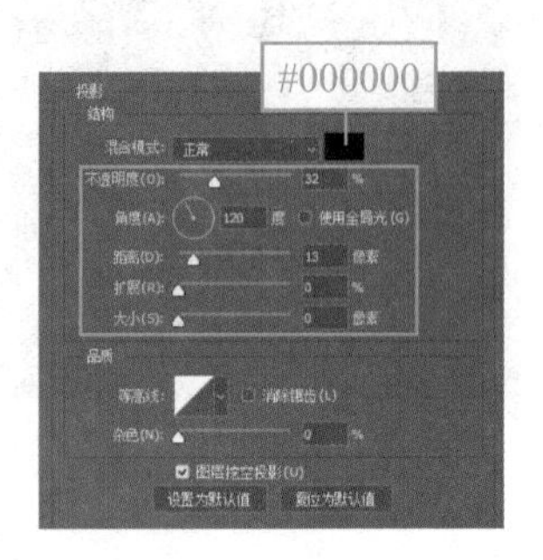

图 6-51　设置按钮底部形状的图层样式

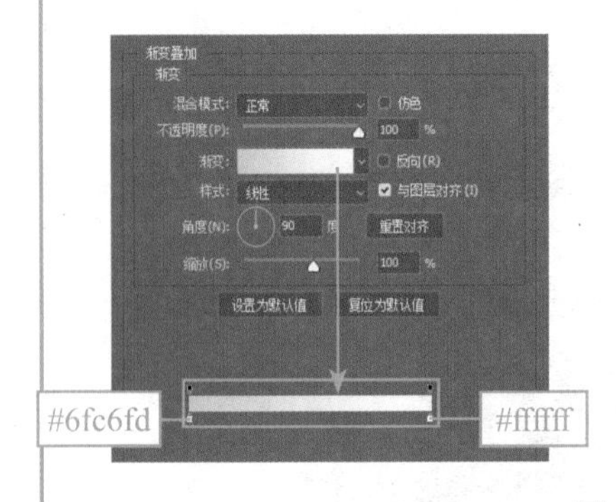

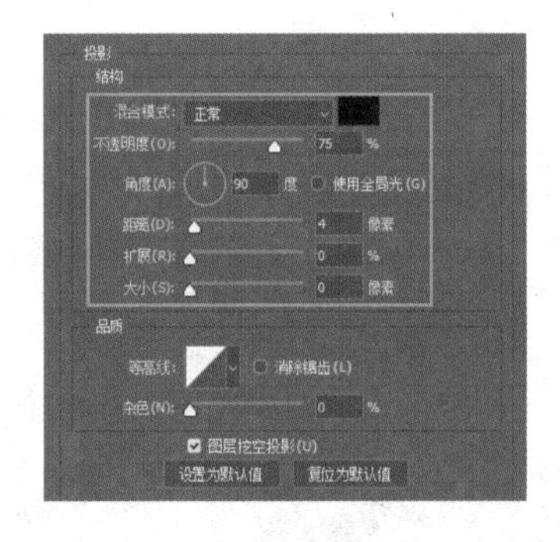

图 6-52　制作消息按钮内容

步骤3　使用“圆角矩形工具”在消息按钮右侧绘制一个大小为420像素×114像素，圆角半径为12像素，填充颜色为#d8ebff，描边颜色为#1e2c3e，描边宽度为3像素的圆角矩形。

步骤4　首先使用“钢笔工具”在圆角矩形的左侧边框上添加3个锚点；然后使用“转换点工具”分别单击刚添加的锚点，将平滑点转换为角点；接着使用“直接选择工具”调整各锚点位置；最后选中中间的锚点，按两次“Shift+←”组合键调整锚点位置，制作对话气泡形状，如图6-53所示。

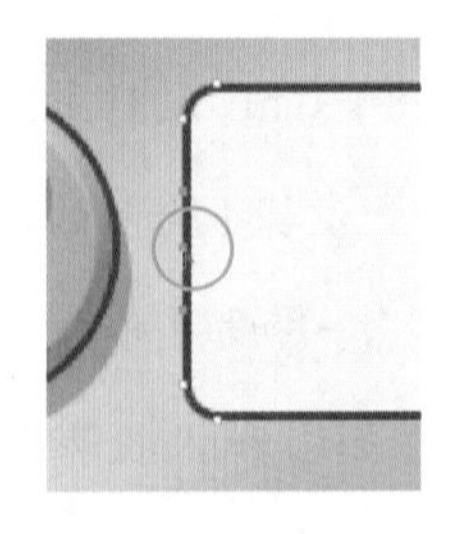
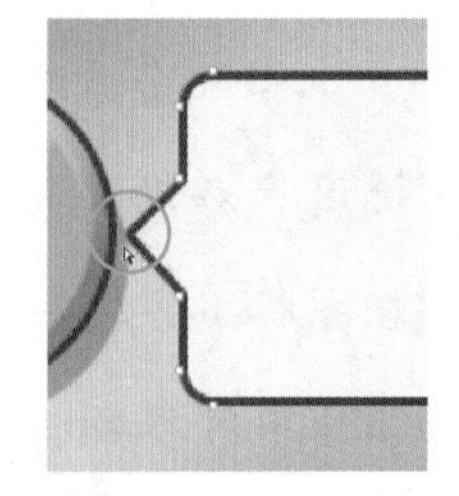

图 6-53　制作对话气泡形状

步骤5　在“图层”面板中，按住“Alt”键向上拖动“椭圆1”图层中的“投影”

样式至“圆角矩形8”图层中，为对话气泡形状添加“投影”样式，如图6-54所示。

图6-54　为对话气泡添加阴影效果

步骤6　新建图层，首先使用“横排文字工具”在对话气泡形状上分别输入文字“艾伊：”和“这个游戏不错啊，加好友一起玩”（注意：“这个”文字前需要按几次“空格”键空出一段距离，“加”字后需按“Enter”键回行）；然后设置参数，如图6-55所示。将消息图标相关图层编组并更改组名为“消息”。

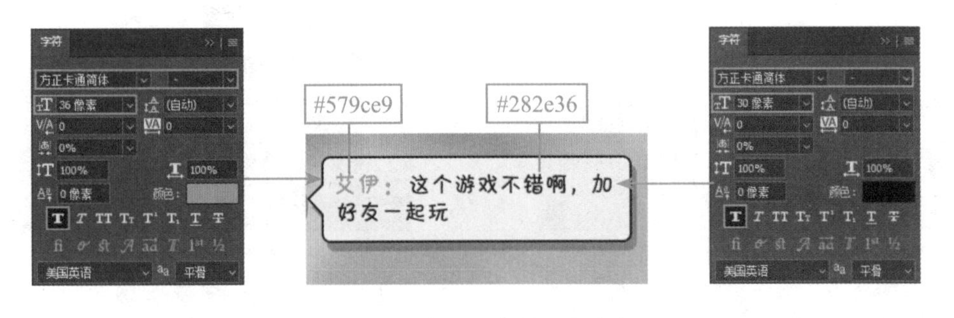

图6-55　输入文字并设置参数

步骤7　制作导航栏。首先在“消息”图层组下方新建图层，使用“矩形工具”在对话气泡右侧绘制一个大小为840像素×110像素，填充颜色为#609ffa的矩形；然后使用“直接选择工具”选择矩形左下角锚点，水平向左移动50像素，如图6-56所示。

步骤8　首先按“Ctrl+J”组合键复制刚绘制的矩形；然后更改复制矩形的颜色为#4683db，并使用“移动工具”向右下方调整位置；接着将“矩形2”和“矩形2拷贝”图层编组并更改组名为“导航栏形状”；最后将“椭圆1”图层的“描边”样式复制到“导航栏形状”图层组，如图6-57所示。

图 6-56　制作导航栏底部形状（一）

图 6-57　制作导航栏底部形状（二）

步骤9　使用“圆角矩形工具”在导航栏上绘制一个大小为104像素×128像素，圆角半径为10像素，填充颜色为#579ce9，描边颜色为#282e36，描边宽度为3像素的圆角矩形。

首先使用“钢笔工具”在圆角矩形底边中点处添加一个锚点；然后使用“转换点工具”单击刚添加的锚点；最后按两次“Shift+↑”组合键，制作导航项底部形状，如图6-58所示。

步骤10　首先将“圆角矩形10”图层的“投影”样式复制到“圆角矩形11”图层；然后使用“矩形工具”绘制一个大小为110像素×110像素，填充颜色为#418ee5的矩形；接着执行“自由变换”命令，将矩形逆时针旋转30°，按“Enter”键确定；最后将其剪贴在“圆角矩形11”图层中，如图6-59所示。

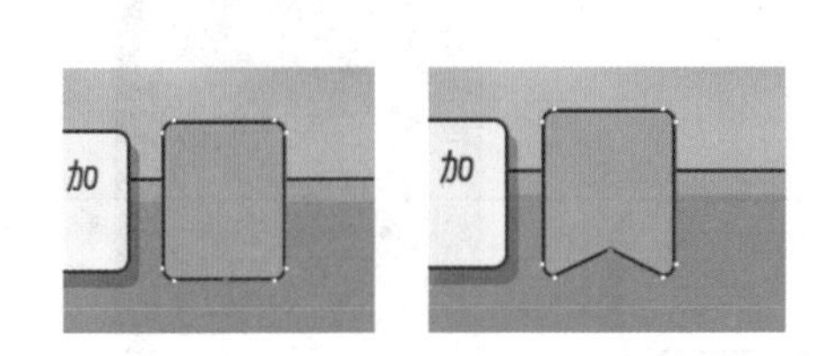

图 6-58　制作导航项底部形状

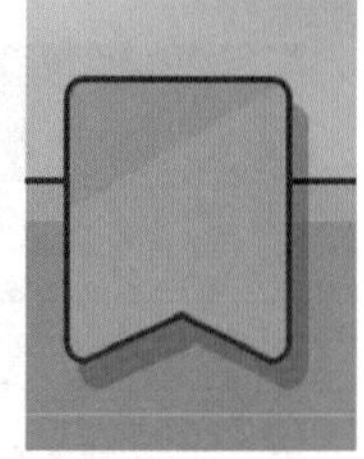

图 6-59　制作导航项底部形状装饰图形

步骤11　打开本书配套素材“素材与实例\Ch6\6.3\主菜单”文件夹中的“排行.png”文件，使用“移动工具”将其移至“主菜单”文档中的导航项底部形状上。

首先按住“Alt”键，在“图层”面板中向下拖动“消息”图层组中的“聊天”文字图层至“排行”图层上；然后使用“移动工具”调整复制的“聊天”文字至导航项底部形状上；最后更改文字大小为36像素，内容为“排行”，如图6-60所示。将排行相关图层编组并更改组名为“排行”。

步骤12　首先复制4个“排行”图层组并将复制的图层组依次向右排列；然后打开本书配套素材“素材与实例\Ch6\6.3\主菜单”文件夹中的“邮件.png”“仓库.png”“技能.png”和“商城.png”文件，分别替换复制图层组中的图片和对应文字，如图6-61所示。

图 6-60　制作导航项文案

图 6-61　制作其他导航项

步骤 13　首先选择“商城”图层组中的“矩形 3”和“圆角矩形 11”图层，执行“自由变换”命令，按住“Alt+Shift”组合键将它们适当等比例放大，按“Enter”键确定；然后分别调整它们的填充颜色和位置，如图 6-62 所示。

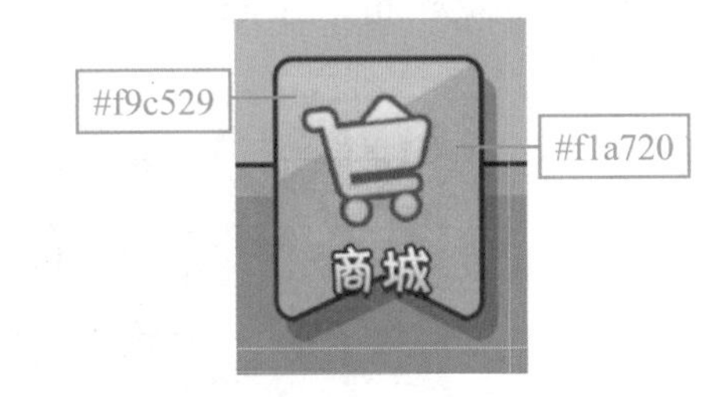

图 6-62　调整导航项底部形状

步骤 14　选择“商城”文字，设置其字体大小为 40 像素，分别更改“渐变填充”“描边”和“投影”样式的参数，如图 6-63 所示。

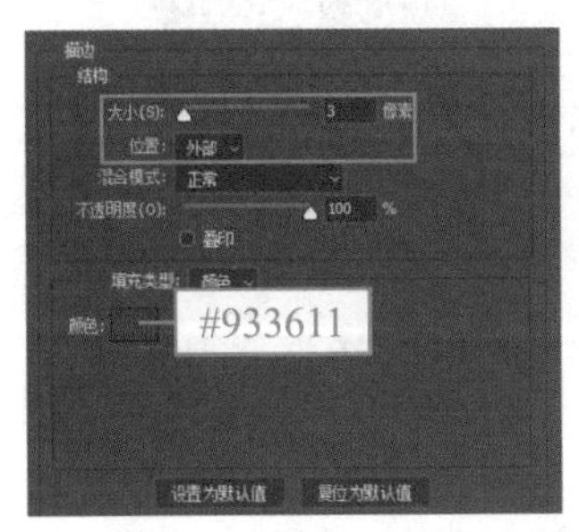

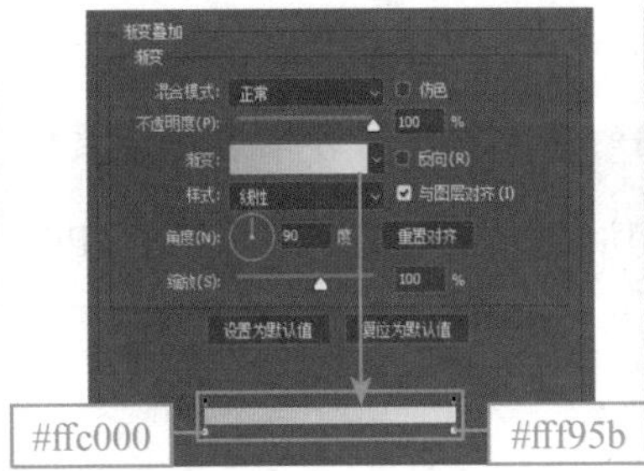

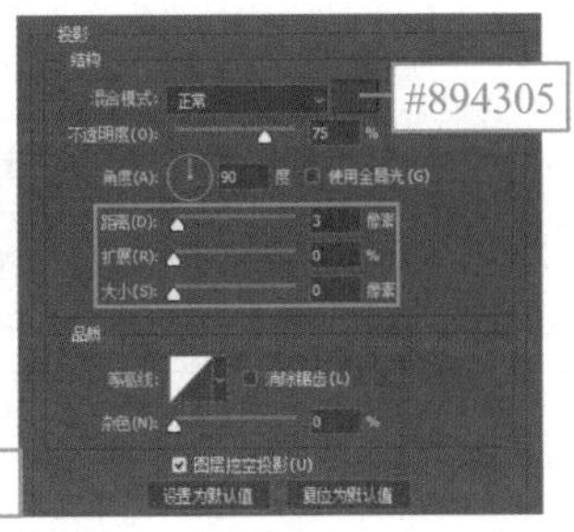

图 6-63　更改图层样式参数

步骤15　制作角标。首先选择“邮件”图层组的“邮件”图层，使用“椭圆工具”在邮件导航项右上角绘制一个直径为38像素，填充颜色为#ee3e3e的圆形；然后为其添加“斜面和浮雕”与“描边”样式，如图6-64所示。

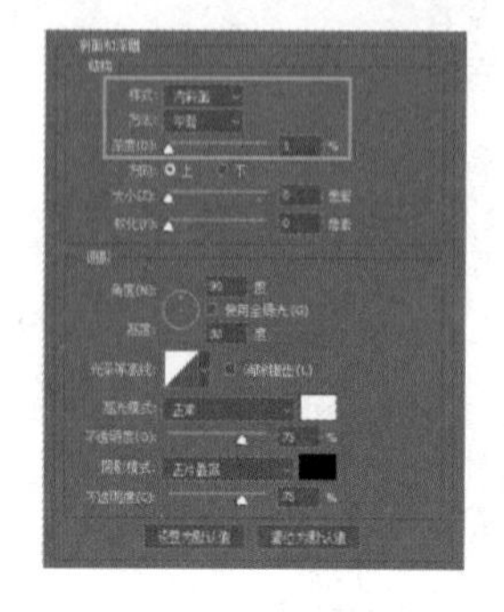

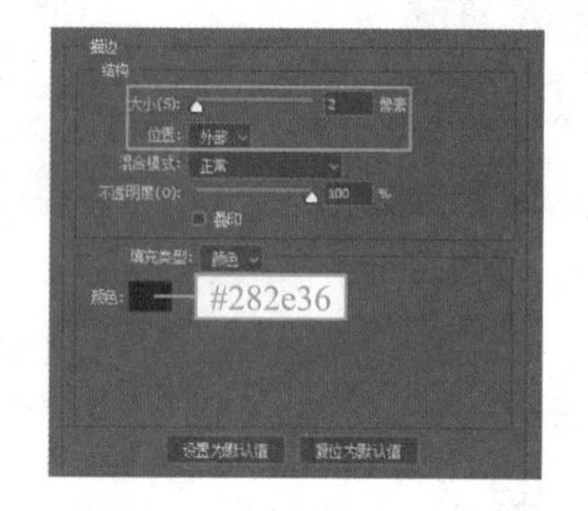

图6-64　制作角标形状并为其添加样式

步骤16　新建图层，首先使用“横排文字工具”在角标上输入文字“99”，并设置参数；然后将“椭圆1”图层的“描边”样式复制到“99”图层；接着将角标相关图层编组并更改组名为“角标”。

复制“角标”图层组至“仓库”图层组中，将复制图层组中的“99”改为“2”，最后使用“移动工具”调整复制角标的位置至“仓库”导航项右上角，如图6-65所示。将导航栏相关图层编组并更改组名为“导航栏”。

方正卡通简体，22像素，加粗

图6-65　复制并调整角标位置

2．设计关卡详情界面

UI视频讲解

设计关卡详情页

步骤1　参考“设计主菜单界面”中步骤1～步骤2的操作，创建一个大小为1334像素×900像素，名称为“关卡详情”的文档，并设置相同的参考线。打开本书配套素材“素材与实例\Ch6\6.3\关卡详情”文件夹中的“底图.png”和“页首区.png”文件，使用“移动工具”将它们移至“关卡详情”文档中合适位置。

步骤2　首先使用“圆角矩形工具”在界面中绘制一个大小为1120像素×

660像素，填充颜色为#878c93，描边颜色为#282e36，描边宽度为3像素，圆角半径为12像素，不透明度为60%的圆角矩形；然后为其添加“斜面和浮雕”与“投影”样式，如图6-66所示。

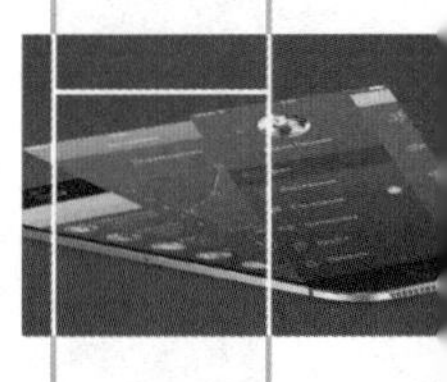

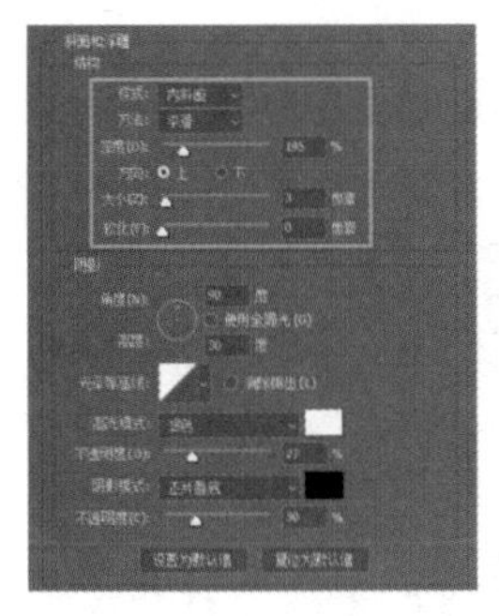

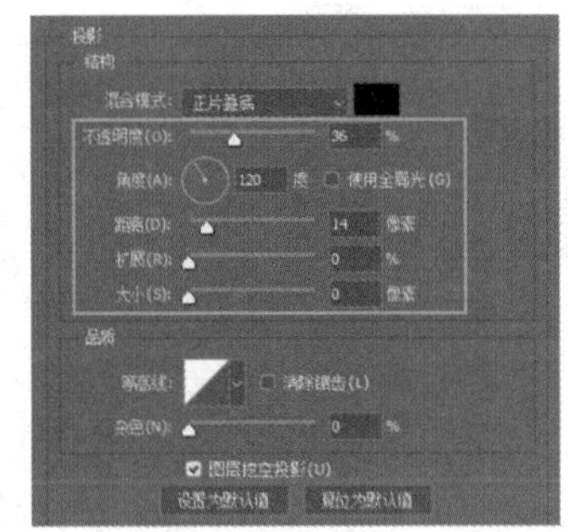

图 6-66　制作关卡版块底部形状

步骤3　首先使用“圆角矩形工具”在刚绘制的圆角矩形左上方位置再绘制一个大小为680像素×434像素，圆角半径为12像素，填充颜色为#4685e2的圆角矩形；然后复制“圆角矩形1”图层的“斜面和浮雕”样式至“圆角矩形2”图层，如图6-67所示。

图 6-67　制作关卡图片的底部形状

步骤4　打开本书配套素材“素材与实例\Ch6\6.3\关卡详情”文件夹中的“关卡图片.png”文件，使用“移动工具”将其移至“关卡详情”文档中“圆角矩形2”图形上，并为其添加“内阴影”样式，如图6-68所示。

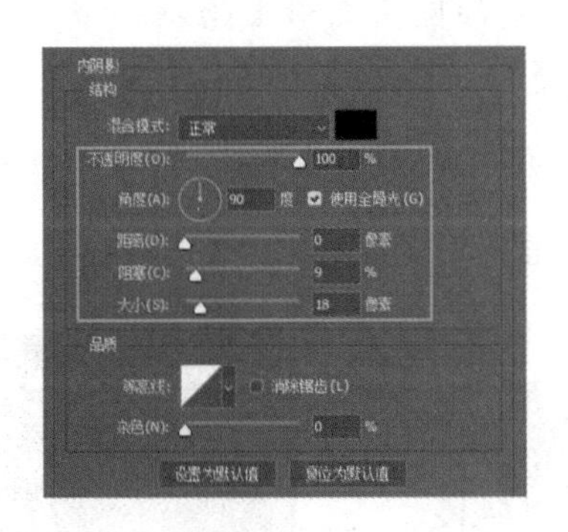

图 6-68　制作关卡奖励版块

步骤5　首先按住“Alt”键，使用“移动工具”向下拖动“圆角矩形2”图形，释放鼠标复制一个圆角矩形；然后更改复制的圆角矩形高度为182像素。

首先使用“矩形工具”▢绘制一个大小为800像素×100像素，填充颜色为#82ceff的矩形，将其剪贴至“圆角矩形2拷贝”图层中；接着新建图层，使用“横排文字工具”T在“矩形1”图形上输入文字“关卡奖励”，并设置参数，如图6-69所示。

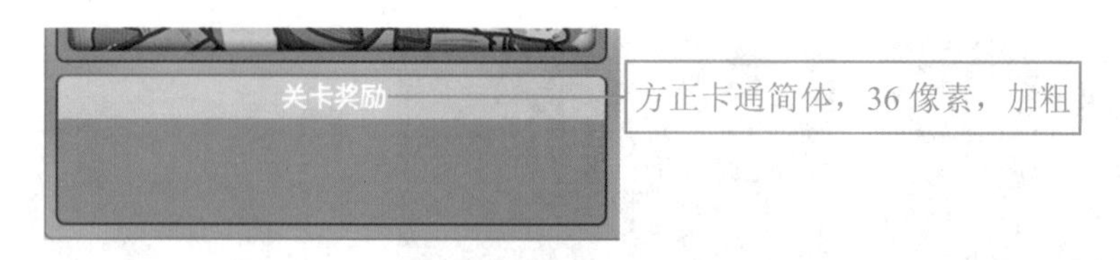

图6-69 制作按钮底部形状

步骤6 打开本书配套素材“素材与实例\Ch6\6.3\关卡详情”文件夹中的“奖励.png”和“无奖励.png”文件，使用“移动工具”将它们移至“关卡详情”文档中关卡奖励版块处。

图6-70 制作按钮

首先复制两个“奖励”图标和一个“无奖励”图标，使用“移动工具”适当调整各图标的位置；最后同时选中5个图标，在工具选项栏中分别单击“底对齐”按钮和“水平分布”按钮，如图6-70所示。将关卡图片和奖励相关图层编组并更改组名为“关卡奖励”。

步骤7 制作关卡详情版块。使用“圆角矩形工具”在“关卡奖励”版块右侧绘制一个大小为400像素×646像素，填充颜色为#e6e3db，描边颜色为#282e36，描边宽度为3像素，圆角半径为12像素的圆角矩形。

步骤8 首先使用“圆角矩形工具”在刚绘制的圆角矩形上绘制一个大小为370像素×210像素，填充颜色为#bab7af，圆角半径为12像素的圆角矩形；然后新建图层，使用“横排文字工具”T在圆角矩形上输入关卡标题和描述文案，并分别设置参数，如图6-71所示。将本步骤中的图层编组并更改组名为“关卡描述”。

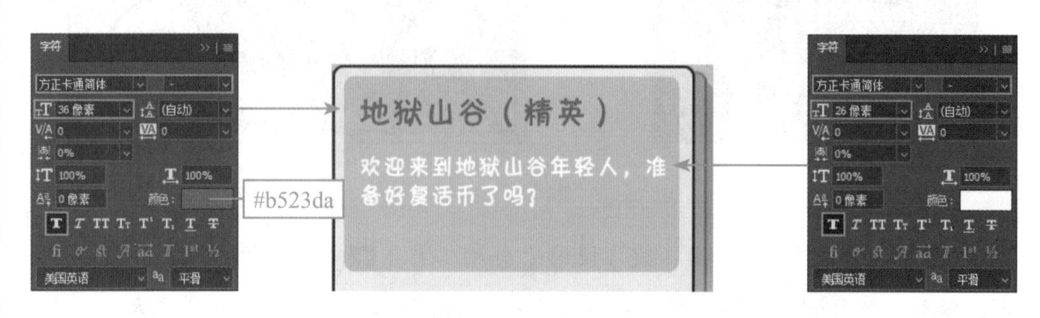

图6-71 制作关卡详情版块的文案

步骤9　制作“关闭”按钮。首先使用“圆角矩形工具”在“关卡详情”版块右上角绘制一个大小为80像素×60像素，填充颜色为#aa4b30，圆角半径为6像素的圆角矩形；然后复制一个圆角矩形，更改复制圆角矩形的填充颜色为#e6693f，并为其添加“内阴影”样式；最后将其向上移动4像素，如图6-72所示。

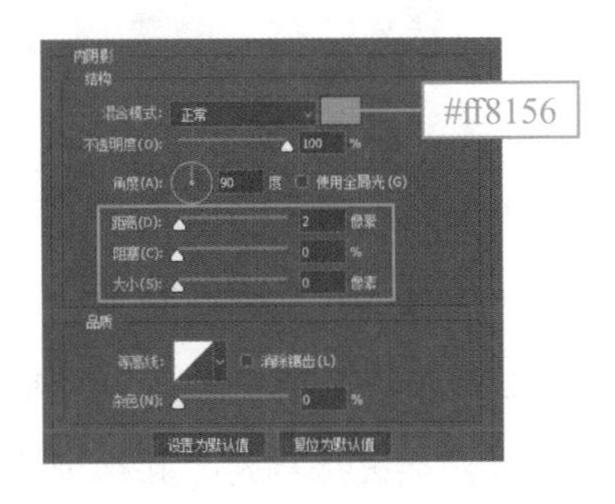

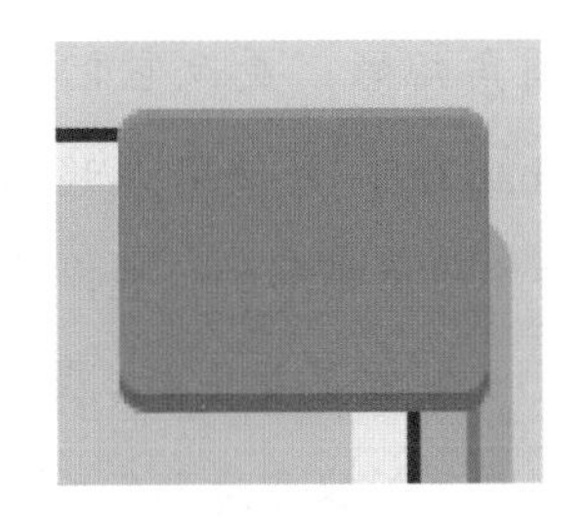

图6-72　制作“关闭”按钮的底部形状

步骤10　首先使用“矩形工具”绘制一个大小为16像素×48像素，填充颜色为白色，描边颜色为#752d19，描边宽度为2像素的矩形；然后复制一个矩形，并将复制矩形顺时针旋转90°。

首先同时选中两个矩形，按“Ctrl+E”组合键将它们合并到一个图层中；最后将合并的图形顺时针旋转45°，并为其添加“内阴影”样式，如图6-73所示。

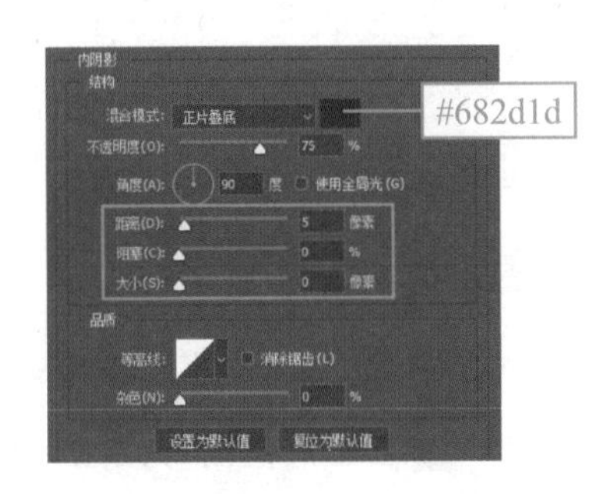

图6-73　制作“关闭”符号

步骤11　首先将“关闭”按钮相关图层编组并更改组名为“关闭”；然后为该图层组添加“描边”和“投影”样式，如图6-74所示。

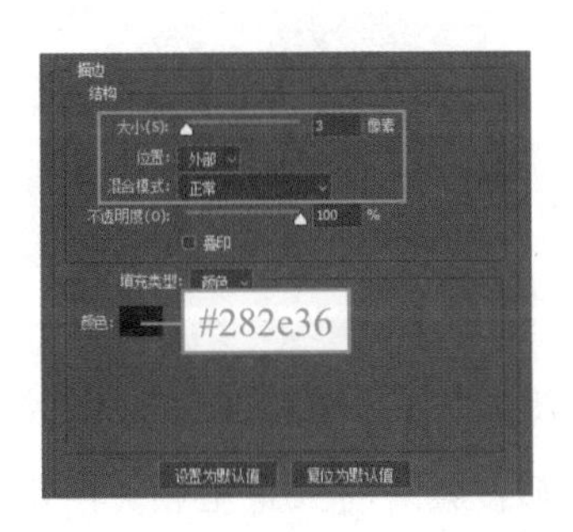

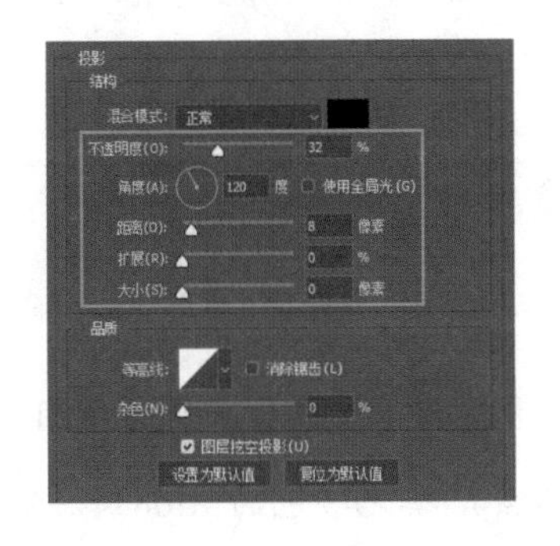

图6-74　为“关闭”按钮添加图层样式

第6章　游戏界面设计

步骤12　首先使用“圆角矩形工具”在“关卡描述”版块下方20像素处绘制一个大小为370像素×80像素，填充颜色为#edbb63，圆角半径为12像素的圆角矩形；然后向下复制两个圆角矩形，更改它们的填充颜色为#bab7af，并使用“移动工具”调整各圆角矩形的位置，使它们彼此间隔10像素，如图6-75所示。

图6-75　制作关卡“三星条件”版块的底部形状

步骤13　制作星星图标。首先使用“多边形工具”在黄色圆角矩形左侧单击，在弹出的“创建多边形”对话框中设置参数，单击“确定”按钮创建一个五角星形状，设置其填充颜色为#d68212；然后执行“自由变换”命令，将五角星逆时针旋转90°，如图6-76所示。

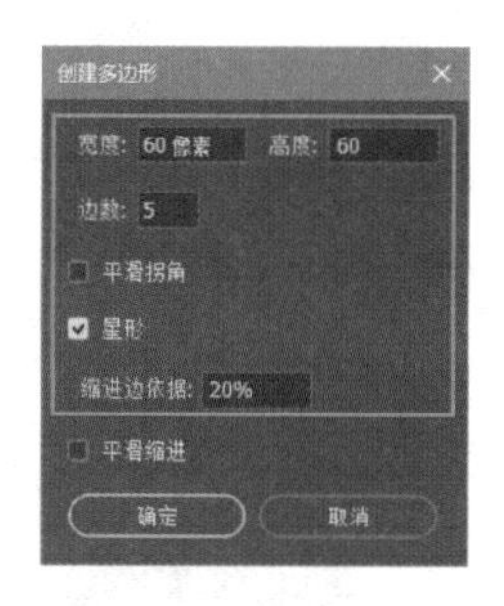

图6-76　创建五角星形状

步骤14　首先按“Ctrl+J”组合键复制一个五角星，将其向上移动8像素，并更改填充颜色为#f9d133；然后使用“椭圆工具”在五角星图形左上方绘制一个大小为72像素×42像素，填充颜色为#fae44a的椭圆形，并将其剪贴至“多边形1拷贝”图层中，如图6-77所示。

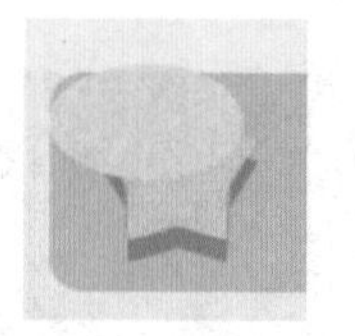

图6-77　制作星星亮面

步骤15　首先选择“多边形1”图层，然后使用“矩形工具”在合适位置绘制一个大小为58像素×9像素，填充颜色为#d68212的矩形；接着将五角星相关图层编组并更改组名为“五角星”；最后为该图层组添加“描边”样式，如图6-78所示。

图6-78 制作五角星立体效果

步骤16 首先复制两个“五角星”图层组，使用“移动工具”调整复制的五角星至下方两个灰色的圆角矩形上；然后将“五角星拷贝”“五角星拷贝2”“圆角矩形6拷贝”和“圆角矩形6拷贝2”图层编组并更改组名为“灰色五角星”。

步骤17 首先单击“调整”面板中的“黑白”按钮，创建“黑白1”调整层；然后将“黑白1”图层剪贴至“灰色五角星”图层组中，如图6-79所示。

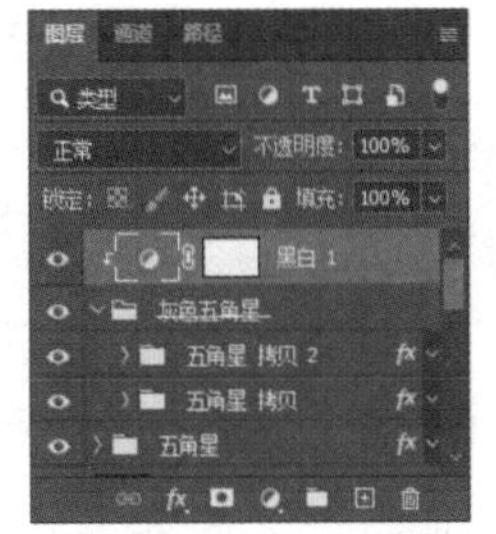

图6-79 制作灰色五角星

步骤18 使用“横排文字工具”在黄色和灰色圆角矩形上分别输入文案，并设置参数（仅颜色不同），如图6-80所示。将五角星相关图层编组并更改组名为“三星条件”。

图6-80 输入文案并设置参数

步骤19　制作“战斗”按钮。使用“圆角矩形工具”在“三星条件”版块下方绘制一个圆角矩形，之后将其复制，并调整复制圆角矩形的参数及位置，如图6-81所示。

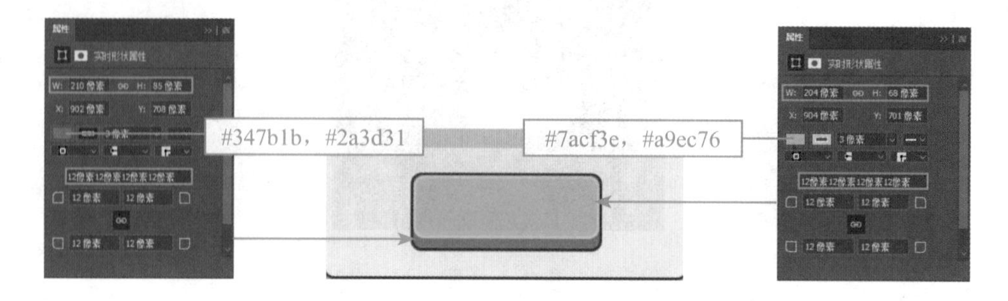

图6-81　制作按钮

步骤20　使用“圆角矩形工具”在刚绘制的圆角矩形上再绘制两个圆角矩形，制作高光效果，如图6-82所示。

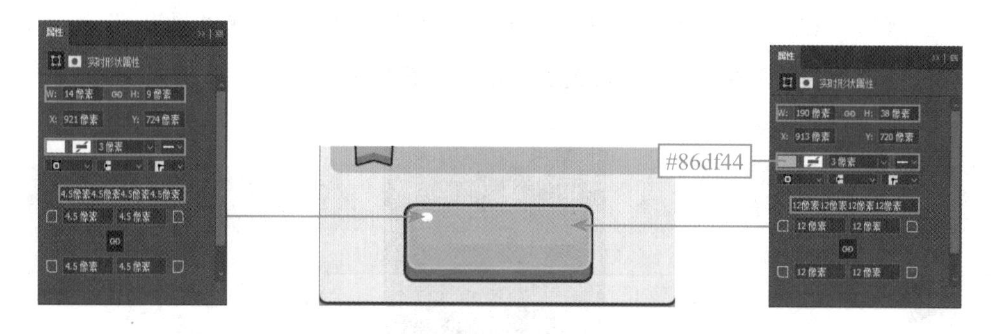

图6-82　制作高光效果

步骤21　首先新建图层，使用“横排文字工具”在圆角矩形上输入文字“战斗”，并设置参数；然后为其添加“描边”和“渐变叠加”样式，如图6-83所示。将按钮相关图层编组并更改组名为“战斗”。

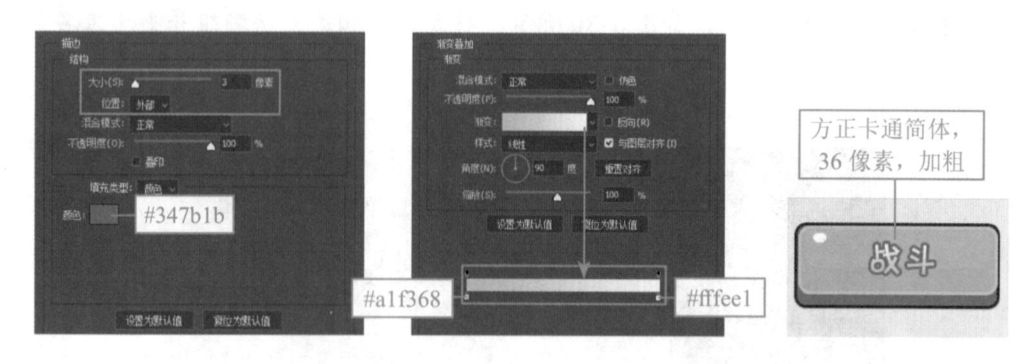

图6-83　为文字添加样式

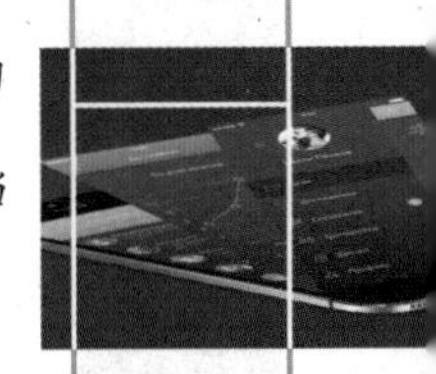

步骤22　打开本书配套素材“素材与实例\Ch6\6.3\关卡详情”文件夹中的“向左.png”和“向右.png”文件，使用“移动工具”将它们移至“关卡详情”文档中整个详情版块的左右两侧。

本章总结

本章主要介绍了游戏界面设计的基础知识和规范，读者在学完本章内容后，应重点掌握以下知识。

- 常见游戏的基本界面有启动界面、主菜单界面、关卡界面、操作界面、胜利/失败界面、商店界面和背包界面等。
- 依据玩家对界面中不同区域注意力的不同，可将游戏界面划分为主要视觉区域、次要视觉区域和弱视区域。通常主要视觉区域集中在界面中心，次要视觉区域集中在界面的左侧和右侧，弱视区域集中在界面的顶部和底部。
- 常见的游戏界面风格有写实风格、卡通风格、日韩风格、欧美风格和像素风格等。
- 为保证游戏界面的质量，设计时需要注意以下几点：界面风格契合游戏主题、突出界面主体内容、界面效果简洁易操作、按钮表意明确、转化需求，为界面效果加分和增强同类物品的连续性。
- 游戏界面中，正文可根据应用平台（如iOS、Android、PC端等）的规定选择对应的字体和字号，而标题可根据需要选择特殊字体或单独设计字体，字号可适当夸张放大。

本章实训——设计《酷玩小萌兽》游戏页面

本实训设计《酷玩小萌兽》游戏页面，效果如图6-84所示。

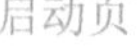

启动页

怪兽蛋展示页

主菜单页

选择萌兽页

对战页

胜利页

图 6-84 《酷玩小萌兽》游戏页面（部分）

设计思路

制作游戏页面前，首先要根据游戏的基本结构图确定页面的数量和各页面之间的逻辑关系，然后根据游戏特点选择恰当的配色，并规划页面的布局和细节元素。

(1) 分析基本结构图。如图6-85所示为《酷玩小萌兽》游戏的基本结构图。

图 6-85　《酷玩小萌兽》游戏的基本结构图

(2) 确定配色。该游戏是一款手机端跑酷类游戏。游戏整体采用卡通风格，角色都是Q版可爱的造型，因此配色可采用比较鲜艳、具有活力的颜色，如将主色设为蓝色，按钮和图标颜色设为黄色，这样不但可以突出游戏风格，还能通过冷暖对比、大小对比突出页面重要功能。

(3) 页面布局。该游戏是一款竖屏操作的小型手机游戏，功能较少，主要功能按钮都安排在页面底部，用户在双手持机时可以便捷地操作；页面顶部不易触碰的区域安排金币和钻石版块，既可以时刻提醒用户代币数量，又不影响操作。

案例提示

游戏页面中内容不多，但每个图标、按钮或版块都非常精致，运用了大量图层样式和渐变图层的叠加效果。例如，启动页中的进度条底部由蓝色圆角矩形和一个蓝色透明渐变图层叠加而成（如图6-86所示），而进度条的主体由棕色圆角矩形、黄色圆角矩形，以及棕色透明渐变等图层叠加组成，如图6-87所示。

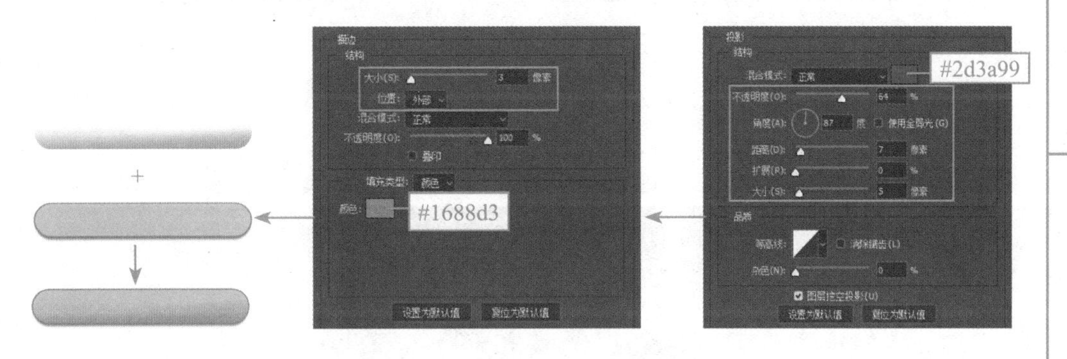

图 6-86　进度条底部形状

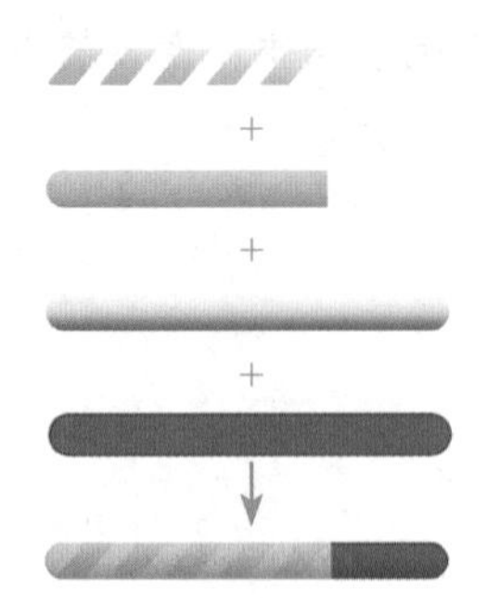

图 6-87　进度条主体形状

一些结构比较复杂的装饰图形（以“怪兽蛋展示”页为例），在制作时可以参考以下步骤。

步骤1　首先使用“矩形工具”绘制一个大小为540像素×110像素，填充颜色为#96cffe的矩形；然后执行“自由变换”命令，按住“Alt+Ctrl+Shift”组合键向下调整右上角锚点，按“Enter”键确定，将矩形调整为梯形，如图6-88所示。

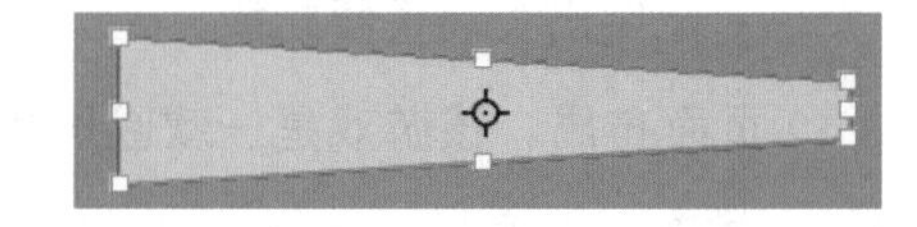

图 6-88　制作并调整矩形形状

步骤2　首先按“Ctrl+Alt+T”组合键复制梯形，并对其执行“自由变换”命令；然后将中心点移至右边框中点位置；接着顺时针旋转复制梯形30°，按“Enter”键确定，如图6-89所示。

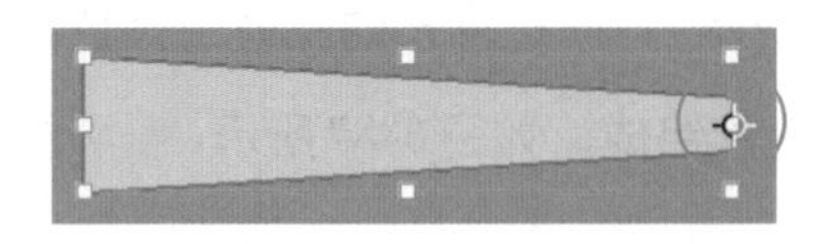

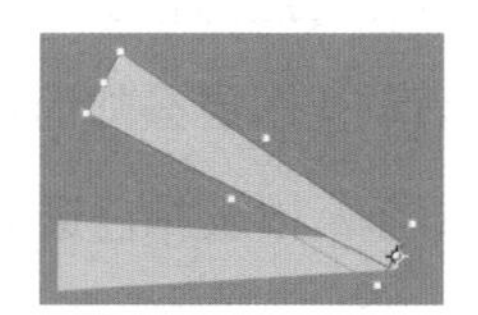

图 6-89　复制并旋转梯形

步骤3　首先按5次“Ctrl+Alt+Shift+T”组合键，复制5个梯形；然后选中所有梯形图层，按“Ctrl+E”组合键合并图层，如图6-90所示。

图 6-90　复制多个梯形

步骤4　首先为“矩形1拷贝7”图层添加图层蒙版；然后选择“渐变工具”，设置渐变颜色为“黑，白渐变”，渐变样式为“径向渐变”，勾选“反向”单选钮；接着以放射状梯形的中心为起点向上拖动鼠标至梯形末端；最后设置“矩形1拷贝7”的图层混合模式为“叠加”，如图6-91所示。

图6-91　制作放射光线效果

德育讲堂

为认真贯彻中央宣传部《关于开展文娱领域综合治理工作的通知》和国家新闻出版署《关于进一步严格管理切实防止未成年人沉迷网络游戏的通知》有关精神，坚决防止未成年人沉迷网络游戏，强化行业自律自省，推动游戏行业健康有序发展。中国音像与数字出版协会游戏出版工作委员会与会员单位以及相关游戏企业在国家主管部门指导下，共同发起《网络游戏行业防沉迷自律公约》，携手共创风清气正的网络游戏产业生态。

《网络游戏行业防沉迷自律公约》强调，要坚决筑牢安全防线，抵制不良内容，坚决禁止虚无历史、血腥恐怖等违法违规内容。其中还强调要坚决配合举报平台，开展自查自纠。游戏企业应在游戏产品的研发、生产、发行、运营、推广、宣传等业务活动中，严格遵守本公约各项条款约束，在企业网站、游戏界面等显要位置全面展示本公约内容，用实际行动展示游戏企业的社会责任和社会担当。

公约内容也有助于UI设计师规范自己的职业道德，督促他们在关注游戏界面美观度的同时，提高对不良内容的敏感度，以便设计出既符合大众审美，又具有正确导向的游戏界面。

参考文献

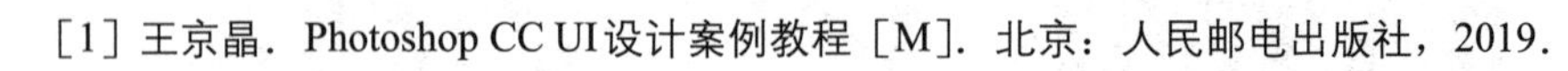

[1] 王京晶．Photoshop CC UI设计案例教程［M］．北京：人民邮电出版社，2019．

[2] 李开华，蔡英龙，苏炳银．移动UI设计案例教程［M］．北京：航空工业出版社，2018．

[3] 张小玲．UI界面设计［M］．北京：电子工业出版社，2017．

[4] 余振华．术与道 移动应用UI设计必修课［M］．北京：人民邮电出版社，2017．

[5] 静电．不一样的UI设计师［M］．北京：电子工业出版社，2017．

[6] 蒋珍珍．Photoshop移动UI设计从入门到精通［M］．北京：清华大学出版社，2017．